Abwasserrecycling: Technologien und Prozesswassermanagement

Rolf Stiefel

Abwasserrecycling: Technologien und Prozesswassermanagement

Das Konzept Prozesswasserautarkie

Springer Vieweg

Rolf Stiefel
Lahnstein, Deutschland

ISBN 978-3-658-13991-9 ISBN 978-3-658-13992-6 (eBook)
DOI 10.1007/978-3-658-13992-6

Die Deutsche Nationalbibliothek verzeichnet diese Publikation in der Deutschen Nationalbibliografie; detaillierte bibliografische Daten sind im Internet über http://dnb.d-nb.de abrufbar.

Springer Vieweg

Gedruckt auf säurefreiem und chlorfrei gebleichtem Papier

Springer Vieweg ist Teil von Springer Nature
Die eingetragene Gesellschaft ist Springer Fachmedien Wiesbaden GmbH
Die Anschrift der Gesellschaft ist: Abraham-Lincoln-Strasse 46, 65189 Wiesbaden, Germany

Danksagung

Herzlichen Dank an alle Kolleginnen und Kollegen, Agenturen, Ämter, Institutionen, Verbände sowie den vielen Fachfirmen, die Beiträge und Informationen zu meinem Buch lieferten. Die fachliche Unterstützung der Effizienz-Agentur NRW (EFA) sowie der Fachvereinigung Betriebs- und Regenwassernutzung e. V. (fbr) war eine wesentliche Hilfe.

Inhaltsverzeichnis

Die Wasserwende in der Prozesswassernutzung 1

1.1 Wasser im Kreislauf

Wasser ist von Natur aus ein Kreislaufmittel, was Abb. 1.1 sehr anschaulich verdeutlicht. Die Sonne ist der Motor für diesen Wasserkreislauf, dem alle Gebiete auf der Erde unterworfen sind. Wassermangel und Wasserbelastungen sind allerdings zu existenziellen Problemen in vielen Teilen unseres Globus geworden. Unter anderem hat die intensive Nutzung von Wasser durch Industrie und Landwirtschaft weltweit zu Verwerfungen in diesem natürlichen Ablauf geführt. Gesucht sind nachhaltige Lösungen für Natur und Industrie!

Langfristig unsichere Wasserversorgungsquellen, bedingt durch *hydrologische* Veränderungen *und* restriktive Einschränkungen der Wassergewinnung, sowie steigende Anforderungen an die Abwasserbehandlung rücken das Abwasserrecycling von Prozesswässern in den Fokus eines produktionsintegrierten Umweltschutzes (PIUS) [2, 5, 9, 11, 12]. Mit integrierter Rückgewinnung von Wertstoffen und Energie sowie der Nutzung von Regenwasser als Quelle für Frischwasser zur Deckung von Wasserverlusten (z. B. Verdunstung, Ausschleppung) bieten sich für weite Teile der industriellen Produktion zukunftssichere Alternativen zur herkömmlichen End-of-pipe-Technik in der betrieblichen Abwasserwirtschaft [10].

Prozesswasser ist ein Kreislaufmittel, das ähnlich wie im natürlichen Wasserkreislauf den Prozess immer wieder neu speist [6]. Der natürliche Wasserkreislauf lehrt, dass kein Wasser verloren geht.

Die Übertragung des natürlichen Wasserkreislaufs auf die betriebliche Wasserwirtschaft beinhaltet eine hohe Effizienz bei dessen innerbetrieblicher Nutzung. Prozesswasser wird innerhalb einer Produktionslinie mehrmals verwendet und das Restabwasser, das innerbetrieblich keine weitere Verwendung findet, soweit aufbereitet, dass es als Recyclingwasser dem Arbeitsprozess wieder *anstelle* von Frischwasser (z. B. Stadtwasser) zugeführt wird.

R. Stiefel, *Abwasserrecycling: Technologien und Prozesswassermanagement*,
DOI 10.1007/978-3-658-13992-6_1

Abb. 1.1 Natürlicher Wasserkreislauf. (Aus [14])

Wasserverluste, die zwangsläufig durch Verdunstung etc. entstehen, werden primär durch regenerative Quellen (z. B. Regenwasser) ausgeglichen.

Das Abwasserrecycling ist der Motor für einen Kreislauf, der zudem viele Möglichkeiten der Wertstoff- und Energierückgewinnung bietet, wie in Abb. 1.3 dargestellt ist. Damit wird die Abkehr von der reinen Abwasserentsorgung hin zur Abwassernutzung vollzogen.

Die Abb. 1.2 und 1.3 verdeutlichen den Unterschied zwischen der herkömmlichen End-of-pipe-Technologie und der Kreislaufwirtschaft mit Prozesswässern in einer betrieblichen Wasserwirtschaft. Markant springt der Richtungswechsel des Wasserverlaufes ins Auge; die End-of-pipe-Technologie weist dem Wasserverlauf nur eine Einbahnrichtung zu. Das Frischwasser (z. B. Stadtwasser, Eigenbrunnenwasser, Oberflächenwasser) wird der Produktion mit oder ohne eigene Aufbereitung zugeführt, in der Produktion benutzt und dann als Abwasser entsorgt. Das heißt, es wird innerbetrieblich behandelt und dann gemäß den gesetzlichen Anforderungen als Abwasser entweder einer öffentlichen Kläranlage (Indirekteinleiter) oder einem Oberflächengewässer (Direkteinleiter) zugeleitet.

Ganz anders verhält sich der Wasserlauf bei einer Kreislaufführung. Das Medium Wasser ist einem permanenten Statuswechsel Prozesswasser – Abwasser – Prozesswasser innerhalb eines Kreislaufes unterworfen. Wobei die Wasserverluste, die bei der Nutzung des Prozesswassers (z. B. Verdampfung) und der Aufbereitung des Abwassers (z. B. Abfall) auftreten, durch Regenwassernutzung ersetzt werden [7, 8]. Zusätzlich bietet eine Kreislauftechnik die Möglichkeit der Rückgewinnung von Wertstoffen und Energie aus dem Abwasser an. Die Abwasserentsorgung hat sich zur Abwassernutzung gewandelt. Der Wasserverlauf verbessert sich innerhalb eines Betriebes von der Einbahnstraße zum Kreislauf nach dem Vorbild des natürlichen Wasserkreislaufes. Die Abwässer werden nicht nur entsorgt, sondern als Rohstoffe vielseitig genutzt. Das Ziel ist die Prozesswasserautarkie.

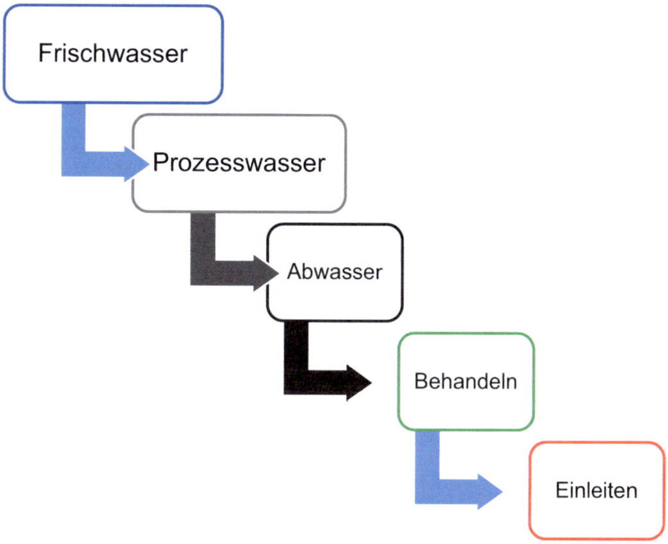

Abb. 1.2 Konventioneller Wasserlauf (End-of-pipe-Technik) von Prozesswasser

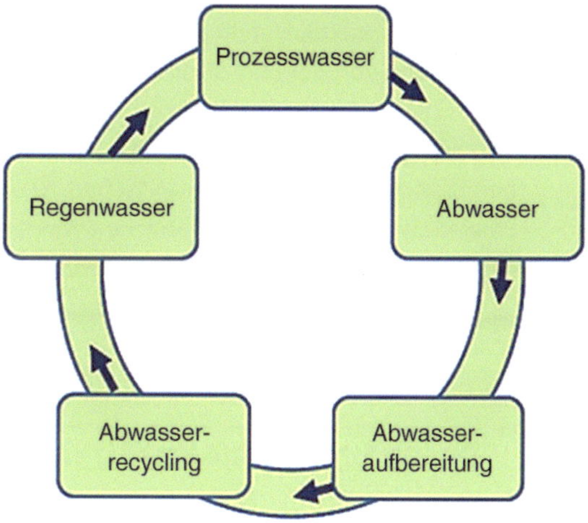

Abb. 1.3 Geschlossener Wasserkreislauf mit Regenwassernutzung im Betrieb

1.2 Ziele der Prozesswasserautarkie

Die Ziele der Prozesswasserautarkie lassen sich wie folgt umreißen:

Ziele der Prozesswasserautarkie
- Recycling der Prozesswässer
- Gewässerentlastung
- Hohe Effizienz bei der Prozesswassernutzung

- Abwasserfreie Betriebe
- Kostensenkung der Frisch- und Abwasserabgaben
- Langfristige Sicherheit bei der Wasserversorgung
- Rückgewinnung von Wertstoffen
- Rückgewinnung von Energie
- Unabhängig von gesetzlichen Einleitungsbedingungen (Direkt- und Indirekteinleiter)
- Autarke Wasserversorgung

Das Prozesswasser wird als betriebsinterner Rohstoff angesehen, der effizient verwendet und mittels interner Aufbereitungstechniken soweit behandelt wird, dass er den *internen* Qualitätsanforderungen genügt. Es wird kein Abwasser entsorgt, weder über Direkt- noch Indirekteinleitung. Wasserverluste in der Produktion werden durch die Nutzung von Regenwasser und anderen Quellen ausgeglichen, die Regenwassernutzung genießt dabei oberste Priorität und kann im Idealfall den Wasserverlust zu 100 % ausgleichen.

▶ Für Betriebspraktiker stellt sich zwangsläufig die Frage: Wie gestaltet sich die Umstellung von der End-of-pipe-Technik zur Prozesswasserautarkie?

▶ Kurze Antwort: In der Regel gibt es keinen Königsweg, dafür sind die einzelnen Branchen in ihrer Wasserwirtschaft zu unterschiedlich. Am Beginn der Effizienzsteigerung der betrieblichen Wasserverhältnisse steht eine fundierte Istaufnahme dieser Verhältnisse. Sie stellt die Grundlage für nachfolgende Optimierungsmaßnahmen dar.

1.3 Der anthropogene Wasserkreislauf

Geschlossene betriebliche Wasserkreisläufe sind anthropogen. Es sind technische Wasserkreisläufe, deren Vorbild der natürliche Wasserkreislauf ist.

Höchste Effizienz solcher geschlossenen Wasserkreisläufe schützt nachhaltig die natürlichen Gewässer vor Immissionen, bietet gleichzeitig den Unternehmen als Betreiber der geschlossenen Wasserkreisläufe eine sichere Wasserversorgung und löst das Problem der Abwasserentsorgung *langfristig*. Das Kreislaufmittel Wasser (Prozesswasser) wechselt innerbetrieblich ständig den definitionsgemäßen Zustand vom Frischwasser zum Abwasser und vom Abwasser zum Frischwasser. Die Betriebe sind abwasserfrei im Sinne einer Abwasseremission. Abwasser wird weder in eine öffentliche Kläranlage noch in ein Gewässer eingeleitet. Das Abwasser, das beim Gebrauch des Prozesswassers entsteht, wird innerbetrieblich soweit aufbereitet, dass es als Frischwasser wiederverwertet werden kann. Der Kreislauf ist geschlossen. Wasserverluste, die durch Verdunstung oder Behandlung des Abwassers etc. entstehen, können durch den Einsatz von Regenwasser ausgeglichen wer-

Abb. 1.4 Industrieller Gesamtfrischwasserbezug 2007 in Deutschland [1]

den. Das Abwasserrecycling zeichnet sich als sehr nachhaltig aus, Ökonomie und Ökologie sind hier gleichwertig. Beide Aspekte sind in Balance und integrieren sich gegenseitig. Die Betriebe besitzen eine Prozesswasserautarkie. Abb. 1.3 zeigt die Kreislaufführung des Prozesswassers. Die Betriebe sind gleichzeitig ihr eigener Wasserlieferant und nutzen ihre Abwässer durch eine innerbetriebliche Aufbereitung als neues Prozesswasser. Diese Form der Prozesswassernutzung verkörpert eine nachhaltige betriebliche Wasserwirtschaft.

Bei all diesen Überlegungen in Bezug auf einen Wechsel weg von der End-of-pipe-Technik hin zur Kreislaufwirtschaft spielen die speziellen Wassermengen der jeweiligen Wassernutzungsart eine wichtige Rolle. Ein Blick auf den industriellen Gesamtfrischwasserbezug (Abb. 1.4) in Deutschland zeigt die Größenverhältnisse. Im Verhältnis zu den Kühlwassermengen stellen die Prozesswässer einen Bruchteil der industriell genutzten Wassermengen dar. Dieser kleine Anteil jedoch enthält die Summe der Wasserinhaltsstoffe (organische und anorganische Frachten) in seiner gesamten Bandbreite. Ökologisch finden vor allem jene Stoffe besondere Aufmerksamkeit, die aufgrund ihrer ökotoxikologischen Eigenschaften gegenüber einer Vielzahl von aquatischen Organismen (z. B. Bakterien, Daphnien, Algen, Fische) und ihrer hohen Persistenz (Langlebigkeit) in aquatischen Systemen (z. B. Flüsse, Seen, Grundwässer) ein Gefahrenpotenzial darstellen. Diese Stoffe, die für gewisse Produktionsverfahren notwendig sind, werden innerhalb des Prozesswasserkreislaufes verwendet, behandelt und überwacht, damit sie den betrieblichen Wasserkreislauf idealerweise nicht verlassen und über die Abwasserentsorgung in die Ökosysteme gelangen.

Zu den Zahlen aus Abb. 1.4 führt das Positionspapier der Process-Net-Fachgruppe Produktionsintegrierter Wasser- und Abwassertechnik aus:

Die industriell genutzte Wassermenge betrug 2007 in Deutschland mit 26,5 Mrd. m^3/a das Sechsfache des häuslichen und gewerblichen Bedarfs von 4,5 Mrd. m^3/a. Lediglich 1,1 Mrd. m^3/a (4 % des industriellen Abwassers) werden den öffentlichen Kläranlagen zugeführt. Diese erhebliche Differenz ist darauf zurückzuführen, dass insbesondere Kühlwasser, das ca. 92 % des verwendeten Frischwassers ausmacht, direkt in der geforderten Qualität in die Gewässer eingeleitet werden kann.

In Deutschland werden etwa 90 % des Prozesswassers nach der Nutzung den gesetzlichen Vorgaben entsprechend behandelt und letztlich in Oberflächengewässer abgeleitet. Das bei bestimmten Anwendungen eingesetzte Wasserrecycling schont Wasser- und Energieressourcen. Für die optimale Wassernutzung muss das Prozesswasserrecycling mit der Wasseraufbereitung zusammengeführt werden [1].

In den folgenden Kapiteln sind verschiedene Abwasserbehandlungsverfahren für Produktionsabwässer sowie die Strategien des Prozesswassermanagements beschrieben, die Betrieben die Möglichkeit bieten, von der reinen Abwasserentsorgung zur Abwassernutzung zu wechseln.

Die Abwassernutzung untergliedert sich in folgende Teilaspekte:

Maßnahmen zur Abwassernutzung
- Wassersparende Maßnahmen in der Produktion
- Mehrfachnutzung der Prozesswässer
- Nutzung des Prozesswassers als Kreislaufmittel
- Abwasserfreier Betrieb (Recycling der Produktionsabwässer)
- Rückgewinnung von Wertstoffen
- Rückgewinnung von Energie
- Einsparung von Frischwasser durch Nutzung von Regenwasser

Die Abwassernutzung tangiert ökonomische und ökologische Belange gleichermaßen. Eine betriebliche Wasserwirtschaft, die sowohl ökonomische als auch ökologische Grundsätze in Balance hält, ist nachhaltig. Der Weg zu einer nachhaltigen Wasserwirtschaft kann über sehr einfache oder über hochkomplexe Aufgaben führen. Letztere können in einfachere Teilsegmente aufgeschlüsselt werden, um sie dann Schritt für Schritt zu bearbeiten und die Teilschritte in einer Gesamtlösung zusammenzuführen. Hierfür ist ein Prozesswassermanagement nötig, das hilft, die Technologien der Wassernutzung und Wasseraufbereitung im Bezug zur Steuerung und Kontrolle der Abwassercharakteristik effizient zu gestalten.

Im nächsten Kapitel ist eine erste, aber wichtige Teilaufgabe beschrieben: Die Identifikation der Abwasserinhaltsstoffe mit ihren Eigenschaften, die in ihrer Summe die Abwassercharakteristik eines Abwasserstroms bestimmen. Ein ressourcenschonender und energieeffektiver Umgang mit diesen Abwässern fordert ein spezielles Management, das Prozesswassermanagement.

Prozesswassermanagement 2

2.1 Aufgaben des Prozesswassermanagements

Die Aufgabe des Prozesswassermanagements bei einer Kreislaufführung besteht in der Organisation und Handhabung einer sicheren und effektiven Nutzung der innerbetrieblichen Prozesswässer (s. Abb. 2.1). Hierzu zählen primär:

- Beschaffung und Bereitstellung des Prozesswassers,
- innerbetriebliche Nutzung der Prozesswässer,
- Prozesswassereinsparung,
- Prozesswassermehrfachnutzung,
- Kontrolle der Abwasserinhaltsstoffe (Eigenanalytik),
- Sammlung der Produktionsabwässer,
- Aufbereitung der Abwässer (Abwasserrecycling),
- Ersatz der Wasserverluste (durch Verdunstung etc.), z. B. mit Niederschlagswasser.

Ein erweitertes Aufgabenspektrum ergibt sich beispielsweise aus der möglichen Rückgewinnung von Wertstoffen bzw. der Abfallentsorgung, der Abwasseraufbereitung sowie einer etwaigen Energierückgewinnung. Ein wichtiges Standbein ist die Eigenanalytik im Betrieb selbst, die im Kap. 8 näher beschrieben ist.

Ein erster Schritt in das Prozesswassermanagement führt zu den Abwasserinhaltsstoffen, deren Eigenschaften (z. B. sauer oder alkalisch) und Konzentrationen weitgehend die Abwassercharakteristik bestimmen.

R. Stiefel, *Abwasserrecycling: Technologien und Prozesswassermanagement*,
DOI 10.1007/978-3-658-13992-6_2

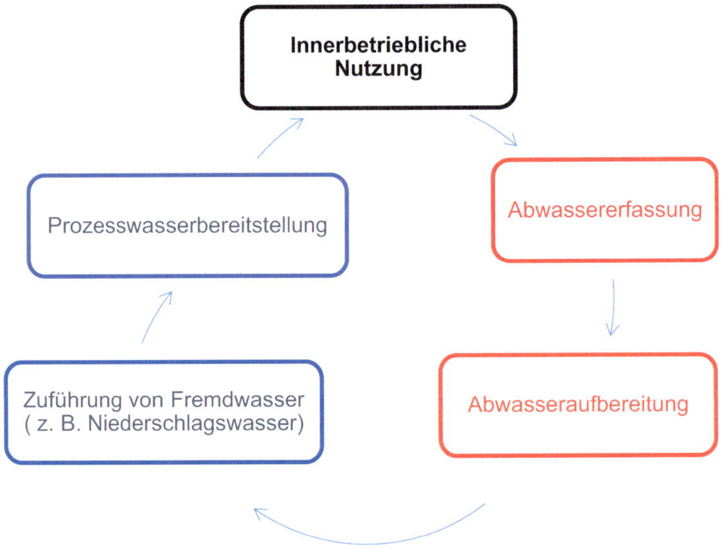

Abb. 2.1 Teilgebiete des Prozesswassermanagements

2.1.1 Interaktionen von Abwasserinhaltsstoffen

Roh-, Hilfs- und Betriebsstoffe besitzen bestimmte Eigenschaften; gelangen diese Stoffe ins Abwasser, so werden daraus Abwasserinhaltsstoffe. Sie bestimmen in ihrer Gesamtheit den Abwassercharakter. Während der Bearbeitung in den einzelnen Produktionsprozessen können sich ihre Eigenschaften zum Teil durch chemische, biologische und physikalische Prozesse verändern, in solchen Fällen wird der Sachverhalt komplexer. Jeder Abwasserinhaltsstoff beeinflusst entsprechend seiner Konzentration (g/l oder mol/l) und seiner spezifischen Eigenschaften das Abwasser; Stoffe bzw. deren Eigenschaften (z. B. sauer oder basisch) können sich gegenseitig neutralisieren. Andere Eigenschaften – komplexe Bindungen bei Schwermetallen zum Beispiel stören die Fällung der Metalle – können besondere Maßnahmen erfordern, was in der Abwasserbehandlung berücksichtigt werden muss.

An diesem einfachen Beispiel (Abb. 2.2) aus dem Chemiebereich ist zu erkennen, dass bei einer Abschätzung der Abwassercharakteristik dieses Abwasser aufgrund der Eigenschaften seiner Abwasserinhaltsstoffe als sauer, toxisch und CSB-beladen angesprochen werden kann. Das CSB-BSB_5-Verhältnis der organischen Stoffe weist auf eine schlechte biologische Abbaubarkeit hin. Es zeigt, dass mit Kenntnissen der Abwasserstoffe, einschließlich ihrer Eigenschaften und möglichen Abwasserkonzentrationen, eine Abschätzung der Abwässer bezüglich ihrer Eigenschaften (z. B. toxisch, schlecht abbaubar) möglich ist. Diese Abschätzungen sind nur eine erste Orientierung, die durch weitere Maßnahmen, z. B. *Abwasseranalysen*, ergänzt werden müssen. So wären in unserem

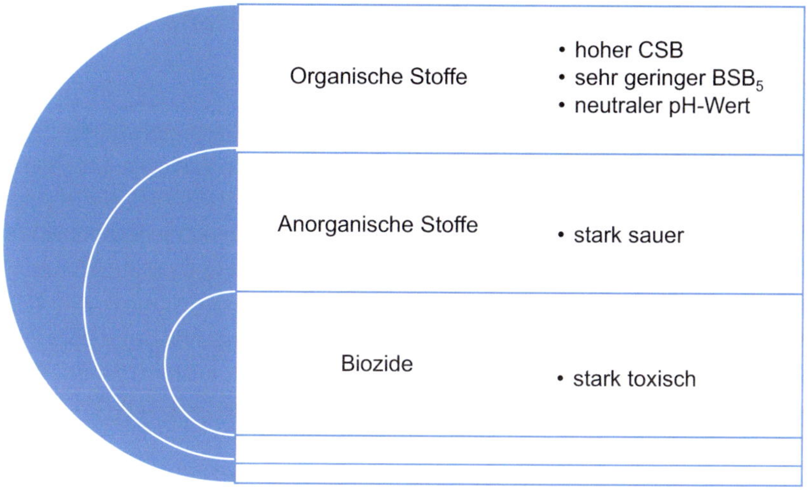

Abb. 2.2 Mögliche Wirkungskette von Abwasserinhaltsstoffen

Beispiel der pH-Wert zu messen und die CSB- bzw. BSB_5-Werte zu bestimmen, um eine genaue Aussage über die organischen Frachten (= Stoffmenge pro Zeit) in Verbindung mit der Abwassermenge zu erhalten. Parallel würde die akute Toxizität (z. B. Hemmung des Sauerstoffverbrauches von Belebtschlamm) quantifiziert werden, ebenso der Grad des biologischen Abbaus, wenn die Frage einer biologischen Behandlung erörtert werden sollte.

Die Analyse des obigen Abwassers erbrachte folgende Ergebnisse:

CSB (chemischer Sauerstoffbedarf) in mg/l = 1500
BSB_5 (biologischer Sauerstoffbedarf in 5 Tagen) in mg/l = 300
pH-Wert = 5,8
Toxizität (Leuchtbakterientest) $G_L = 32$

Wir sehen, dass Abwasser ist sehr sauer, stark toxisch, schlecht biologisch abbaubar und besitzt eine hohe organische Belastung, die sich im CSB-Wert niederschlägt.

Die Abwasseranalyse ist ein Spiegelbild der Abwasserinhaltsstoffe mit ihren speziellen Eigenschaften.

Eine erste qualitative Abschätzung – sauer, organisch belastet, toxisch – erhielten wir von den Eigenschaften der Abwasserinhaltsstoffe, daher sind die Stoffe bzw. ihre Eigenschaften zu begutachten, die ihres bestimmungsgemäßen Einsatzes wegen ins Abwasser gelangen oder gelangen können.

Diese Daten helfen, Abwasserverhältnisse abzuschätzen und mögliche Maßnahmen in Bezug auf die Abwasserbehandlung in Betracht zu ziehen.

2.1.2 Abwasserpass für Roh-, Hilfs- und Betriebsstoffe zur Datenerhebung des Istzustandes

Ein Pass identifiziert eine Person und dokumentiert gewisse Merkmale dieser Person.

Übertragen auf die Abwasserchemie der Wasserinhaltsstoffe bedeutet dies: Ein Abwasserpass weist die abwasserrelevanten Eigenschaften der Roh-, Hilfs- und Betriebsstoffe aus, z. B. pH-Wert oder biologisches Abbauverhalten bzw. akute Toxizität gegenüber Bakterien oder Belebtschlamm in einer biologischen Kläranlage. Er stellt eine Struktur zur Datenerhebung von Stoffeigenschaften im Rahmen der Vorsorge der Abwasserbehandlung dar.

Eine Vorsorge in der Abwasserbehandlung erfordert Hintergrundwissen über die Eigenschaften der Abwasserinhaltsstoffe.

Die Vermeidung bzw. Verminderung von Stoffemissionen, speziell der gefährlichen Stoffe, bedingt die Kenntnis ihrer Stoffeigenschaften in Bezug auf das Abwasser. Roh-, Hilfs- und Betriebsstoffe besitzen bestimmte Eigenschaften; gelangen diese Stoffe ins Abwasser, so werden daraus Abwasserinhaltsstoffe und deren Gesamtheit bestimmt den Abwassercharakter. Während der Bearbeitung in den einzelnen Produktionsprozessen können sich die Abwasserverhältnisse ändern. Werden z. B. zwei Abwasserstränge – Abwasserstrang A mit komplexierenden organischen Stoffen und Abwasserstrang B mit Schwermetallsalzen belastet – zusammengeführt, so können Schwermetallkomplexe entstehen, die die Abwasserbehandlung (z. B. Fällung mit Kalkmilch) in ihrer Wirkungsweise stören. Es werden dann aufwendigere und meist kostenintensivere Verfahren (z. B. Fällung mit Organosulfiden) notwendig.

Die effiziente Beherrschung der Abwasserinhaltsstoffe in der Abwasserbehandlung setzt eine Reihe von Kenntnissen über sie voraus, etwa ihre Konzentrationen und vor allem ihre abwasserrelevanten physikochemischen Eigenschaften. In Abb. 2.3 werden vier wichtige Merkmale des Abwassermanagements dargestellt. Die abwassertechnische Behandlung der Abwasserinhaltsstoffe und ihre analytische Kontrolle in Form einer Betriebsanalytik werden effektiver, wenn möglichst viele Inhaltsstoffe und deren Eigenschaften bekannt sind. Für Betriebe mittlerer Größe hat sich die Partnerschaft mit externen Beratern hinsichtlich der Abwasserbehandlung und Betriebsanalytik bewährt.

Wichtige Stoffeigenschaften dienen als Screeningparameter für eine Abschätzung der Abwassercharakteristik.

Besonders relevante Eigenschaften von Stoffen, wie z. B. Giftigkeit, Persistenz, Flüchtigkeit, Korrosionsverhalten oder Komplexbildung, bedürfen einer intensiven Aufmerksamkeit, damit bei der Frage der Stoffsubstitution oder der Abwasserbehandlung diese Eigenschaften mitberücksichtigt werden können. Hier empfiehlt es sich, alle Stoffe, die innerhalb des Betriebes ins Abwasser gelangen, systematisch zu erfassen und ihre abwasserrelevanten Eigenschaften in einem Formblatt ähnlich einem Pass zu dokumentieren.

Mit dem Abwasserpass wird ermöglicht, dass viele Hintergrundinformationen über ein Produkt (Stoff) für Entscheidungen, wie z. B. die Auswahl des Abwasserbehandlungsverfahrens (biologische Abbaubarkeit, Bakterientoxizität etc.) oder die Gefährdung (z. B.

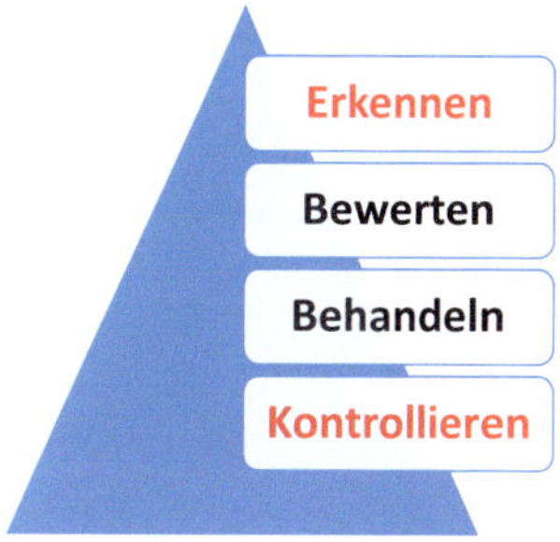

Abb. 2.3 Management der Abwasserinhaltsstoffe

Korrosion durch hohe Sulfatkonzentrationen) des Kanalnetzes, zur Verfügung stehen. Eine wichtige Hilfe bietet er für die Substitution von Stoffen, die die Abwasserbehandlung extrem verteuern oder die Verwertung einer Abfallart aus der Abwasserbehandlung erschweren bzw. durch ihre Eigenschaften Probleme bei der Abwasserbehandlung verursachen. In Notfällen kann schnell auf die Stoffdaten zurückgegriffen werden, um etwaige schädliche Wirkungen (z. B. bakterizide Stoffe in biologischen Kläranlagen) zu begrenzen bzw. zu unterbinden. Für den Aufbau einer Stoffdatenbank bieten die EU-Sicherheitsdatenblätter eine gute Grundlage sowie weiterhin Produktinformationen, die beim Händler/Lieferant angefragt werden können. In der Tab. 2.1 sind die Kriterien des Abwasserpasses für einen Stoff aufgelistet. Diese Kriterien können den Betriebsbedingungen gemäß erweitert oder gekürzt werden.

2.1.2.1 Wozu dient der Abwasserpass?

Der Abwasserpass weist die abwasserrelevanten Eigenschaften eines jeden Stoffes aus, der im Betrieb verwendet wird. Er ist ein Vorsorgeinstrument für die Abwasserbehandlung. Dabei ist es unerheblich, ob es sich um einen Roh-, Hilfs- oder Betriebsstoff handelt und ob er bestimmungsgemäß oder durch Störungen ins Abwasser gelangt bzw. gelangen kann.

> Die Abwasserstoffdatenbank liefert wertvolles Hintergrundwissen über das Verhalten der Stoffe im Abwasser. Risiken in der Abwasserbehandlung können dadurch erkannt und vermieden werden. Restrisiken werden mittels praktischer Vorsorgemaßnahmen reduziert. Sie ist der Partner der betrieblichen Eigenanalytik.

Es empfiehlt sich, die Datensammlung zu den Stoffen in Form einer Datenbank (Abwasserstoffdatenbank) anzulegen, damit ein schneller Zugriff erfolgen kann und die Datensätze gemäß den Stoffeinsätzen gepflegt bzw. aktualisiert werden können. Sie allein leistet wertvolle Dienste, wenn ein Problemstoff durch einen Alternativstoff ersetzt werden soll. Ebenso können Stoffe eingegrenzt werden, die ökotoxisch bedenklich oder unter bestimmten Bedingungen sehr geruchsintensiv sind. Welche Stoffeigenschaften bei einem Vorsorgemanagement im Vordergrund stehen, ist abhängig von der jeweils eingerichteten Abwassertechnik und den betrieblichen Bedingungen.

Tab. 2.1 Abwasserpass für Roh-, Hilfs- und Betriebsstoffe

Abwasserpass	
1. Stoffbezeichnung (Handelsprodukt)	
2. Hersteller/Lieferant:	
3. Ort:	
4. Straße/Postfach:	
5. Telefon:	Faxnr.
6. E-Mail-Adresse	
7. Ansprechpartner:	
8. Verwendungszweck:	
9. Inhaltsstoffe	
10. Hauptbestandteile:	
11. Nebenbestandteile:	
12. PBT-(prioritärer-)Stoff	
13. Physikalische und chemische Daten	
14. pH-Wert:	
15. Wasserlöslichkeit:	
16. Dichte:	
17. Dampfdruck:	
18. Flammpunkt:	
19. Aromatische Verbindungen:	
20. Stickstoff (N) ges.:	
21. Ammonium:	
22. Nitrat:	
23. Nitrit:	
24. Phosphor ges.:	
25. Phosphat:	
26. Organische Belastung:	
27. Total Organic Carbon (TOC)	
28. Chemischer Sauerstoffbedarf (CSB):	
29. Biologischer Sauerstoffbedarf in 5 Tagen (BSB_5):	

Tab. 2.1 (*Fortsetzung*)

Abwasserpass
30. Biologische Abbaubarkeit:
31. CSB/BSB_5-Verhältnis:
32. A Statischer Abbautest (Simulation Kläranlage):
32. B Leichte biologische Abbaubarkeit
33. Akute Toxizität gegenüber Belebtschlamm aus einer kommunalen Kläranlage:
34. Sauerstoffverbrauchshemmung:
35. Nitrifikationshemmtest:
36. Akute Toxizität gegenüber Wasserorganismen
37. Wassergefährdungsklasse (WGK):
38. Akute Fischgiftigkeit:
39. Akute Daphnientoxizität:
40. Akute Algentoxizität:
41. Akute Bakterientoxizität:
42. Langfristige Ökotoxizität
43. Langfristige Fischtoxizität:
44. Chronische Daphnientoxizität:
45. Metallkomplexe im Produkt:
46. Komplexierende Stoffe:
47. AOX-Bildner:
48. Waschaktive Substanzen (Tenside):
49. Stark oxidierend:
50. Stark reduzierend:
51. Geruchsintensität:
52. Recyclefähigkeit des Stoffes:
53. Weitere wichtige abwasserrelevante Eigenschaften:
54. Mögliche Abwasserbehandlungsverfahren:
55. Alternative Ersatzstoffe:

2.1.2.2 Der Szenarienmanager dient als Vorwarnsystem

Eine reine Stoffdatenbank ist nur der erste Baustein, um die Eigenschaften der verwendeten Stoffe (Chemikalien) in einem Betrieb zu dokumentieren. Sie ist ein Nachschlagewerk für die Stoffeigenschaften. Will man eine Abwasserstoffdatenbank nutzen, um etwaige Gefahren z. B. in Bezug auf eine biologische Kläranlage zu erkennen oder bei einer Abwasserfehlcharge Vermeidungsmaßnahmen ergreifen zu können, wird der Bezug der Stoffdaten zu den jeweiligen Betriebsdaten notwendig. Die Betriebsdaten, z. B. die Menge eines jeden Stoffes im Betriebsablaufsort (z. B. 170 kg Phenol im Kessel A), ermöglichen erst in Verbindung mit den Daten der betrieblichen Kläranlage (Volumen), die Konzentration eines Stoffes im Belebungsbecken zu berechnen. Die betriebsspezifischen Daten können dann zu den stoffspezifischen Daten (z. B. die akute Bakterientoxizität oder Belebtschlammtoxizität des Stoffes) in Bezug gesetzt werden, um eine Gefährdungsabschätzung vorzunehmen.

Dazu sollten die Betriebsdaten in die Abwasserstoffdatenbank integriert werden. Aus beiden Datenarten (Betriebsdaten und Abwasserpassdaten) können dann über Abfragen verschiedene Szenarien berechnet bzw. simuliert werden. Der Szenarienmanager ist nichts anderes als ein Computerprogramm, das den betrieblich Verantwortlichen hilft, Berechnungen in Bezug auf das Abwasserverhalten bestimmter Stoffe zu liefern. „Jede Branche hat ihre Experten", so lautet die Überschrift zum umfangreichen Softwareangebot auf dem Gebiet der Abwasserbehandlung der Deutschen Vereinigung zur Wasserwirtschaft, Abwasser und Abfall e. V. (DWA) [18].

Das Datenmaterial basiert auf den Abwasserpassdaten der einzelnen Stoffe und den relevanten Betriebsdaten. Welche Fragen bzw. Szenarien für die Verantwortlichen hilfreich sind, richtet sich nach den betrieblichen Verhältnissen (z. B. Art der Werkskläranlage, Direkt- oder Indirekteinleiter).

2.1.2.3 Ziele für die einzelnen Szenarien

Die Ziele bzw. die Fragestellung für die Szenarien können in viele Bereiche unterteilt werden. Als Beispiele seien der mögliche Einsatz von neuen Stoffen und die wirtschaftliche Optimierung der Abwasserkosten durch gezielte Stoffauswahl genannt.

2.1.2.4 Ein Screeningtest für Neustoffe

Bei Fragestellungen hinsichtlich der Gefahrenabwehr (z. B. für eine biologische Werkskläranlage) steht der Schutz des ungestörten Betriebsablaufes der Kläranlage im Vordergrund. Vor der Einführung neuer Stoffe, die dann betriebsbedingt in das Abwasser gelangen, sollte geprüft werden, ob diese für die Anlage unbedenklich sind. Sind die Mengen der neuen Stoffe sowie ihre Abwasserpassdaten bekannt, kann mit einfachen Computersimulationen eine Abschätzung im Vergleich zu den bisher verwendeten Stoffen durchgeführt werden.

In Tab. 2.2 ist ein Beispiel aufgelistet, um das mögliche Verhalten von zwei Neustoffen in Bezug auf ihre Bakterientoxizität zu evaluieren.

Das Beispiel zeigt, dass bei einer Verknüpfung zwischen spezifischen Stoffdaten (z. B. Bakterientoxizität der jeweiligen Stoffe) und den jeweiligen Betriebsdaten (Einsatzmenge der Stoffe und Abwassermenge in der Kläranlage) mögliche Probleme bei der Abwasserbehandlung rechtzeitig erkannt werden.

Tab. 2.2 Beispiel für einen Vergleich der Abwassertoxizität von Neu- und Altstoffen

Stoffe	Einsatzmengen kg die ins Abwasser gelangen	Akute Bakterientoxizität EC_{10} (mg/l)	Kläranlage (cbm)	Stoffkonzentrationen in der Kläranlage (mg/l)
Altstoff A	56	150	500	112
Altstoff B	45	134	500	90
Neustoff A	250	250	500	500
Neustoff B	50	150	500	100
Neustoff C	25	100	500	66

Stoffe, die rein nach dem stoffspezifischen Kriterium (Bakterientoxizität) noch akzeptabel erscheinen, können aufgrund ihrer Einsatzmengen zu einem Risiko werden. In nachfolgenden Untersuchungen (z. B. Toxizität gegenüber dem Belebtschlamm der Betriebskläranlage) können Stoffe, die von der reinen Toxizitätsberechnung Anlass zur Besorgnis geben, immer noch unter Praxisbedingungen getestet werden. Nicht nur für die Vorsorge zur Gefahrenabwehr können Szenarienberechnungen der Abwasserinhaltsstoffe wertvolle Dienste erweisen und die Betriebsanalytik der Abwässer bzw. Prozesswässer unterstützen, sondern auch bei Kostenabschätzungen bezüglich der Abwassergebühren [11].

Die Dokumentation der abwasserrelevanten Roh-, Hilfs- und Betriebsstoffe wird mittels eines Betriebsaudits in Form einer Checkliste ergänzt, um die Randbedingungen des Einsatzes dieser Stoffe nach Art und Menge zu erfassen.

Mit der Dokumentation der Konzentrationen der Abwasserinhaltsstoffe sind wir zusammen mit den einzelnen Abwassermengen bei den jeweiligen Abwasserfrachten der Einzelstoffe, diese haben einen wesentlichen Einfluss auf die Eigenschaften der einzelnen Abwasserströme innerhalb eines Betriebes. Die Kenntnisse über die Eigenschaften der einzelnen Abwasserströme (z. B. hohe CSB-Fracht oder hohe Toxizität) wiederum erlauben den Anlagenbetreibern geeignete verfahrenstechnische Maßnahmen zu ergreifen, um eine ungestörte Abwasserbehandlung zu erreichen.

2.2 Betriebsaudit – Prozesswasser

Die vorliegende Checkliste dient als Hilfsinstrument für die betriebliche Wasserwirtschaft. Sie unterteilt sich in die drei Bereiche:

- Bestandsaufnahme der betrieblichen Wasserverhältnisse
- Schwachstellenanalyse
- Hinweise zur Optimierung der innerbetrieblichen Wasserwirtschaft

Ein gutes Wassermanagement, das sowohl die Frisch- als auch die Prozesswässer und -abwässer beinhaltet, basiert auf fundiertem Datenmaterial. Aufbauend auf diesem Datenstamm der innerbetrieblichen Wasserverhältnisse können über Vergleiche hinsichtlich Wasserverbrauch und -nutzung Schwachstellen technischer, organisatorischer oder wirtschaftlicher Art erkannt werden. Das Erkennen von Schwachstellen dient wiederum als Basis für eine Optimierung der betrieblichen Wassernutzung.

Zunächst werden alle wasserrelevanten Daten bilanziert, das heißt, sie werden ohne Bewertung als reine Fakten erhoben. Sowohl jede einzelne Betriebseinheit als auch der Gesamtbetrieb werden hinsichtlich Wasserverbrauch, Wassernutzung und Abwasseranfall systematisch erfasst.

Die reine Bestandsaufnahme sollte ergänzt werden durch Zielvorgaben, um die innerbetriebliche Wasserwirtschaft zu optimieren. Diese können in verschiedene Bereiche untergliedert werden.

Die Zielvorgaben des Betriebsaudits orientieren sich an den Leitlinien des produktionsintegrierten Umweltschutzes (PIUS)

Vermeidung >> Verwertung >> Entsorgung

Für die Optimierung der Prozesswasserwirtschaft würden sich hierzu folgende Zielvorgaben anbieten:

Zielvorgaben für Betriebsaudit Prozesswasser

- Frischwasser einsparen
- Regenwassernutzung prüfen
- Prozesswasser mehrfach benutzen
- Abwasseranfall verringern
- Verwertung von Reststoffen aus dem Abwasser
- Abfall der Abwasserbehandlung verringern
- Verwertung der Abwasserenergie
- Abwasserentsorgungskosten reduzieren
- *Sichere Einhaltung gesetzlicher Auflagen*

Die Checklisten bieten in der vorliegenden Form nur Orientierungen an, sie werden jeweils an die Bedürfnisse des Betriebes bzw. der entsprechenden Branche anzupassen sein. Das heißt, Teile, die für die Branche bzw. den Betrieb nicht relevant sind, können ausgelassen werden; umgekehrt können Teile hinzugefügt werden, wenn sie für den Betrieb von besonderer Wichtigkeit sind. Dies trifft auch für die Zielvorgaben zu, so können Ziele rein betriebsspezifisch oder etwa branchentypisch sein. Die Checkliste bzw. das Betriebsaudit sind auch ein Instrument, um sich auf neue gesetzliche Auflagen einzustellen. Sie dienen als Szenarienmanager, ob neue Auflagen problemlos erfüllt werden können. Bei der Informationsbeschaffung hinsichtlich neuer Anforderungen ist ein enger Kontakt zum jeweiligen Fachverband hilfreich. So wird etwa bei neuen Auflagen (z. B. Verschärfung von

Grenzwerten oder sonstigen Anforderungen an eine Stoffgruppe) zunächst eruiert, ob diese Anforderungen den Betrieb tangieren. Sind die Stoffe oder Stoffgruppen im betrieblichen Abwasser nicht enthalten, so ergeben sich keine weiteren Aktivitäten auf diesem Gebiet. Werden diese Stoffe jedoch im Abwasser nachgewiesen, so stellen sich zunächst folgende Fragen.

I. Können die neuen Anforderungen eingehalten werden?
   Bei einer Bejahung besteht kein akuter Handlungsbedarf.
   Bei einer Verneinung bestehen folgende Möglichkeiten.
II. Können die Stoffe substituiert werden?
III. Welche Maßnahmen hinsichtlich der Anlagentechnik müssen durchgeführt werden, um die Anforderungen zu erfüllen?

Prozesswasser (Checkliste)
Betrieb/Firma:
Adresse:
Telefon:
Fax:
E-Mail-Adresse:
Betrieblich Verantwortlicher:
Ansprechpartner:
Gewässerschutzbeauftragter:
Branche:
Lageplan des Betriebs:

Behördenmanagement
Zuständige Behörden:
Adressen:
Ansprechpartner:
Telefon:
Einleiterbescheid/behördliche Auflagen:
Örtliche Kläranlage bei Indirekteinleitern:
Adressen:
Ansprechpartner:
Telefon:
Entwässerungssatzung, Auflagen, Verträge etc.:

Wichtig sind die behördlichen Auflagen (Einleiterbescheid) bezüglich der Einleiterbedingungen, was auch die Überwachung einschließt sowie etwaige Starkverschmutzerzuschläge oder sonstige vertragliche Vereinbarungen mit der Gemeinde (Kläranlage) etc.

Tab. 2.3 Wasserbezug im Gesamtbetrieb

Wasserarten	cbm/Jahr
Frischwasser (Stadtwasser)	
Brunnenwasser Eigene Brunnen	
Oberflächenwasserentnahme Fluss/See	
Regenwassernutzung	
Sonstige	

Landeswassergesetze/Verordnungen

Es wird empfohlen, sich über den neusten Stand zu den Entwicklungen der gesetzlichen Anforderungen zu informieren, z. B. Indirekteinleiterverordnung und Niederschlagswasserregelungen.

Quellen sind Fachverbände, IHKs, Internetrecherchen (z. B. www.UBA.de) und Fachzeitschriften (z. B. fbr-wasserspiegel, www.fbr.de).

Produktion des Betriebes

Die Beschreibung der Produktion sollte sich an den abwasserrelevanten Fakten orientieren. Die Betriebsdaten sollten ständig aktualisiert werden, um eine enge Relation zur betrieblichen Wasserwirtschaft zu gewährleisten. Geplante Änderungen in den Produktionsabläufen sollten vor ihrer Einführung mit den Fachleuten der Abwasserbehandlung besprochen werden, um rechtzeitig die möglichen Auswirkungen auf das Abwasser abschätzen zu können.

Kurze Beschreibung der Produktion nach Art und Menge
(Skizze Produktionsabläufe, Kanalnetze im Betrieb, Einleiterstellen)

2.3 Prozesswasserversorgung des Betriebes

In den folgenden Abschnitten werden für die Bestandsaufnahmen eine Reihe von Tabellen vorgestellt, mit deren Hilfe möglichst alle relevanten Daten der innerbetrieblichen Wasserwirtschaft erfasst und dokumentiert werden können. Das vorliegende Betriebsaudit beinhaltet außer der reinen Bestandsaufnahme auch einen Optimierungspart der innerbetrieblichen Wasserwirtschaft. Dieser bedingt, dass sehr viele Vergleiche zwischen den einzelnen Betriebseinheiten oder Abwasserarten etc. durchgeführt werden. Es ist daher empfehlenswert, die Tabellen mittels kalkulatorischer Programme (z. B. Microsoft Excel oder ähnlichen Programmen) zu erstellen. Diese Programme haben auch den Vorteil, dass bei wiederkehrenden Audits, Veränderungen direkt in Zahlen dokumentiert werden können.

Tab. 2.4 Wasseraufbereitung im Betrieb

Wasseraufbereitung	cbm/Jahr

Der Wasserbezug des Betriebes (Tab. 2.3) gibt eine Übersicht über die einzelnen Wasserarten bzw. deren Mengen, die innerbetrieblich verwendet werden (z. B. Herstellung von VE-Wasser (vollentsalztes Wasser), Aufbereitung von Flusswasser zu Kühlwasser mittels Sandfiltration). Diese Zahlen können noch durch die laufenden Kosten ergänzt werden.

Die innerbetriebliche Aufbereitung (Tab. 2.4) von Wasser jeglicher Art ist mit Kosten verbunden. Es ist daher erforderlich, zu den reinen Wasserzahlen jeweils die zugehörigen Kosten zu erfassen. Diese Erhebungen dienen als Entscheidungshilfen für die Einführung möglicher Recyclingtechniken im Hinblick auf geschlossene Wasserkreisläufe.

Produktionseinheiten des Betriebes

- (Die einzelnen Produktionseinheiten separat nach Art und Menge beschreiben.)
- Bezeichnung der Produktionseinheit (Name):
- Kurze Beschreibung der Produktionsverfahren und -abläufe:
  (Skizze der Produktionsabläufe)
- Zuständige Leitung:
- Verwendete Roh-, Hilfs- und Betriebsstoffe nach Art und Menge:
  (Tabellarische Aufstellung)
- Produkte nach Art und Menge:
  (Tabellarische Aufstellung)
- Produktionszeiten:
  (Arbeitstage pro Jahr, Stunden pro Tag, Schichten etc.)

2.3.1 Wasserbezug der einzelnen Produktionseinheiten

Der Wasserverbrauch (Tab. 2.5) wird nach Art und Menge bei jeder einzelnen Produktionseinheit bilanziert. Wichtig sind bei den einzelnen Wasserarten die Angaben der jeweiligen Qualitätsanforderung, da in späteren Abgleichungen mit anfallenden Abwässern bekannt sein muss, welches Abwasser eventuell innerbetrieblich mehrfach verwendet werden kann. Die anfallenden Kosten ermöglichen einen Vergleich für Planungen zur Schließung von Wasserkreisläufen.

Tab. 2.5 Bezeichnung der Produktionseinheit

Wasserart	cbm/Jahr	Kosten/m³	Nutzung als (Qualitätsanforderung)
Frischwasser (Stadtwasser)			Z. B. Spülwasser (Trinkwasser VO)
Brunnenwasser Eigene Brunnen			
Oberflächenwasserentnahme Fluss/See			Kühlwasser (Konditionierung)
Regenwasser			
VE-Wasser			
Sonstige Wässer nach Aufbereitung			

Tab. 2.6 Wasserbezug Gesamtbetrieb

Wasserart	cbm/Jahr	cbm/Tag	Nutzung als (Qualitätsanforderung)
Frischwasser (Stadtwasser)			Z. B. Trinkwasser VO
Brunnenwasser Eigene Brunnen			
Oberflächenwasserentnahme Fluss/See			
Regenwasser			
VE-Wasser			
Sonstige Wässer nach Aufbereitung			

Der Wasserbezug des Gesamtbetriebes (Tab. 2.6) bilanziert den Wasserverbrauch nach Art und Menge, wobei für die einzelnen Wasserarten die jeweilige Qualitätsanforderung wichtig ist. In späteren Abgleichungen mit anfallenden Abwässern muss bekannt sein, welches Abwasser eventuell innerbetrieblich mehrfach verwendet werden kann.

Tab. 2.7 Bezeichnung der Produktionseinheit

Wasserart	cbm/Jahr	cbm/Tag	Nutzungsfaktor
Frischwasser (Stadtwasser)			
Brunnenwasser Eigene Brunnen			
Oberflächenwasserentnahme Fluss/See			
Regenwassernutzung			

Tab. 2.8 Mehrfachnutzung der Prozesswässer im Gesamtbetrieb

Wasserart	cbm/Jahr	cbm/Tag	Nutzungsfaktor
Frischwasser (Stadtwasser)			
Brunnenwasser Eigene Brunnen			
Oberflächenwasserentnahme Fluss/See			
Regenwassernutzung			

2.3.2 Mehrfachnutzung der Prozesswässer in den einzelnen Produktionseinheiten

Der Nutzungsfaktor (Tab. 2.7 und 2.8) ist eine Kenngröße für die Nutzung von Wasser, berechnet als Quotient aus der Wassernutzung und dem Wasseraufkommen. Er lässt eine Aussage zu, wie oft einzelne Wasserarten mehrfach benutzt werden. Die Mehrfachnutzung von Prozesswasser beinhaltet sowohl die Mehrfachnutzung ohne Aufbereitung als auch die Behandlung von Abwasser, um es weiter als Prozesswasser nutzen zu können.

2.3.3 Recycling von Prozesswässern

Beim Recycling von Prozesswasser (Tab. 2.9 und 2.10) wird dieses im Kreislauf geführt; das heißt, es existieren geschlossene Kreisläufe. Die traditionelle Trennung zwischen Abwasser und Frischwasser hebt sich auf. Prozesswasser ist Kreislaufwasser, es ist sowohl Frischwasser als auch Abwasser. Das gebrauchte, belastete Prozesswasser wird innerbetrieblich aufbereitet und dient wieder als frisches Prozesswasser. Diese Form der Abwasserbehandlung und -verwendung unterscheidet sich von der reinen Mehrfachnutzung des Prozesswassers, das am Ende als Abwasser entsorgt wird.

Tab. 2.9 Bezeichnung der Produktionseinheit bzw. Recycling von Prozesswässern im Gesamtbetrieb

Wasserart im Umlauf	cbm/Jahr	cbm/Tag	Anmerkungen

Tab. 2.10 Bezeichnung der Produktionseinheit

Wasserart	cbm/Jahr	cbm/Tag	Temperatur (°C) (Mittelwert)	Abwasserbehandlung Art und Anlage

Tab. 2.11 Abwasseranfall im Gesamtbetrieb

Wasserart	cbm/Jahr	Temperatur (°C) (Mittelwert)	Abwasserbehandlung Art und Anlage

Die einzelnen Abwasserarten (Tab. 2.11) sollen nach Menge und Art erfasst werden, ebenfalls die Temperatur am Ablauf der Betriebseinheit. Bei der Abwasserbehandlung sollen kurz die einzelnen Behandlungsstufen genannt werden.

Die einzelnen Abwasserarten sollten nach Art und Menge bilanziert werden, mit Angabe der Abwasserbehandlung der einzelnen Abwasserarten bzw. Abwasserstränge.

Tab. 2.12 Bezeichnung der Produktionseinheit bzw. Abwasserbelastung im Gesamtbetrieb

Wasserart	Parameter	Mittelwert (mg/l) Jahresmittelwert	Abwasserbehandlung Art und Anlage

Tab. 2.13 Bezeichnung der Produktionseinheit

Wasserart	Parameter	kg/Jahr	Mögliche Rückgewinnungstechnik

2.3.4 Abwasserbelastung

Die Bilanzierung der Abwasserbelastung der einzelnen Abwasserarten dient der Erfassung von Abwasserinhaltsstoffen. Diese werden einerseits je nach Behandlungsart sehr teuer entsorgt und sind andererseits Stoffe, die aufgrund ihrer Eigenschaften als Wertstoffe oder Energiestoffe genutzt werden könnten. Die Einzelbilanzierung der jeweiligen Betriebseinheiten bietet die Möglichkeit, abzuschätzen, ob es wirtschaftlich sinnvoll ist, die Wertstoffrückgewinnung dezentral an den Einzelanlagen direkt durchzuführen.

2.3.4.1 Abwasserfrachten

Die Ermittlung der Frachten (g/m^3) der einzelnen Parameter (s. Tab. 2.12, 2.13, 2.14) dient dazu, eine Übersicht zu erhalten, welche Mengen bei den einzelnen Parametern im Abwasser vorhanden sind. Vielfach sind die Mengen der entscheidende wirtschaftliche Faktor bei Rückgewinnungsverfahren.

2.3.4.2 Abwasserbehandlung

Eine kurze Beschreibung der betrieblichen Abwasserbehandlung (Verfahren, Kapazitäten und Bezeichnungen der Anlagen) sowie ein Lageplan dienen externen Fachleuten dazu, sich schnell einen Überblick über die wesentlichen Kenngrößen der Abwasseraufberei-

Tab. 2.14 Abwasserfrachten im Gesamtbetrieb

Wasserart	Parameter	kg/Jahr	Anmerkung

Tab. 2.15 Bezeichnung der Produktionseinheit bzw. Abfallanfall im Gesamtbetrieb bei der Abwasserbehandlung

Abfallart etc.	kg/Jahr	Entsorgung/Verwertung

tungsanlage zu verschaffen. Dazu gehören etwa eine Nachrüstung oder Optimierung der Anlage. Die Beschreibung sollte z. B. folgende Kriterien enthalten:

- Bezeichnung der Anlage,
- Verfahrensbeschreibung der Anlage mit Fließschema,
- Art und Menge der verwendeten Chemikalien,
- Energieverbrauch,
- Bemessungsdaten für die Anlage hinsichtlich Abwasserart und Abwassermenge,
- ursprüngliche Garantiedaten bezüglich der Ablaufwerte,
- Istdaten der Anlage,
- Lagepläne,
- mögliche Probleme.

2.3.5 Abfallanfall bei der Abwasserbehandlung

Bei der Bilanzierung der Abfälle (s. Tab. 2.15) hinsichtlich der Abwasserbehandlung steht in den einzelnen Produktionseinheiten die Suche nach Anlagen im Vordergrund, die einen sehr hohen Anteil am Abfall produzieren. Vielfach hat man keinen direkten Zugriff, um die Abfallmengen der Einzelanlagen zu messen und somit zu erfassen. Es ist daher ratsam, über den Abwasseranteil am Gesamtabwasser eine Abschätzung vorzunehmen.

Tab. 2.16 Betriebseinheiten Frischwassersparen im Werk

Verfahren z. Z.	Frischwasserverbrauch cbm/Jahr	Abwasseranfall cbm/Jahr	Alternative Technik

2.3.6 Möglichkeiten der Reduzierung der Frischwassermengen

Nach der Bestandsaufnahme der wasserrelevanten Daten beginnt die Optimierung der innerbetrieblichen Wasserwirtschaft gemäß den vorgegebenen Zielen. Die Hauptziele sind:

- Wassereinsparung in der Produktion,
- Mehrfachnutzung der Prozesswässer innerhalb der Produktionslinie,
- Rückgewinnung von Energie und Wertstoffen aus den Abwässern,
- Recycling der Restabwässer.

▸ Zielvorgabe: Frischwasser einsparen

Primär beginnt die Prüfung der Wassereinsparung mit der möglichen Substitution des Wassers als Medium. Dies bedeutet den Ersatz von Wasser durch ein anderes Medium oder eine Technik, die keinerlei Wasser benötigt. Diese Verfahren sind sehr branchenspezifisch. Erwähnt sei das Beispiel der Pulverbeschichtung anstatt der Lackierung. Allgemeine technische Aussagen sind an dieser Stelle schwer zu formulieren, da es sich bei diesen Verfahren um direkte Fertigungstechniken handelt. Es empfiehlt sich, Fachfirmen der jeweiligen Fertigungstechnik zu konsultieren, um abzuklären, welche Alternativen angeboten werden. Eine Übersicht über neue Entwicklungen bietet unter „Beste verfügbare Techniken – (BVT) Innovative Techniken für den Sevilla-Prozess" das Umweltbundesamt (www.bvt.umweltbundesamt.de). Diese wasserfreien Verfahren können sich auch wirtschaftlich lohnen, da nicht nur der Frischwasserverbrauch im Gesamtbetrieb reduziert wird, sondern auch die entsprechenden Abwassermengen und der damit verbundene Abfallanfall bei der Abwasserbehandlung.

2.3.6.1 Wassersparen durch effiziente Wassernutzung

Eine weitere Möglichkeit der Frischwassereinsparung (s. Tab. 2.16 und 2.17) besteht in einer Effizienzsteigerung der Wassernutzung bei vorhandenen Techniken. Hierunter werden Leistungssteigerungen vorhandener Techniken verstanden. Etwa die Erhöhung von Druck

Tab. 2.17 Betriebseinheit Wassernutzung

Verfahren z. Z.	Frischwasser-verbrauch cbm/Jahr	Abwasseranfall cbm/Jahr	Verfahrensopti-mierung Maßnahmen	Neuer Frisch-wasserver-brauch cbm/Jahr

oder Temperatur, um die Wirksamkeit (z. B. Reinigung mit Hochdruck) eines Prozesses zu erhöhen. Ähnlich wie bei der Wassersubstitution kann für diskrete Fälle auch hier nur auf Fachfirmen verwiesen werden, um Anlagen bezüglich einer effizienten Wassernutzung zu optimieren.

2.3.6.2 Möglichkeiten der Regenwassernutzung im Betrieb

Regenwasser kann über Dachflächen bzw. versiegelte Oberflächen gefasst, gespeichert und als Prozesswasser genutzt werden. Ob und welcher Aufbereitung das Regenwasser unterworfen wird, hängt von dessen Belastung und den Anforderungen an die Qualität des Prozesswassers ab.

Zur Nutzung von Regenwasser im industriellen Bereich sei auf Informationen der Fachvereinigung Betriebs- und Regenwassernutzung e. V (www.fbr.de) hingewiesen.

Dachflächen in m^2 =
Hofflächen, versiegelte Flächen etc. in m^2 =
Jahresniederschlagsmenge vor Ort in m^2 =
Möglichkeiten zur Regenwasserspeicherung: (Becken etc.)

2.3.6.3 Mehrfachnutzung von Prozesswässern

Mit der Mehrfachnutzung von Prozesswässern ist ein erhebliches Einsparpotenzial sowohl beim Frischwasser als auch beim Abwasser verbunden. Die Mehrfachnutzung bietet ein breites Spektrum an Möglichkeiten, das Prozesswasser vielfach zu verwenden. Im einfachsten Fall dient belastetes Prozesswasser, das in einer Anlage als Abwasser anfällt, als Prozesswasser (Frischwasser) für eine andere Anlage. Ob dieser einfache Weg genutzt werden kann, hängt vom Verschmutzungsgrad des gebrauchten Prozesswassers und den spezifischen Qualitätskriterien für das Prozesswasser ab.

Eine weitere Möglichkeit, belastetes Prozesswasser innerbetrieblich weiter zu verwenden, besteht darin, es intern aufzubereiten. Aufbereitungen sind mit Kosten verbunden, daher unterliegt diese Art des Wassersparens auch einer Wirtschaftlichkeitsprüfung.

Tab. 2.18 Mehrfachnutzung von Prozessabwässern

Anfallende Abwässer			**Prozesswasserbedarf**	
Abwasserart	m^3/Jahr	Belastung	Betriebseinheit	m^3/Jahr

Tab. 2.19 Betriebseinheiten im Werk

Verfahren z. Z.	Frischwasserverbrauch cbm/Jahr	Abwasseranfall cbm/Jahr	Alternative Recyclingtechniken

2.3.6.4 Möglichkeiten des Abwasserrecyclings

Beim Prozesswasserrecycling werden Wasserkreisläufe (s. Tab. 2.18) geschlossen. Jede Produktionseinheit sollte auf diese Möglichkeit untersucht werden. Bei einer dezentralen Lösung (Insellösung) wird das anfallende Abwasser einer Produktionseinheit separat erfasst, behandelt und wieder als Prozesswasser direkt in die Produktionseinheit zurückgeführt.

Bei einer zentralen Aufbereitung werden die Abwässer mehrerer Produktionseinheiten zusammengeführt, behandelt und die jeweiligen Produktionseinheiten nutzen das aufbereitete Abwasser wieder als Prozesswasser.

Bei einer semizentralen Aufbereitung werden Abwässer gleicher Art zusammengeführt, behandelt und als Prozesswasser wieder den einzelnen Produktionseinheiten zugeführt.

Welche Form der Mehrfachnutzung (s. Tab. 2.19 und 2.20) den technischen Ansprüchen genügt und wirtschaftlich sinnvoll ist, hängt von den speziellen Bedingungen des Betriebes ab bzw. von den Wasserverhältnissen der einzelnen Produktionseinheiten. Das Prozesswasser wird bei den drei Lösungen (dezentral, semizentral und zentral) im Kreislauf gefahren, es fällt kein Abwasser an, das extern entsorgt wird. Lediglich Abfall aus der Wasseraufbereitung wird entsorgt oder verwertet. Wasserverluste durch Verdunstung etc. müssen durch Frischwasser ersetzt werden, wobei Regenwassernutzung eine Wasserautarkie ermöglichen kann.

Tab. 2.20 Wasserbilanz im gesamten Betrieb

Anlage	Frischwasserverbrauch cbm/Jahr	Abwasseranfall cbm/Jahr	Prozesswasserrecycling möglich durch

Tab. 2.21 Möglichkeiten des Abwasserrecyclings im Betrieb

Betriebseinheit	**Aktueller Frischwasserverbrauch m^3/Jahr**	**Mögliche Maßnahmen und Einsparungen des Frischwasserverbrauches in %**	
		Effiziente Wassernutzung und Wassersubstitution	**Mehrfachnutzung**
Gesamtbetrieb			

Die Entscheidung eines Betriebes zur Einführung des Abwasserrecyclings (s. Tab. 2.21) für einzelne Produktionseinheiten oder im Betrieb insgesamt hängt wesentlich von drei Faktoren ab:

1. technische Möglichkeiten, die für die speziellen Abwässer angeboten werden,
2. Wirtschaftlichkeit (Vergleich Istkosten, Investitionskosten, nachfolgende Betriebskosten etc.),
3. strategische Entscheidung.

Während die ersten beiden Faktoren mit industrieüblichen Standardverfahren abgeklärt werden können, setzt der dritte Faktor die Abschätzung einer Reihe von Unsicherheiten voraus, z. B. was die genauen Vorhersagen von künftigen Anforderungen aufseiten des Gesetzgebers betrifft. Dies gilt sowohl für die Abwasserentsorgung als auch die Frischwassergewinnung. Mit der Einführung von Recyclingverfahren wählt man die sichere Seite.

Tab. 2.22 Wertstoffrückgewinnung bei den einzelnen Betriebseinheiten

Wertstoffe im Abwasser	Menge in kg pro Jahr im Abwasser	Rückgewinnung möglich mittels	Rückgewinnbare Menge in kg pro Jahr

2.3.6.5 Möglichkeiten der Frischwasserreduzierung im Gesamtbetrieb

Nachdem alle Betriebseinheiten systematisch auf mögliche Frischwassereinsparungen untersucht wurden, gibt die Gesamtbilanz einen Überblick über die Einsparungspotenziale. Anschließend wird die Möglichkeit überprüft, inwieweit Niederschlagswasser nach möglicher Vorbehandlung geeignet erscheint, die restliche Frischwassermenge weiter zu reduzieren. Die Regenwassernutzung bietet die Chance den Frischwasserbedarf zu senken.

2.3.7 Möglichkeiten der Wertstoffrückgewinnung

Bei einer möglichen Rückgewinnung von Wertstoffen aus den Abwässern der einzelnen Betriebseinheiten steht zunächst die Suche nach geeigneten Verfahren im Vordergrund. Danach beginnt die Erhebung der separaten Kosten für die jeweiligen Rückgewinnungsverfahren über die Investitionskosten bis zu den laufenden Betriebskosten. Anschließend setzt der Vergleich mit den aktuellen Entsorgungskosten ein, wobei natürlich auch die Abfälle zu berücksichtigen sind, die einer Wiederverwertung (extern oder intern) zugeführt werden und einen Erlös erbringen. Die Entscheidung der Einführung der Wertstoffrückgewinnung ist nicht nur von rein wirtschaftlichen Faktoren abhängig, sondern sie ist auch eine strategische Entscheidung, z. B. unter der Prämisse sich verknappender Rohstoffe. Ohne Rohstoffe keine Produktion.

Mittels Bilanzierung (s. Tab. 2.22) werden alle Wertstoffe aus der Abwasserbehandlung, die als Abfall entsorgt bzw. als Reststoff der Verwertung zugeführt werden, im Gesamtbetrieb erfasst bezüglich Mengen, Kosten oder Erlöse und verglichen mit den Kosten einer Wertstoffrückgewinnung aus den einzelnen Abwasserströmen bzw. Betriebseinheiten.

Mittels Bilanzierung werden alle Wertstoffe aus der Abwasserbehandlung (s. Tab. 2.23) im Gesamtbetrieb, die als Abfall entsorgt bzw. als Reststoff der Verwertung zugeführt werden, erfasst bezüglich Mengen, Kosten oder Erlöse und verglichen mit den Kosten einer Wertstoffrückgewinnung aus den einzelnen Abwasserströmen bzw. Betriebseinheiten.

Tab. 2.23 Wertstoffrückgewinnung im Gesamtbetrieb

Betriebseinheit	Wertstoffe	Wettstoffmenge im Abwasser	Rückgewinnbare Menge in %
Gesamtbetrieb			

Tab. 2.24 Abwärme im Abwasser der Produktionseinheiten

Abwassermenge in m^3 pro Jahr	Abwassertemperatur Jahresmittelwert in °C	Jahresmenge in Kilojoule	Technisch nutzbar Kilojoule pro Jahr

Tab. 2.25 CSB-Fracht im Abwasser zur Energiegewinnung

Abwassermenge in m^3 pro Jahr	CSB-Jahresmittelwert in mg/l	CSB-Jahresmittelfracht in kg pro Jahr	Mögliche Methangewinnung daraus in cbm pro Jahr

2.3.8 Verwertung der Abwasserenergie

Zunächst werden alle Abwässer der einzelnen Produktionseinheiten hinsichtlich ihrer Jahresmitteltemperatur bilanziert. Daraus wird die Wärmemenge errechnet, die technisch nutzbar ist.

Zunächst werden alle Abwässer der einzelnen Produktionseinheiten hinsichtlich ihrer Jahresmitteltemperatur bilanziert und daraus die Wärmemenge (s. Tab. 2.24) errechnet, die technisch nutzbar ist.

Inwieweit eine Methangewinnung (s. Tab. 2.25) mittels anaerober Behandlung der Abwässer lohnt oder überhaupt möglich ist, hängt von einer Reihe von Faktoren ab, wie z. B. CSB-Fracht, Substratart, Störstoffe. Empfohlen wird zunächst eine rein theoretische Abschätzung der gewinnbaren Methanmenge über den Parameter CSB. Verwiesen wird hier auf die Umrechnung vom CSB auf Methan nach www.schlattmann.de. Diese Umrechnung dient nur zur theoretischen Abschätzung des Methananfalls. Sind genaue Daten über die Gasausbeute bei der Nutzung der betrieblichen Abwässer nötig, sind Pilotversuche unter Praxisbedingungen erforderlich.

2.4 Sicherheit der Wasserversorgung

Unter der Wassersicherheit werden eine Abschätzung des Frischwasserbezuges eines Betriebes über längere Zeitperioden und die Einhaltung gesetzlicher Auflagen bei der Abwasserentsorgung verstanden.

Sicherer Wasserbezug

Der sichere Wasserbezug hängt von folgenden Quellen ab, die einer Prüfung auf Langfristigkeit unterzogen werden sollten.

- Stadtwasser (Frischwasserlieferant)
- Brunnenwasser aus eigenen Quellen (langfristige Genehmigungen, Auflagen)
- Wasserentnahme aus Flüssen und Seen (Genehmigungen, Auflagen)
- Regenwassernutzung (betriebliche Möglichkeiten, Auflagen)
- VE-Wasser (betriebliche Möglichkeit)

Die Gewährung einer sicheren Wasserversorgung hängt vom lokalen Angebot der Frischwasserlieferanten ab sowie den behördlichen Genehmigungen bzw. Auflagen im Rahmen einer Eigenversorgung mit Grundwasser oder bei Entnahme von Wasser aus Oberflächengewässern. Hinzu kommt die Gewinnung von Niederschlagswasser. Dafür sollten nicht nur die aktuellen Liefermengen bei den einzelnen Wasserarten begutachtet werden, sondern auch mögliche Zusatzmengen durch etwaige Produktionserweiterungen.

Die lokalen Preisentwicklungen des Frischwassers sollten in die langfristigen Überlegungen einfließen.

2.5 Sichere Abwasserentsorgung

Die sichere Abwasserentsorgung (s. Tab. 2.26) verlangt nicht nur die Einhaltung der behördlichen Auflagen im aktuellen Zeitfenster, sondern erstreckt sich als betriebliches Vorsorgeinstrument auch auf Entwicklungen der Einleitergenehmigungen in der Zukunft. Diese Auflagen können hier nicht konkret aufgezählt werden, da sie den Ergebnissen von gewässerökologischen Anforderungen als auch politischen Entscheidungen und dem fort-

Tab. 2.26 Behördenmanagement

Bescheide/Auflagen	Datum	Parameter/Grenzwerte etc.	Anforderungen an die Technik
Vorhandene Abwasserbehandlung	Inbetriebnahme Datum	Stand der Technik	
Eigenüberwachung	Parameter	Häufigkeit	Ergebnisse
Behördliche Überwachung	Parameter	Häufigkeit	Ergebnisse

schreitenden Stand der Abwassertechnik unterliegen. Es kann nur empfohlen werden, sich über Fachverbände etc. über die neuesten Entwicklungen zu informieren, um rechtzeitig in Ruhe auf Neuerungen innerbetrieblich reagieren zu können.

Die sichere Abwasserentsorgung sollte sich an vier Kriterien orientieren
- gesetzliche Anforderungen (Einleiterbescheid etc.),
- Stand der Abwassertechnik im Betrieb,
- betriebliche Eigenüberwachung,
- behördliche Überwachung (s. Tab. 2.26).

2.6 Ergebnisse Betriebsaudit

Die Ergebnisse des Betriebsaudits sollten zunächst nur in tabellarischer Form zusammengefasst und dargestellt werden, um eine Diskussionsgrundlage der reinen Zahlen und Fakten zu haben. Dieses Datenmaterial kann anschließend als Basis dienen, die technischen Möglichkeiten und speziellen Betriebsverhältnisse hinsichtlich einer Umsetzung von Optimierungsmaßnahmen zu erörtern. Nach Abklärung der technischen und betrieblichen Belange und Möglichkeiten rundet die Diskussion über die Wirtschaftlichkeit der angedachten Maßnahmen die Entscheidungsfindung ab.

Die folgenden Tabellen (Wasserverbrauch, Energierückgewinnung aus Abwässern und Wertstoffrückgewinnung aus Abwässern) dienen als Anhaltspunkte, welche Fakten und Daten zur Bewertung der einzelnen Themen hilfreich sein können. Sie müssen den jeweiligen Betriebsverhältnissen und Zielvorgaben angepasst werden.

Die Diskussion der Ergebnisse unterteilt sich in vier Themen.

Tab. 2.27 Wasserverbrauch im Werk

Tabelle Wasserverbrauch								
		Wasserverbrauch in cbm pro Jahr und Einsparung in %						
Betriebseinheit	Frischwasser	Einsparung	Brunnenwasser	Einsparung	Flusswasser	Einsparung	VE-Wasser	Einsparung
Gesamtbetrieb								
		Wasserverbrauch nach innerbetrieblichen Maßnahmen						
Gesamtbetrieb								

- Bestandsaufnahme der Zahlen und Fakten
- Diskussion der technischen und betrieblichen Möglichkeiten zur Optimierung der innerbetrieblichen Wasserwirtschaft
- Erörterung der Wirtschaftlichkeit der möglichen Maßnahmen
- Entscheidungsfindung unter Beachtung aller Belange
- Maßnahmenplan

Die Ergebnisse des Betriebsaudits sollten zunächst nur in tabellarischer Form zusammengefasst und dargestellt werden, um eine Diskussionsgrundlage der reinen Zahlen und Fakten zu haben. Dieses Datenmaterial kann dann als Basis dienen, in einem nächsten Schritt die technischen Möglichkeiten und speziellen Betriebsverhältnisse zu erörtern hinsichtlich einer Umsetzung von Optimierungsmaßnahmen. Nach Abklärung der technischen und betrieblichen Belange und Möglichkeiten rundet die Diskussion über die Wirtschaftlichkeit der angedachten Maßnahmen die Entscheidungsfindung ab.

Die Tab. 2.27–2.29 (Wasserverbrauch, Energierückgewinnung aus Abwässern und Wertstoffrückgewinnung aus Abwässern) dienen als Anhaltspunkte, welche Fakten und Daten zur Bewertung der einzelnen Themen hilfreich sein können. Sie müssen den jeweiligen Betriebsverhältnissen und Zielvorgaben angepasst werden.

Tab. 2.28 Energierückgewinnung im Werk

Tabelle zur Energierückgewinnung aus Abwässern								
	Wärmepotenzial in den Abwässern			CSB-Frachten in den Abwässern				
Betriebseinheit	Wärmepotenzial in KW pro Jahr		nutzbar in %	CSB-Fracht kg/Jahr		Methangewinnnung in cbm/Jahr		
Gesamtbetrieb								
		Gesamtenergiegewinnung nach innerbetrieblichen Maßnahmen						
Gesamtbetrieb								
						KW pro Jahr		
	KW pro Jahr							

Tab. 2.29 Wertstoffrückgewinnung im Werk

Tabelle zur Wertstoffrückgewinnung aus Abwässern							
	Wertstoffe im Abwasser			Mögliche Rückgewinnung			
Betriebseinheit	Wertstoff	kg pro Jahr	nutzbar in %	Rückgewinnbar in kg pro Jahr			
Gesamtbetrieb							
		Gesamtrückgewinnung nach innerbetrieblichen Maßnahmen					
Gesamtbetrieb							
	Wertstoff	kg pro Jahr	Wert in €				

2.7 Betriebliche Wasserbilanz (BWB)

Die Wasserwirtschaft eines Betriebes unterliegt Veränderungen, z. B. bedingt durch Produktionsumstellungen qualitativer oder quantitativer Art oder neue gesetzliche Auflagen, dabei kann sehr schnell die Übersicht über die relevanten Daten verloren gehen. Hilfreich für die betrieblich Verantwortlichen ist dann ein Instrument, das die relevanten Wasserdaten dokumentiert und zeitlich aktualisiert, damit Veränderungen, die sich z. B. finanziell negativ auswirken können, rechtzeitig erkannt werden und geeignete Maßnahmen ergriffen werden können. Diese Hilfe bietet die betriebliche Wasserbilanz, in der Kurzform BWB genannt.

Abb. 2.4 Betriebliche Wasserbilanz (BWB)

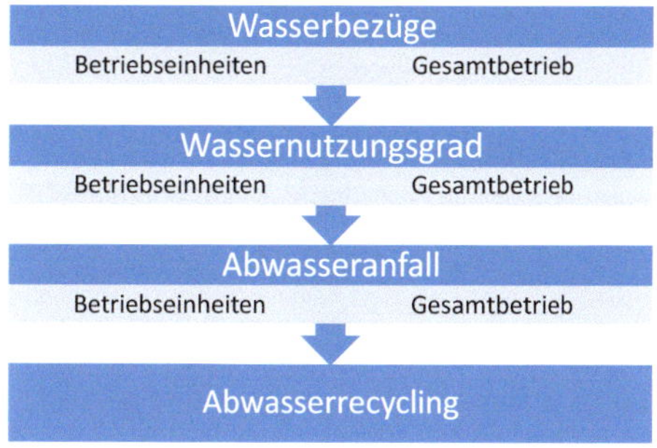

Die betriebliche Wasserbilanz (BWB) (s. Abb. 2.4) besitzt zunächst nur einen statistischen Charakter. Sie sollte folgende Grundelemente enthalten.

- Jährliche Wasserverbräuche der einzelnen Betriebseinheiten nach Art und Menge
- Nutzung der einzelnen Wasserarten bei den einzelnen Betriebseinheiten, z. B. Nutzungsfaktor N
- Abwasseranfall bei den einzelnen Betriebseinheiten nach Art und Menge
- Recyclingmengen bei den einzelnen Abwasserarten

Die Summierung der einzelnen Betriebseinheiten dokumentiert den Zustand der Abwassersituation des Gesamtbetriebes. Die Randbereiche (mögliche Einsparungen, Rückgewinnung von Wertstoffen oder Energie etc.) zeigen jedoch bei zeitlich wiederkehrenden Erhebungen einen dynamischen Effekt. Die Dokumentation präsentiert eine gute Übersicht, um sowohl die betrieblichen Wasserverhältnisse als auch die Effizienz in Bezug auf die Minimierung der Wasserverbräuche bzw. die Maximierung von Rückgewinnungsquoten bei Wasser, Wertstoffen und Energie innerhalb eines Betriebes aufzuzeigen. Sie wird dadurch zu einem Managementinstrument. In Abb. 2.4 sind wichtige Bereiche einer BWB schematisch aufgeführt. Die Struktur und Form der BWB muss die betriebsspezifischen Besonderheiten berücksichtigen. Werte, besonders Vergleiche zwischen ihnen, lassen sich eindrucksvoll durch Schaubilder darstellen. Die Aufnahmen einer BWB mittels eines Computerprogrammes, z. B. Excel (Microsoft), mit Schaubildern oder ähnlichen Programmen erweist sich als Vorteil gegenüber einer einmaligen reinen Papierversion, da sich beim Vergleich der betrieblichen Wasserdaten über mehrere Jahre negative oder positive Veränderungen in der Effizienz der Wassernutzung herauskristallisieren. Mittels eines Programmes (z. B. Excel) kann eine jährliche BWB erstellt werden.

Nach der Aufnahme und Dokumentation der abwasserrelevanten Stoffe sowie der technischen Betriebsverhältnisse der Produktion folgt die Beschreibung geeigneter Verfahren zur Abwasserbehandlung.

3 Innerbetriebliche Maßnahmen zur Steigerung der Prozesswassereffizienz

Die Prozesswassereffizienz ist ein Maß für die innerbetriebliche Nutzung von Prozesswasser. Sie umfasst sowohl den Input (z. B. externe Zufuhr von Stadtwasser, Gewinnung von Brunnenwasser oder Oberflächenwasser) von Frischwasser als auch den Output (Einleitung von Abwasser als Direkt- oder Indirekteinleiter) von Abwasser. Die Prozesswassereffizienz steigt mit der Reduzierung des Inputs von Frischwasser und des Outputs von Abwasser. Höchste Prozesswassereffizienz erreicht ein Betrieb mit der Prozesswasserautarkie, hier werden im Idealfall die innerbetrieblichen Wasserverluste durch den Einsatz von Niederschlagswasser ausgeglichen. Das Prozesswasser selbst wechselt ständig im Kreislauf vom Frischwasser zum Abwasser und nach der Aufbereitung vom Abwasser zum Frischwasser, der Kreislauf ist geschlossen.

Die Steigerung der Prozesswassereffizienz kann grob in vier Teilschritte untergliedert werden:

1. effiziente Wassernutzung in der Produktion,
2. Mehrfachnutzung von Prozesswässern innerhalb der Produktion,
3. Recycling der anfallenden Abwässer zu Prozesswasser,
4. Ersatz der Wasserverluste durch Niederschlagswasser.

3.1 Optimierung der Wassernutzung

Die effiziente Wassernutzung beginnt mit der Prämisse:

> So viel Wasser wie nötig, so wenig wie möglich.

Prozesswasser wird vielfach genutzt, um bestimmte Aufgaben (z. B. die Reinigung oder Spülung von Werkstücken) zu bewerkstelligen. Für diese Aufgaben werden Qualitäts-

R. Stiefel, *Abwasserrecycling: Technologien und Prozesswassermanagement*,
DOI 10.1007/978-3-658-13992-6_3

Tab. 3.1 Benötigte Spülwassermengen pro Liter ausgeschleppter Elektrolyten zur Erlangung eines vorgesehenen Spülkriteriums in Abhängigkeit von der Kaskadenzahl. (Aus [24])

Spülkriterien	**10.000**	**5000**	**1000**	***200***
	Benötigte Spülwassermenge in l/h			
Stufenzahl				
Einstufig	10.000	5000	100	*200*
Zweistufig	100	70	32	*14*
Dreistufig	22	17	10	*6*
Vierstufig	10	8	6	*4*
Fünfstufig	*6*	*5*	*4*	*3*

normen meist werkseitig vorgeben. Häufig steigt der Wasserverbrauch mit Zunahme der Qualitätsanforderung. Es bietet sich die erste Möglichkeit, den Wasserverbrauch zu drosseln, wenn in den Produktionsabläufen die Qualitätsanforderungen abgesenkt werden können, ohne die geforderte Qualität eines Produktes nachteilig zu beeinflussen. Solche Lösungen sind zum Teil sehr branchenspezifisch und mitunter abhängig von den jeweiligen Betriebsbedingungen. Zur Optimierung von Qualitätsanforderung und Wasserverbrauch sind Praxisversuche sehr hilfreich. Ein weiterer wichtiger Ansatzpunkt zur Einsparung von Prozesswasser oder auch zur Reduzierung der Abwassermengen bietet sich durch den Einsatz von Sparspültechniken.

> ▸ In vielen Branchen stellen Spülwässer die dominierende Abwassermenge dar.

Unter solchen Voraussetzungen bestehen Möglichkeiten, sowohl die Spülwassermenge als auch die Frischwasserkosten und die Gesamtabwassermenge des Betriebes stark zu reduzieren, was die Entsorgungskosten senkt.

Die Spültechnik sollte immer in Beziehung zu den nachfolgenden Abwasserbehandlungsverfahren gesehen und ausgewählt werden. Zur groben Abschätzung, welche Spülwassermengen durch die verschiedenen Spültechniken eingespart werden können, dient die folgende Tab. 3.1 aus dem Bereich Galvanik.

Die Ergebnisse der Spülwassermengen bei unterschiedlichen *Spülkriterien* und *variablen Spülstufen* aus dem Bereich Galvanik (Tab. 3.1) lassen deutlich erkennen, wie wichtig der Einfluss der Spülstufenanzahl in Bezug auf den Abwasseranfall ist. Noch deutlicher wird dies in Abb. 3.1. Bei allen Spülkriterien wird mit zunehmender Anzahl der Spülstufen der Abwasseranfall verringert, was sich auch in einem verminderten Abfallaufkommen niederschlägt. Sicherlich können die branchenspezifischen Bedingungen der Spültechnik aus dem Bereich Galvanik nicht simpel auf alle anderen Branchen übertragen werden, dafür gibt es in den Randbedingungen (z. B. Hygiene der Spülwässer) zu große Unterschiede. Das Grundprinzip ist aber deutlich erkennbar und gelingt es, durch diskrete Behandlungstech-

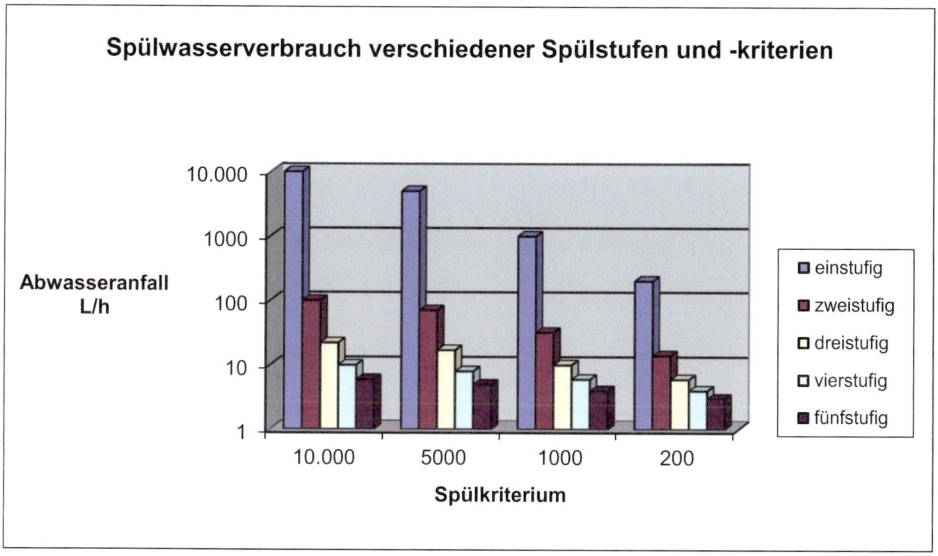

Abb. 3.1 Spülwasserverbrauch verschiedener Spülstufen

niken die jeweilige Qualität der Spülwässer zu garantieren, ist die Kaskadenspültechnik eine wichtige Säule – sowohl bei der Frischwassereinsparung als auch bei der Abwasservermeidung. Die Kaskadenspültechnik stellt ein ausgesprochenes Sparspülverfahren dar.

Abb. 3.1 veranschaulicht deutlich, dass sich bei allen Spülkriterien mit zunehmender Anzahl der Spülstufen der Abwasseranfall verringert. Dies schlägt sich auch in einer reduzierten Abfallmenge und damit positiv in den Entsorgungskosten nieder.

3.2 Mehrfachnutzung von Prozesswasser

Eine weitere Möglichkeit, die Abwassermenge durch innerbetriebliche Maßnahmen deutlich zu verringern, bietet die Mehrfachnutzung von Prozesswässern. Dies kann im einfachsten Fall eine Nutzung des Abwassers aus einer Produktionseinheit als Prozesswasser für eine andere Produktionseinheit sein, wenn es die qualitativen Abwasserverhältnisse und die Anforderungen an das Prozesswasser der zweiten Produktionseinheit erlauben. Eine Alternative stellt die innerbetriebliche *Behandlung* von Abwasser zum Prozesswasser für andere Produktionseinheiten dar. Welches Potenzial in solchen innerbetrieblichen Maßnahmen der Mehrfachnutzung von Spülwässern schlummert, soll ein Beispiel aus dem PIUS-Förderungsprogramm der Effizienz-Agentur NRW verdeutlichen, das in Abb. 3.2 dargestellt ist. Wie das Beispiel zeigt, konnten relevante Mengen an Frischwasser eingespart werden. Die Amortisationszeit der Maßnahme betrug nur 1,5 Jahre, was die Wirtschaftlichkeit solcher Investitionen unterstreicht.

Wirtschaftlichkeit Abwassermengeneinsparung

Investitionskosten	120.000 DM	90.000 cbm pro Jahr vor Sanierung
Betriebskosten	8000 DM	60.750 cbm pro Jahr nach Sanierung
Abschreibung	24.000 DM	Einsparung ca. 33 %
Kalk. Kosten	4200 DM	Amortisationszeit 1,5 Jahre
Wassereinsparung	117.085 DM	

Abb. 3.2 Beispiel einer Mehrfachnutzung von Wasser in einer Brauerei. (Aus [26])

Daher sollte bei der Überlegung, die Abwassermengen zu reduzieren, immer als erste Frage diskutiert werden: Brauchen wir im Betrieb für alle Produktionsprozesse Wasser oder kann dieses Medium durch ein anderes ersetzt werden? Kann eine abwasserfreie Technik diesen oder jenen Produktionsprozess substituieren?

Dabei handelt es sich ohne Zweifel um zwei technisch oft schwierige und vor allem arbeitsintensive Fragen. Die Prüfung kann sich aber als sehr lohnend erweisen, wenn ein Abwasserproblem durch alternative Techniken oder Stoffe gelöst wird. Die Beantwortung dieser Fragen ist sehr branchenspezifisch und tangiert direkt den Stand der jeweils verfügbaren Prozesstechniken in den einzelnen Branchen. Als Beispiel sei die Pulverlackierung aufgeführt.

3.3 Effiziente Nutzung von Prozesswässern

Mehrfachnutzung von Prozesswässern hilft dem Betrieb Frischwasser zu sparen und die Abwassermenge zu reduzieren. Beides sind Kostenfaktoren, für die zahlreiche Möglichkeiten bestehen, diese zu verringern. Die Einteilung der Nutzung von Prozesswässern in Tab. 3.2 veranschaulicht die unterschiedlichen Arten ihrer Mehrfachnutzung, die bei der Minimierung des Abwasseranfalls eine Rolle spielen.

Die *Einfachnutzung* des Prozesswassers dient lediglich dem einmaligen Gebrauch mit anschließender Abwasserentsorgung. Der Nutzungsfaktor ist daher sehr gering. Bei der *einfachen Mehrfachnutzung* ohne Aufbereitung wird das belastete Prozesswasser für dieselbe oder eine andere Prozesseinheit benutzt, solange die Wasserqualität den jeweiligen Anforderungen entspricht. Als Beispiel möge eine Kaskadenspülung dienen, das Prozesswasser wird innerhalb des Spülvorganges mehrfach verwendet. Möglich ist auch die Separierung des Prozesswassers aus dem letzten Spülgang, das für den Vorspülgang eingesetzt wird. Bei der Mehrfachnutzung *mit Aufbereitung* lässt sich weiter unterscheiden nach dem Grad der Aufbereitung, etwa zwischen einer einstufigen Behandlung (z. B. Mikrofiltration) oder einer mehrstufigen Aufbereitung (z. B. Mikrofiltration und Umkehrosmose). Die Wahl der Aufbereitung ist abhängig von der Belastung des anfallenden Prozesswassers (Abwasser) und dem Qualitätsanspruch an das Prozesswasser in Bezug auf die Wiederverwertung des Wassers. Natürlich kommen Kombi-

Tab. 3.2 Einteilung der Nutzung von Prozesswässern

Bezeichnung	Verfahren
Einfachnutzung	Das Prozesswasser wird nur einmal benutzt und dann als Abwasser entsorgt
Mehrfachnutzung	
Einfache Mehrfachnutzung ohne Aufbereitung	Das Prozesswasser wird ohne jegliche Behandlung im Betrieb mehrfach benutzt und dann als Abwasser entsorgt
Mehrfachnutzung mit Aufbereitung	Das benutzte Prozesswasser wird aufbereitet, wieder als Prozesswasser im Betrieb benutzt und dann als Abwasser entsorgt
Kreislaufführung der Prozesswässer	
Dezentrale Kreislaufführung	Das benutzte Prozesswasser wird aufbereitet und direkt zur gleichen Fertigungsstufe zurückgeführt. Es fällt kein Abwasser an
Zentrale Kreislaufführung	Die benutzten Prozesswässer aus mehreren Fertigungsstufen werden gesammelt, gemeinsam aufbereitet und als Prozesswässer wiederverwendet. Es fällt kein Abwasser an
Kombination Mehrfachnutzung mit Kreislaufführung	Die Prozesswässer werden mehrfach genutzt – mit oder ohne Aufbereitung, danach gesammelt und aufbereitet und wieder als Prozesswässer benutzt. Es fällt kein Abwasser an

nationen zwischen der Mehrfachnutzung mit und ohne Aufbereitung in Verbindung mit einer Aufbereitung bei anschließender Wiederverwendung als Prozesswasser (Kreislaufführung) vor. Die Wahl der optimalen Kombination der einzelnen Verfahren ist abhängig von den betrieblichen Verhältnissen, den Anforderungen an die Qualität einzelner Prozesswässer sowie von der Wirtschaftlichkeit und den Kombinationsmöglichkeiten. Die Mehrfachnutzung von Prozesswasser als innerbetriebliche Maßnahme ist der Schlüssel zur Verringerung der Abwassermenge.

3.4 Die Substitution von Wasser

Wie kann die Abwassermenge eines Betriebes reduziert werden? Die Primärfrage führt direkt zu den einzelnen Produktionsverfahren. Kann eine abwasserfreie Technik diesen oder jenen Produktionsprozess substituieren?

Es handelt sich um zwei technisch oft schwierige und vor allem arbeitsintensive Fragen. Die Prüfung kann sich als sehr lohnend erweisen, wenn ein Abwasserproblem durch alternative Techniken oder Stoffe gelöst werden kann. Die Beantwortung dieser Fragen ist sehr branchenspezifisch und tangiert direkt den Stand der jeweils verfügbaren Prozesstechniken

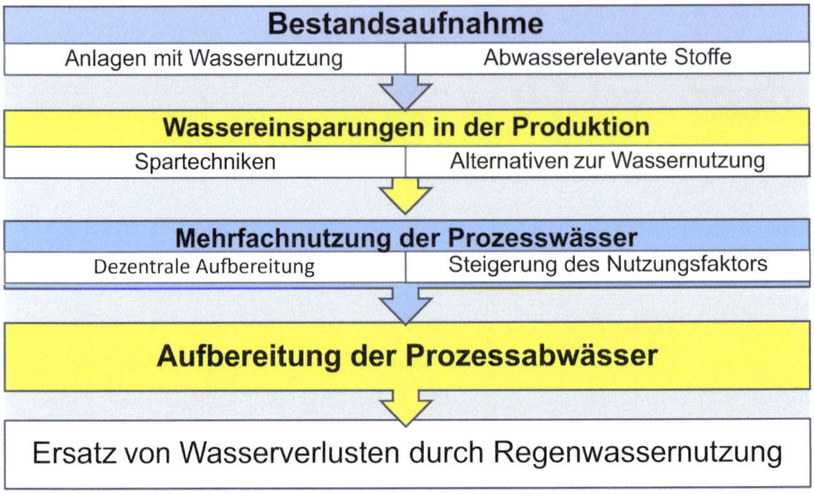

Abb. 3.3 Optimierungsabläufe zur Steigerung der Wassereffizienz

in den einzelnen Branchen. Als Beispiele seien die Plasmanitrierung bei der Materialveredelung [97] und die Pulverlackierung [98] genannt oder eine neuere Entwicklung wie das wasserfreie Färbeverfahren von Textilien [136]. Bei diesem Verfahren wird Wasser durch Kohlendioxid ersetzt und das Verfahren zeichnet sich dadurch aus, dass zum einen weniger Abfälle anfallen und zum anderen außer den Farbstoffen keine weiteren Chemikalien eingesetzt werden müssen. Das Verfahren ist noch dazu schonend für die Textilien. Als weiterer Vorteil können Polyestergewebe mit Elastan gefärbt werden.

Einen gangbaren Weg zur Steigerung der innerbetrieblichen Wassereffizienz zeigen die einzelnen Optimierungsabläufe in Abb. 3.3. Schritt für Schritt nähert man sich der Kreislaufwirtschaft.

3.5 Pilotverfahren zur Abwasseraufbereitung

In den folgenden Kapiteln werden unterschiedliche Verfahren zur Abwasseraufbereitung bzw. zum Recycling von Prozesswässern vorgestellt und erläutert. Die Auswahl eines Verfahrens für eine effektive Abwasserbehandlung ist von einer Reihe von Faktoren (z.B. Reinigungsleistung, Wirtschaftlichkeit, Zuverlässigkeit) abhängig, so z.B.:

- Branche des Betriebes,
- Abwassermenge,
- Abwasseranfall (z.B. kontinuierlich, Stoßbelastung, Chargenverfahren),
- Abwasserinhaltsstoffe nach Art und Konzentration,
- Anforderung an die Reinigungsleistung des Verfahrens bzw. der Verfahren,
- Wirtschaftlichkeit.

Bei der Suche nach einem Verfahren hat sich der Einsatz von Pilotanlagen unter realen Betriebsbedingungen bewährt. Viele Anlagenhersteller bieten den Kunden Pilotversuche an, damit der Kunde sich selbst ein Bild verschaffen kann von einem oder mehreren Verfahren.

Laborversuche zur Behandlung von Abwässern (z. B. Prüfung der biologischen Abbaubarkeit, Flockung von Abwasserinhaltsstoffen) dienen oft als erste Orientierungsversuche, um Hinweise auf mögliche Behandlungsverfahren zu gewinnen. Ihnen folgen oft Pilotversuche, um unter realen Betriebsbedingungen technische und wirtschaftliche Daten in Bezug auf spezielle Verfahren zu erhalten.

Pilotanlagen sind Anlagen eines Verfahrens, die mit kleinen Abwassermengen in einer Testphase unter realen Abwasserverhältnissen betrieben werden. Diese Testphasen haben den Vorteil, dass unterschiedliche Betriebsbedingungen in Bezug auf das Abwasser untersucht werden können, wobei sowohl technische Leistungsgrenzen eines Verfahrens als auch wirtschaftliche Einflüsse analysiert und beurteilt werden können. In der Regel handelt es sich bei Pilotanlagen um mobile Anlagen, die auf dem jeweiligen Betriebsgelände installiert werden. Der Kunde hat in diesen Pilotphasen die Möglichkeit, seine Wünsche hinsichtlich der Abwasseraufbereitung einzubringen und die Ergebnisse der Versuche analytisch zu begleiten. Er gewinnt selbst Erfahrung beim Handling der Anlage.

Erfahrene Anlagenhersteller kennen etwaige Probleme des Scale-up (Maßstabsübertragungen von den Pilotversuchen auf eine Betriebsanlage) ihrer Pilotanlagen und berücksichtigen sie.

Abwasserrecyclingverfahren 4

4.1 Verfahrensauswahl

Die Wahl eines oder die Kombination mehrerer Abwasserrecyclingverfahren ist von folgenden Parametern abhängig:

- Abwassermenge,
- Abwasserinhaltsstoffe nach Art und Konzentration,
- Abwasseranfallart (kontinuierlich, stoßweise etc.),
- gewünschte Prozesswasserqualität,
- Wirtschaftlichkeit (Investitionskosten, Betriebskosten),
- Flexibilität (Änderung der Abwassercharakteristik),
- Bedienerfreundlichkeit der Anlage(n),
- Platzbedarf.

Sie geben einen groben Rahmen, der sich durch betriebsspezifische Anforderungen schnell erweitern kann. Die folgenden Kapitel widmen sich wichtigen Abwasserbehandlungsverfahren, die einzeln oder oft in Kombination im industriellen Abwasserbereich ihren Einsatz finden. Konzentriert auf die effektive praktische Anwendung in den Betrieben werden jeweils die zugehörigen

- Verfahrensgrundlagen,
- Stoffe und Stoffgruppen,
- Branchen,
- Praxisbeispiele

vorgestellt. Bei der Auswahl eines Abwasserverfahrens sollte außer den oben genannten Kriterien die Handhabung des Verfahrens durch eigene Betriebsangehörige beachtet werden.

R. Stiefel, *Abwasserrecycling: Technologien und Prozesswassermanagement*,
DOI 10.1007/978-3-658-13992-6_4

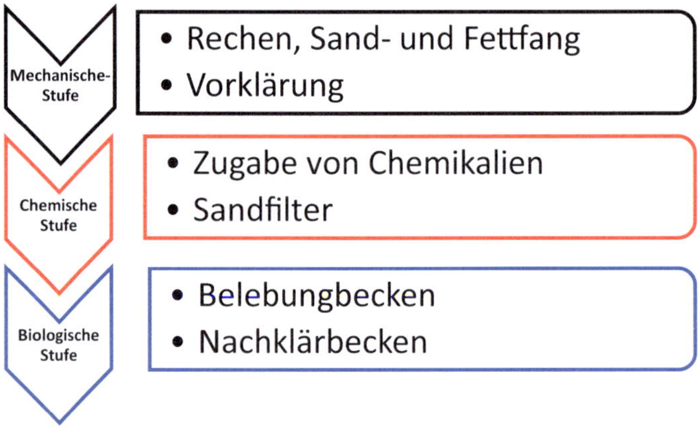

Abb. 4.1 Sedimentationsanlage als Absetzbecken und Vorklärung

Die Begleitung bzw. Durchführung von Pilotversuchen vor der Kaufentscheidung ist eine wesentliche Hilfe. Erste Erfahrungen können dabei unter realen Betriebsbedingungen gesammelt werden. Stärken und Schwächen der einzelnen Verfahren können erkannt werden.

Beispiele von Fachfirmen etc. dokumentieren anschaulich durch ihren Praxisbezug die einzelnen Verfahren, sie sind innerhalb Buches eigenständige Unterkapitel und sind als solche auch in der Nummerierung von Bildern und Tabellen ebenso bezüglich Literaturangaben autark.

4.2 Absetz- und Sedimentationsverfahren

Verfahren

Das Absetz- oder Sedimentationsverfahren gehört zu den mechanischen Abwasserreinigungsverfahren. Die Trennung oder Separierung absetzbarer Stoffe aus der Wasserphase beruht auf der höheren Dichte von wasserunlöslichen Stoffen gegenüber dem Medium Wasser. Sie sedimentieren in einem Becken (Längs- oder Rundbecken), wobei sich die Stoffe am Boden sammeln und mittels Räumer aus dem Becken entfernt werden. Absetzbecken werden vielfach in Kombination mit anderen Verfahren (z. B. biologischen Reinigungsverfahren) eingesetzt, um diese von absetzbaren Stoffen im Rohwasser (z. B. Vorklärung) zu entlasten bzw. Belebtschlamm im Nachklärbecken vom Klarwasser abzutrennen. Abb. 4.1 verdeutlicht die mögliche Funktionsweise einer biologischen Kläranlage, das Absetzbecken (Nachklärbecken) ist in diesem Beispiel mit einer biologischen Reinigungsstufe kombiniert. Der Schlamm setzt sich ab und wird durch den Schlammräumer kontinuierlich ausgetragen.

Sedimentationsverfahren werden auch als eigenständige Reinigungsstufen im industriellen Abwasserbereich eingesetzt, sowohl bei mineralischen Produkten wie Sand, Kies, Schlacke, Keramik oder Fällungsprodukten als auch bei vielen organischen Stoffen. Ab-

Abb. 4.2 Schrägklärer. (Aus [17])

setzbecken klassischer Art können sehr platzintensiv sein, daher bieten sich als platzsparende Alternativen Schrägklärer (Lamellenklärer) an. In den Abb. 4.2 und 4.3 werden die Funktion und der Aufbau dieser Anlagenart vorgestellt.

Funktionsweise
Das Schmutzwasser fließt in den Einlaufkanal des Klärers und in diesem nach unten. Unterhalb der Lamellen wird es umgelenkt und fließt nach oben. Die Feststoffe sinken auf die Lamellen. Das gereinigte Wasser fließt weiter nach oben und über ein Wehr zum Auslauf. Der Schlamm rutscht entlang der Lamellen nach unten und sammelt sich im Schlammtrichter. Um ein *Verblocken* des Schlammes zu verhindern, kann ein Krählwerk eingesetzt werden. Der Schlamm wird in Intervallen abgezogen.

Einfacher Labortest als Voruntersuchung
Um sich eine schnelle erste Übersicht über die Wirksamkeit des Sedimentationsverfahrens in Bezug auf das eigene Rohabwasser zu verschaffen, dient ein einfacher Laborversuch mit einem Imhoff-Trichter oder Standzylinder. Die Zylinder werden mit dem Volumen von 1 l Abwasser gefüllt und nach einer Absetzzeit von zwei Stunden sieht man das Volumen der sedimentierten Stoffe.

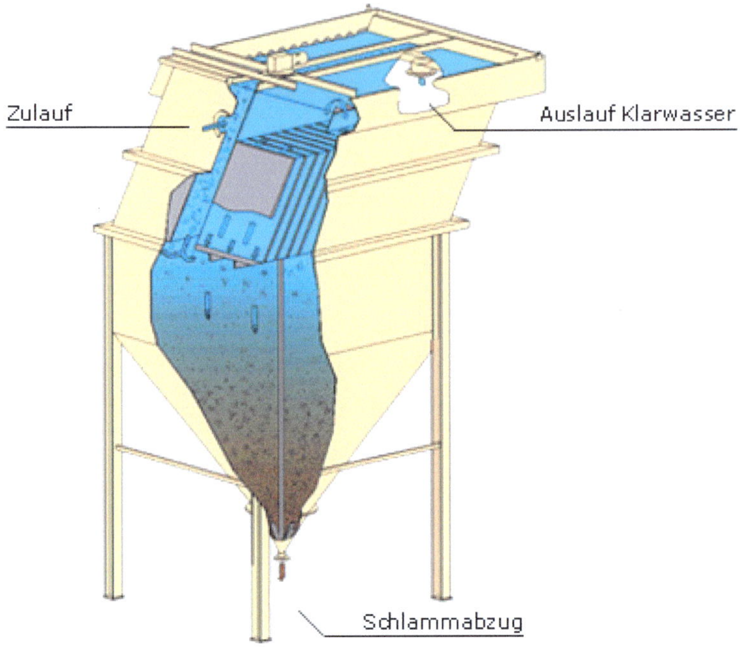

Abb. 4.3 Funktionsprinzip Schrägklärer. (Aus [17])

Stoffe und Stoffgruppen

Absetzbare Stoffe können sowohl organischer als auch anorganischer Natur sein. Sie haben im Allgemeinen eine höhere Dichte als Wasser und werden oft in Vorstufen (z. B. biologische Abwasserbehandlung) eliminiert, um die nachfolgende Reinigungsstufe zu entlasten. Die Verbindungen bzw. Stoffgruppen sind von ihrer chemischen Zusammensetzung her sehr heterogen: z. B. Sand, Schluff, Metallhydroxide, Metallsulfide, Phosphatverbindungen, Belebtschlamm, Lackschlämme, Kunststoffe, Keramik.

Brancheneinsatz

Sedimentationsverfahren finden in fast allen Industriebranchen ihr Einsatzgebiet, sei es als Einzelanlage oder oft in Kombination mit anderen Verfahren (z. B. Fällung, Flockung oder der biologischen Behandlung von Abwässern). Beispiele sind: chemische Industrie, Metallver- und -bearbeitung, Keramik, Steine und Erden, Glasindustrie, Waschanlagen, Nahrungsmittelindustrie und viele andere.

Beispiel für Sedimentationsverfahren im Bereich Kunststoffrecycling

Im folgenden Praxisbeispiel wird die Effizienz einer Wasserkreislaufführung mittels Kombination der beiden Verfahrensschritte Flockung von Kunststoffteilen einer

Kunststoffaufbereitung mit anschließender Sedimentation demonstriert [17]. Bei der Abwasseraufbereitung müssen lediglich die Wasserverluste durch Frischwasser ersetzt werden.

Waschwasserkreislaufführung in einer Kunststoffrecyclinganlage

In einer Anlage zur Aufbereitung von DSD-Kunststoffen wird das Material gewaschen. Das Waschwasser wird im Kreislauf geführt und mit einer Leiblein-Anlage gereinigt.

Funktionsbeschreibung

Aus dem Wasserkreislauf wird kontinuierlich ein Teilstrom entnommen und durch eine Aufbereitungsanlage gereinigt. In einem Reaktionsbehälter wird ein geeignetes Flockungshilfsmittel zudosiert.

Im *Schrägklärer* werden die sedimentierbaren Stoffe abgetrennt und im Schlammtrichter gesammelt. Das gereinigte Wasser fließt über einen Kiesfilter wieder zurück in den Kreislauf. Falls erforderlich kann (optional) eine biologische Reinigungsstufe zwischengeschaltet werden. Durch diese Reinigungsstufe werden gelöste, organische Bestandteile abgebaut und eventuelle Geruchsbelästigungen stark reduziert. Der abgesetzte Schlamm aus dem Schrägklärer wird durch einen Dekanter entwässert.

Verfahrensschema

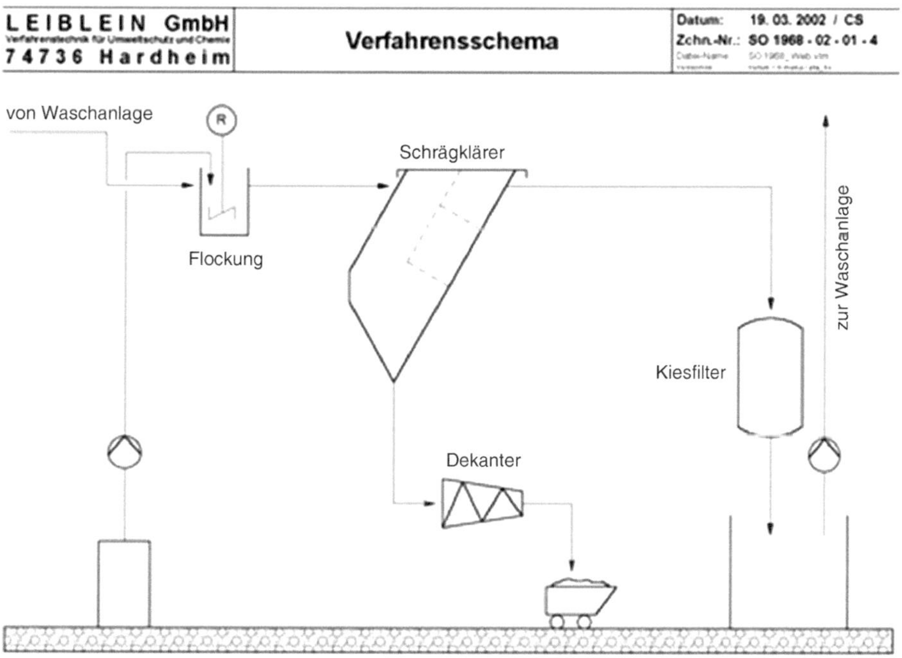

4.3 Adsorptionsverfahren

Adsorptive Abwasserbehandlungsverfahren beruhen auf der Anlagerung von Abwasserinhaltsstoffen an feste Körper. Sie fungieren als Adsorbens. Auf ihrer Oberfläche reichern sich Stoffe z. B. durch physikalische Bindungskräfte an und werden damit dem Abwasser entzogen.

Die Umkehrung der Adsorption, die Lösung der adsorbierten Stoffe von dem Adsorbens, wird als Desorption bezeichnet. Sie beinhaltet bei adsorptiven Anlagen sowohl die Reinigung des Adsorbens als auch die mögliche Rückgewinnung von Abwasserinhaltsstoffen.

Als Adsorbenzien werden z. B. folgende Stoffe verwendet:

- Aktivkohle,
- Adsorberharze,
- Kieselgel,
- Tonmineralien,
- Al-Hydroxide,
- Zeolithe.

In der Abwassertechnik kommen sowohl das Durchlaufverfahren als auch das Einrührverfahren zur Anwendung. Welches Verfahren im Einzelfall geeigneter ist, hängt von der Abwasserbelastung und Konsistenz des Abwassers ab.

Durchlaufverfahren
Beim Durchlaufverfahren fließt das Abwasser ähnlich einem Sandfilter durch die Schwerkraft durch ein Festbett mit dem entsprechenden Adsorbens, z. B. Aktivkohle, um etwaige Reststoffe aus dem Abwasser zu eliminieren. Das Adsorbens belädt sich während des Reinigungsverfahrens und gemäß der Standdauer des Festbetts wird es entweder der Desorption unterworfen bzw. regeneriert oder durch eine neue Füllung (z. B. Patronenwechsel) ersetzt. Abb. 4.4 illustriert sehr vereinfacht die Zu- und Abflüsse eines Aktivkohlefilters mit körniger Aktivkohle. Aktivkohlefilter können mit unterschiedlichen Schüttungen gefüllt werden und in ihrer Bauart abweichen.

Einrührverfahren
Das Adsorbens kann auch direkt in Abwasser dosiert werden, man spricht dann vom Einrührverfahren. Diese Methode wird vielfach angewandt, wenn das Abwasser eine gewisse Viskosität besitzt und die Gefahr besteht, dass das Filtermedium verklebt oder die Konzentration der Abwasserinhaltsstoffe so hoch ist, dass das Durchlaufverfahren unwirtschaftlich ist [28]. Einrührverfahren von Aktivkohle oder anderen Adsorbenzien finden oft in Kombination mit biologischen Abwasserbehandlungsanlagen Anwendung, um die biologische Stufe zu entlasten bzw. vor toxischen Stoffen zu schützen.

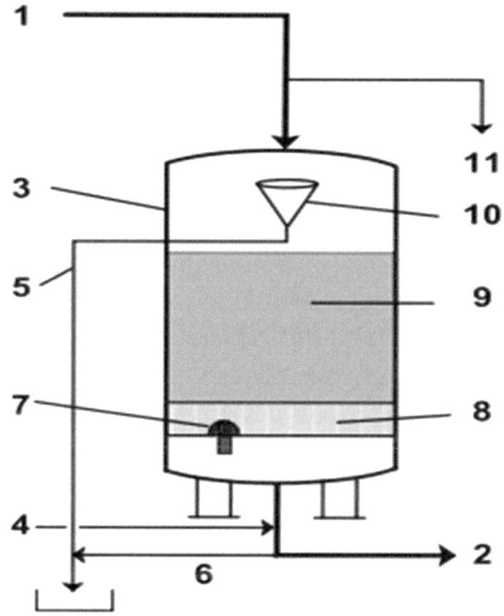

Abb. 4.4 Aktivkohlefilter [28]; Erläuterung: *1* = Rohwasser, *2* = Reinwasser, *3* = Behälter, *4* = Eintritt Spülwasser, *5* = Spülwasseraustritt, *6* = Einfahrleitung, *7* = Düse mit Düsenboden, *8* = Kies/Stützschichten, *9* = Aktivkohle, *10* = Spültrichter, *11* = Entlüftung

Stoffe und Stoffgruppen

Die große Zahl von organischen Stoffen bzw. Stoffgruppen, die aus dem Abwasser mit Aktivkohle entfernt werden, variiert und entsprechend vielfältig sind die unterschiedlichen Aktivkohlearten. So sind z. B. Lösemittel (chlorierte Kohlenwasserstoffe etc.), Farbstoffe, Öle, Pestizide oder AOX (adsorbierbare organisch gebundene Halogene) prädestinierte Stoffe für diese Art der Abwasserbehandlung. Die Vielzahl der adsorbierbaren Stoffe ist Legion, sehr viele Einzelstoffe sind hinsichtlich ihrer Adsorbierbarkeit bewertet, die Informationen finden sich bei [19, 22].

Im Abwasser können sich in Bezug auf die Adsorbierbarkeit der einzelnen Stoffe sehr komplexe Verhältnisse einstellen. Einfache Laborversuche mit unterschiedlichen Kohlearten können daher als Screeningversuche sehr hilfreich sein. Mit anschließenden Pilotversuchen können die optimierten Verfahrenskenndaten ermittelt werden (Hinweise zur Adsorbierbarkeit von Einzelstoffen s. [19, 22]).

Branchen

Für fast alle Industriebranchen anwendbar von der Grundwassersanierung bis zur Eliminierung von organischen Spurenstoffen und der Entlastung von biologischen Kläranlagen.

Beispiel Deponiesickerwasser

Der effektive Einsatz von Aktivkohle in der Abwasseraufbereitung erfordert eine fachgerechte Lösung in Bezug auf die Auswahl der Aktivkohlesorte, die Effektivität gewährleistet die Wirtschaftlichkeit. Labor und Pilotversuche geben bei komplexen Abwasserverhältnissen wichtige Hinweise. Für den Fall der Sickerwasserbehandlung einer Deponie dokumentiert ein Fachunternehmen für Aktivkohle, welche Randbedingungen zu beachten sind [27], siehe Infokasten.

Deponiesickerwasserbehandlung

Bei der Behandlung von Sickerwässern aus Mülldeponien werden verschiedene Behandlungsverfahren angewendet. Neben den Verfahren, wie z. B. Biologie, Fällung/Flockung, chemische Oxidation, Umkehrosmose und Verdampfung, spielt die Aktivkohleadsorption eine bedeutende Rolle.

Eine übliche Vorgehensweise zur Reinigung von Sickerwässern mit überwiegend organischen Frachten ist die Kombination von biologischer Behandlung mit nachgeschalteter Ultrafiltration und Aktivkohleadsorption im Festbett mit anschließender Reaktivierung.

Oft wird die Adsorption im Anschluss an andere störstoffreduzierende Behandlungsverfahren eingesetzt, wodurch die Aktivkohleanwendung effektiver wird. Durch die Adsorption werden biologisch schwer abbaubare CSB-Verbindungen und AOX-Komponenten entfernt. Die erreichbare Beladung ist im Wesentlichen abhängig von der Zulaufkonzentration.

Maßgeschneiderte Aktivkohlelösungen:

Je nach Art des Abfalls, Ablagerungsalters und der geologischen Gegend hat das in Deponien anfallende Sickerwasser eine unterschiedliche Zusammensetzung. Aufbereitungsverfahren und eingesetzte Aktivkohlen müssen darauf abgestimmt werden. Das Deponiewasser wird in den eigenen Laboratorien von Donau Carbon untersucht, um zu ermitteln, welche Aktivkohlequalität die jeweils geeignete ist. **Donau Carbon GC 840 P** besteht je nach Anforderung aus Komponenten unterschiedlicher Porengröße und sichert so optimale Wirkungsweise.

„Tailor made" Aktivkohlen von Donau Carbon erreichen Schadstoffbeladungen bis zu 45 Gewichtsprozent, was die Standzeiten der Filter im Vergleich zu herkömmlichen Aktivkohlequalitäten deutlich verlängert. Der Aktivkohleverbrauch lässt sich damit entscheidend reduzieren – ein wirtschaftlicher Vorteil für die jeweilige Deponie [27].

4.4 Adsorberharze

Verfahren
Adsorberharze werden eingesetzt, um organische Verbindungen, wie z. B.

- Farbstoffe, Tenside verschiedenster Art, Öle, Fettsäuren, chlorierte und nitrierte Kohlenwasserstoffe, nichtpolare organische Inhaltsstoffe mit niedriger Molekularmasse

aus Abwässern zu entfernen. Anwendung finden Filteranlagen mit Schüttbett oder Patronen [21, 25].

Branchen
Chemische Industrie, Metallbe- und -verarbeitung, auch in den übrigen Industriebranchen bei entsprechenden Abwasserinhaltsstoffen.

Stoffe und Stoffgruppen
Organische Stoffe, wie Farbstoffe, Öle und Fette, Kohlenwasserstoffe; chlorierte Kohlenwasserstoffe (CKW).

Beispiel Adsorberharzanlage in der chemischen Industrie

Mittels eines Förderprogrammes (Umweltinnovationsprogramm – UIP) wurde eine bestehende Abwasserbehandlungsanlage mit der Integration einer Adsorberharzanlage soweit optimiert, dass das Konzept für artverwandte Abwässer (aromatische Abwässer) einen gewissen Modellcharakter besitzt [136].

Anlage zur adsorptiven Abwasserreinigung in der Grundstoffchemie

„Die Abwasserreinigungsanlage besteht aus den Verfahrensschritten: Sedimentation mit Neutralisation und Flockung, Sandfiltration und Flockung und zuletzt Adsorption an polymeren Adsorberharzen mit Lösemittelregeneration. Durch die Anlage wurde eine Reduktion der aromatischen Verbindungen von über 99 % erzielt. Darüber hinaus wurde eine BTX-Reduzierung (BTX = Benzol-Toluol-Xylol) auf < 3 mg/l, eine Naphthalinreduzierung auf < 0,5 mg/l und eine deutliche Reduzierung der Toxizität des gereinigten Abwassers erreicht. Das Abwasser der Aromatenraffinerie Castrop-Rauxel der Rütgers-VfT AG wird seit Dezember 1988 über eine neuerrichtete Sandfiltrationsanlage und seit 1990/91 versuchsweise über eine nachgeschaltete Adsorberharzanlage gereinigt. Störungen im Funktionsablauf der Sandfiltration konnten in den Jahren 1989 bis 1991 durch Optimierungsarbeiten behoben werden. Die Sandfiltration selbst läuft störungsfrei und bewirkt insbesondere eine PAH-Reduzierung (polyzyklische aromatische Kohlenwasserstoffe) um über 90 % auf < 0,5 mg/l. Die nachfolgende Adsorption wies erhebliche Anfahrprobleme auf. Hier konnten Lösungen entwickelt und erprobt werden, die 1994/95 installiert wurden. Die durchgeführten Analysen lassen erwarten: nochmalige PAH(TVO)-Reduzierung auf < 0,1 mg/l, BTX-Reduzierung auf < 3 mg/l, Naphthalinreduzierung auf < 0,5 mg/l und eine deutliche Reduzierung der Toxizität und Verbesserung der biologischen Abbaubarkeit der Restbelastung des gereinigten Abwassers" [136].

4.5 Biologische Abwasserbehandlung

Die biologische Behandlung von Industrieabwasser teilt sich in zwei wichtige Arten auf:

- aerobe biologische Abwasserbehandlung,
- anaerobe biologische Abwasserbehandlung.

Sie unterscheiden sich durch die Bedingungen für die am Abbau beteiligten Organismen. Bei der aeroben Behandlung werden die Mikroorganismen mit Sauerstoff (Luft oder technischer Sauerstoff) versorgt, damit sie Abwasserinhaltsstoffe abbauen. Bei der anaeroben Abwasserbehandlung geschieht dies durch Sauerstoffausschluss oder -limitierung, sodass spezielle anaerobe Mikroorganismen die Abwasserstoffe abbauen. Bestimmte Abwasserinhaltsstoffe werden nur über den anaeroben Weg abgebaut.

4.5.1 Aerobe Abwasserbehandlung

Die Vorgänge in der aeroben Abwasserreinigung laufen wie bei der natürlichen Selbstreinigung der Gewässer ab. Im Belüftungsbecken können aerobe Mikroorganismen (z. B. Bakterien, Hefen) unter ständiger Luftzufuhr die im Abwasser enthaltenen Inhaltsstoffe abbauen, indem sie die organischen Stoffe verstoffwechseln (verbrennen) und anorganische Stoffe teilweise oxidieren. Hierzu wird der in der Luft enthaltene Sauerstoff oder technischer Sauerstoff in die biologische Stufe mittels unterschiedlicher Verfahren eingebracht. Die biologische Reinigung des Abwassers verläuft in zwei Abschnitten. Zur Gewinnung von Energie wird immer zuerst ein Teil der organischen Schmutzstoffe oxidiert und gleichzeitig neue Zellsubstanz gebildet; in einer zweiten Phase entstehen durch das Wachstum der Mikroorganismen – sie werden im Belebungsbecken gut genährt – gut absetzbare Flocken [31]. Zahlreiche Verfahren wurden zur biologischen Abwasserbehandlung entwickelt, z. B.:

- Belebtschlammverfahren,
- Tauchkörperverfahren,
- Festbettreaktorverfahren,
- Sequencing-Batch-Reaktor (SBR),
- Kombinationen aus Membranstufe mit Belebtschlammverfahren,
- Trägerbiologie und weitere.

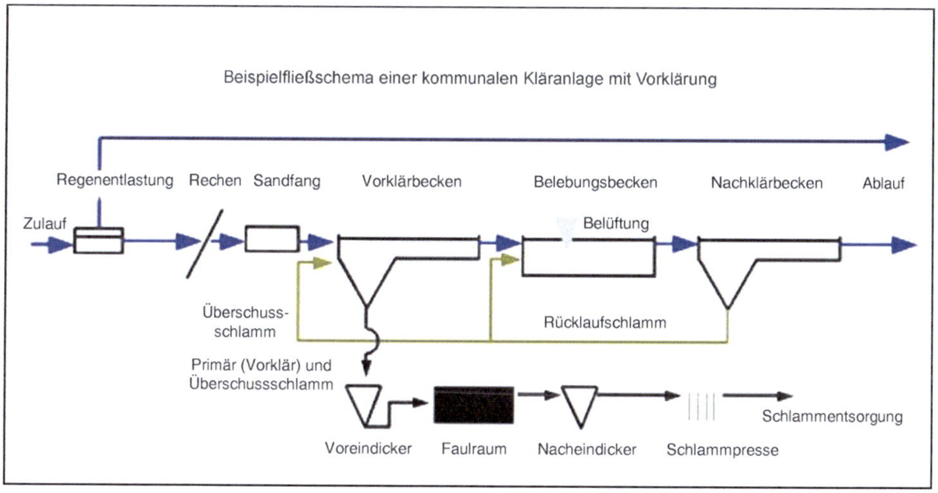

Abb. 4.5 Fließschema biologische Kläranlage. (Aus [31])

All diese Verfahren unterteilen sich oft in weitere Unterarten, sodass eine recht große Anzahl biologischer Abwasserbehandlungsverfahren zur Verfügung steht. Zusätzlich zum rein biologischen Abbau werden Abwasserinhaltsstoffe – selbst wenn sie nicht biologisch abbaubar sind – durch Ad- und Absorption an den Belebtschlamm (Biosorption) mit aus dem Abwasser entfernt. Diese Stoffe sind dadurch zunächst im Belebtschlamm gebunden und werden über den Klärschlamm als Abfall entsorgt, wobei sie durch ihre Eigenschaften (z. B. hohe Toxizität) den Entsorgungsweg des Klärschlammes maßgeblich beeinflussen. Beim Blick auf das Fließschema einer Belebtschlammanlage (Abb. 4.5) fällt auf, dass das Belebungsbecken (hier findet die biologische Reinigung des Abwassers statt) von zahlreichen zusätzlichen Anlagen wie Sandfang, Vorklärung, Absetzbecken usw. eingerahmt ist. Die biologische Stufe (Belebungsbecken) arbeitet meistens im Verbund mit anderen Reinigungsstufen.

Das vorliegende Verfahren ist in seiner Struktur noch vergleichsweise einfach, biologische Abwasserbehandlungsanlagen, vor allem bei Industrieabwasser, haben oft mehrere zusätzliche Behandlungsstufen – wie z. B.: Neutralisation, Denitrifikation, Nitrifikation, Dephosphatierung, Fällung, Ultrafiltration, Aktivkohle. Damit ist der Gesamtelimination einer Vielzahl von Stoffen und Stoffgruppen beizukommen.

Stoffe und Stoffgruppen

Organische und anorganische Stoffe; Abwässer, ab einer bestimmten Abwassermenge und Belastungen mit CSB (chemischer Sauerstoffbedarf) und BSB_5 (biologischer Sauerstoffbedarf in 5 Tagen), die biologisch abbaubar sind.

Branchen

Chemische Industrie, Lebensmittelindustrie, Pharmaindustrie, Papierindustrie, Brauereien, Textilindustrie, Deponien usw.

4.5.2 Anaerobe Abwasserreinigung

Die anaerobe Abwasserbehandlung unterscheidet sich von der aeroben dadurch, dass die biologischen Abbauprozesse ohne Sauerstoff (als Oxidationsmittel) stattfinden. Die energetisch aufwendige Zufuhr von Luft entfällt. Die Mikroorganismen gewinnen bei diesem Abbau ebenfalls Energie, wachsen i. d. R. aber langsamer. Die biochemischen Prozesse des Abbaus der organischen Wasserinhaltsstoffe verlaufen in mehreren Phasen. Häufig entstehen organische Säuren und im weiteren Abbau Biogas, das sich zusammensetzt aus Methan, Kohlendioxid, Wasserstoff usw. Das Biogas mit einem hohen Methananteil wird vielfach zur Energiegewinnung genutzt.

Der Einsatz der anaeroben Abwasserreinigung ist von einer Reihe von Kriterien abhängig, so z. B.:

- hohe organische Belastung,
- geringe Abwassertoxizität.

Die anaerobe Abwasserreinigung weist vielfach CSB-Restkonzentrationen auf, die eine weitere Abwasserbehandlung erfordern, besonders bei Direkteinleitung oder Wiederverwertung. Daher wird sie oft mit aerober Abwasserbehandlung kombiniert, wobei die anaerobe Stufe als 1. Stufe die Hauptlast des CSB-Abbaus trägt. Die nachgeschaltete Stufe, z. B. eine aerobe Abwasserbehandlung, setzt die CSB-Restkonzentrationen soweit herab, dass eine Direkteinleitung oder Wiederverwertung möglich wird.

Stoffe und Stoffgruppen
Organische Stoffe; Abwässer ab einer bestimmten Abwassermenge mit hohen CSB-(Chemischer-Sauerstoffbedarf-)Belastungen, die biologisch abbaubar sind.

Branchen
Chemische Industrie, Lebensmittelindustrie, Landwirtschaft, Pharmaindustrie, Brauereien, Papierindustrie, Textilindustrie usw.

Beispiel für aerobe und anaerobe Abwasserbehandlung in der Milchindustrie

Abwasserbehandlung in der Milchverarbeitung – Energierückgewinnung über Anaerobtechnik Einleitung

Abwasser aus milchverarbeitenden Betrieben eignet sich aufgrund seiner Zusammensetzung sehr gut für biologische Abwasserbehandlungsverfahren. Neben einer aeroben biologischen Behandlung des Abwassers besteht die Möglichkeit, anaerobe biologische Verfahren einzusetzen. Durch den Einsatz von Anaerobtechnik kann ein Großteil der organischen Fracht des Abwassers entfernt und in energiereiches Biogas umgewandelt werden. Darüber hinaus kann die Anaerobtechnik in Molkereien verwendet werden, um aus überschüssiger Molke Biogas zu gewinnen. Das entstehende Biogas kann zur Gewinnung von elektrischer und/oder thermischer Energie genutzt werden.

Tab. 4.1 Abwasseranfall für einige Herstellungsverfahren bei der Milchverarbeitung [2]

	Abwasseranfall
Herstellung von Marktmilch aus 1 l angelieferter Milch	0,8–1,7 l/l
Herstellung von Milchpulver aus 1 l angelieferter Milch	0,8–1,5 l/l
Herstellung von 1 kg Speiseeis	2,7–4,0 l/kg

Tab. 4.2 Spezifische Konzentrationen in Molkereiabwässern [1]

Parameter	**Einheit**	**Schwankungsbreite (tagesbezogen)**
BSB_5	[mg/l]	600–2000
CSB	[mg/l]	800–4500
NO_3-N	[mg/l]	10–100
Nges-N	[mg/l]	20–230
Pges-P	[mg/l]	20–100
Abs. Stoffe	[ml/l]	1–2
pH	[-]	6–11
Lipophile Stoffe	[mg/l]	80–250

Abwasseranfall und Abwasserzusammensetzung

Im Jahr 2007 wurden in Deutschland etwa 27,6 Mio. t Milch an milchverarbeitende Betriebe geliefert [1]. In der Milchindustrie fallen bei der Verarbeitung von Milch und der Erzeugung unterschiedlicher Milchprodukte tagesbezogene Abwassermengen von etwa 1–2 m^3 pro Tonne verarbeiteter Milch an [1]. Tab. 4.1 gibt den Abwasseranfall für einige Herstellungsverfahren bei der Milchverarbeitung beispielhaft an.

Das in der Molkerei anfallende Abwasser stammt hauptsächlich aus der Reinigung der Transport- und Produktionsanlagen des Betriebs. Hohe organische Frachten entstehen bei Produktionswechsel (insbesondere durch Leitungsausschübe), mehr als 90 % der organischen Inhaltsstoffe stammen aus Milch- und Produktionsresten [3]. Tab. 4.2 zeigt typische tagesbezogene Schwankungsbreiten verschiedener Parameter in Molkereiabwässern (teilweise bis zu 7fach höhere Belastung als in üblichen kommunalen Abwässern), Spitzenwerte können jedoch gegebenenfalls darüber liegen.

Abwasserreinigung in der Milchverarbeitung bei Indirekt- und Direkteinleitung

Aufgrund der anfallenden Abwassermengen sowie der Belastungsschwankungen (insbesondere auch in Bezug auf den pH-Wert) ist eine Behandlung des Abwassers sowohl bei Direkt- als auch bei Indirekteinleitung notwendig. Bei Direkteinleitern kommt in der Regel neben Anlagen zur Fettabscheidung (z. B. Flotationsanlagen) und Misch- und

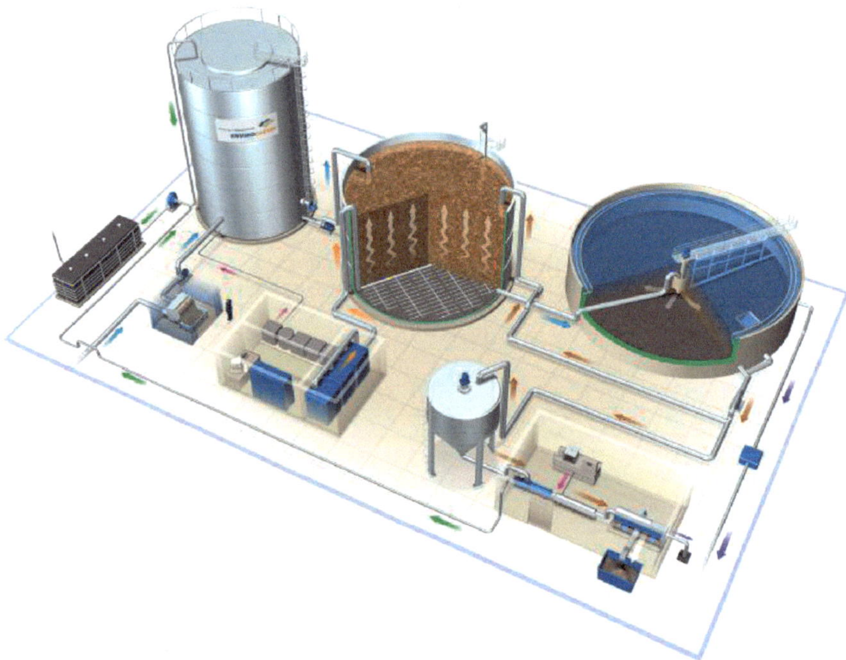

Abb. 4.6 Beispielhafte Darstellung einer Betriebskläranlage zur aeroben biologischen Reinigung von Abwässern aus der Milchverarbeitung

Ausgleichsbecken eine biologische Reinigungsstufe zur Anwendung. Da Molkereiabwasser biologisch gut abbaubar ist, kann der CSB im Ablauf bei vollständig biologischem Abbau auf $CSB_{Ablauf} < 40$ mg/l reduziert werden [1].

Bei Indirekteinleitern ist die notwendige Abwasserbehandlungstechnik abhängig von behördlichen Vorschriften (beispielsweise kommunale Satzung). Oftmals sind im ländlichen Raum öffentliche Kläranlagen nicht auf hohe Lasten ausgelegt, sodass es notwendig ist, das in der Milchverarbeitung anfallende Abwasser über Betriebskläranlagen entsprechend vorzureinigen.

Im internationalen Umfeld sind milchverarbeitende Betriebe häufig nicht an öffentliche Kläranlagen angeschlossen. Sie müssen als Direkteinleiter ihr Abwasser deshalb im Betrieb auf die jeweils gültigen Grenzwerte zur Einleitung in ein Gewässer reinigen.

Aerobe biologische Abwasserreinigung in der Milchverarbeitung

In Deutschland kommt als biologische Reinigungsstufe bei der Abwasserbehandlung in der Milchindustrie in der Regel die aerobe biologische Reinigung zur Anwendung [1]. Diese soll nachfolgend kurz beschrieben werden.

In Abb. 4.6 ist eine Betriebskläranlage zur aeroben biologischen Reinigung von Abwässern aus der Milchverarbeitung dargestellt. Das Wasser gelangt über einen Fett- und

Schlammfang in einen Misch- und Ausgleichstank, wo Tagesspitzen ausgeglichen werden und der pH-Wert entsprechend eingestellt werden kann. Von dort wird das Abwasser in eine aerobe Belebungsstufe mit der Möglichkeit zur Nitrifikation und Denitrifikation geleitet. Der Belebtschlamm wird in einem Nachklärbecken abgetrennt und das gereinigte Wasser über den öffentlichen Kanal abgeführt. Im Fall einer Direkteinleitung in ein Gewässer ist der Schlammsedimentation idealerweise noch eine Schlussfiltration nachgeschaltet. Der im Nachklärbecken abgetrennte Belebtschlamm wird teilweise in die Belebungsstufe zurückgeführt. Der Überschussschlamm (ÜS) wird entweder im unentwässerten Zustand zur Verwertung gebracht, extern verwertet, oder in einer eingebauten Schlammentwässerungsstufe, wie zum Beispiel Filterpresse oder Dekanter (Zentrifuge), entwässert und anschließend entsorgt. Pro kg abgebauten BSB_5 beträgt die als Überschussschlamm anfallende Trockensubstanz überschlägig

$$ÜS_{C,BSB} = 0{,}6\text{–}1 \text{ kg TS pro kg } BSB_5.$$

Zur Reduktion der Phosphatbelastung kann neben einer biologischen P-Elimination eine chemische P-Fällung (Vor-, Simultan- und/oder Nachfällung) eingesetzt werden. In der Regel erfolgt eine Fällung mit Eisensalz, um eine Ausfällung der Phosphate in den abgetrennten Schlamm zu bewirken. Die Reinigung der Abwässer führt mit dem beschriebenen Verfahren zu besten Ergebnissen nach dem Stand der Technik, erfordert aber erhebliche Energiemengen insbesondere zur Erzeugung der bei der Belebung eingesetzten Druckluft. Der Energieverbrauch in einer aeroben Belebungsanlage beträgt pro kg abgebauten BSB_5 typischerweise ca. 0,5–1 kWh/kg BSB_5 [4].

Vergleich aerobe und anaerobe biologische Abwasserreinigung

In Abhängigkeit des Reinigungsziels können hoch belastete Abwasserteilströme alleinig bzw. im Vorfeld der aeroben biologischen Reinigung mittels Anaerobtechnik behandelt werden. Vorteile beim Einsatz der Anaerobtechnik ergeben sich insbesondere aufgrund

- des vergleichsweise niedrigen Energieverbrauchs der anaeroben biologischen Reinigung (da eine Belüftung entfällt),
- der energetischen Nutzung des entstehenden Biogases (hierdurch kann die Energiebilanz der Abwasserreinigung erheblich verbessert werden),
- des geringen Überschussschlammanfalls im Vergleich zur aeroben biologischen Abwasserreinigung (deutlich geringere Schlammbehandlungskosten).

Nachteil beim allgemeinen Einsatz der Anaerobtechnik ist insbesondere die im Vergleich zur Aerobtechnik schlechtere Ablaufqualität. Dieser Zusammenhang soll in Abb. 4.7 anhand der CSB-Bilanz bei der aeroben und anaeroben Abwasserbehandlung verdeutlicht werden.

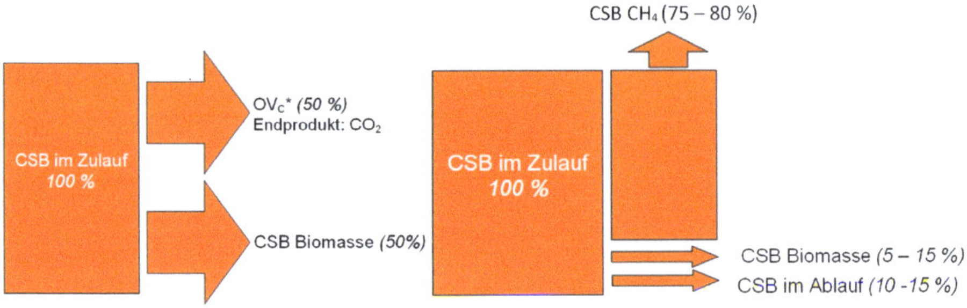

Abb. 4.7 Gegenüberstellung CSB-Bilanz bei der aeroben und anaeroben Abwasserbehandlung OV_C = Sauerstoffverbrauch für C-Elimination

In Abb. 4.7 ist die CSB-Bilanz der aeroben und anaeroben Abwasserbehandlung gegenübergestellt. Beim aeroben CSB-Abbau wird ca. 50 % des CSB im Zulauf zum Aufbau von Biomasse (Überschussschlamm) umgesetzt und ca. 50 % zu Kohlendioxid veratmet. Der CSB im Ablauf liegt bei < 1 % und wurde bei dieser Betrachtung vernachlässigt. Im Vergleich dazu werden beim anaeroben CSB-Abbau lediglich 5–15 % des CSB im Zulauf in Biomasse, jedoch 75–80 % zu Methan in Form von Biogas umgesetzt. Dies verdeutlicht, dass bei der anaeroben im Vergleich zur aeroben Abwasserreinigung der Überschussschlammanfall um bis zu Faktor 10 geringer ist. Gleichzeitig entsteht bei der anaeroben Abwasserreinigung energetisch nutzbares Biogas.

Der CSB wird bei der anaeroben Reinigung von Molkereiabwasser um ca. 75–80 % reduziert (im Gegensatz zur aeroben Abwasserreinigung mit CSB-Eliminationsleistungen von > 99 %) [1]. Damit ist die Ablaufqualität der anaeroben Abwasserreinigung in Bezug auf CSB schlechter als bei der aeroben Abwasserreinigung. Darüber hinaus findet bei der anaeroben Abwasserbehandlung nahezu keine Stickstoff- und Phosphorelimination statt. In der Regel stellt die Anaerobtechnik damit ein Vorbehandlungsverfahren dar.

Kombination anaerobe und aerobe biologische Abwasserreinigung – Nutzung von Synergieeffekten

Soll unter Einsatz von Anaerobtechnik eine Reinigungsleistung von > 75 % CSB-Reduktion erreicht werden, kann die anaerobe Abwasserreinigung der aeroben Abwasserreinigung vorgeschaltet werden. Hierdurch können die Vorteile des anaeroben Verfahrens (75–80 % CSB-Reduktion, geringer Überschussanfall, energetisch nutzbares Biogas) mit den Vorteilen des aeroben Verfahrens (CSB-Reinigungsleistung > 99 %) kombiniert werden. Bei dieser Verfahrenskombination gelangen von der anaeroben Reinigungsstufe lediglich die über das Rückhaltesystem nicht abgetrennte Biomasse und der nicht abgebaute CSB (ca. 10–15 % des Zulauf-CSB) in die nachgeschaltete aerobe Reinigungsstufe.

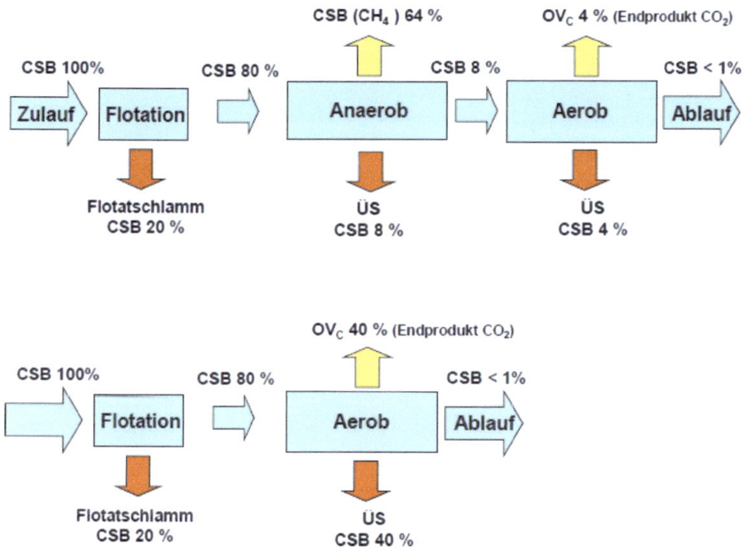

Abb. 4.8 CSB-Bilanz einer Kombination von anaerober und aerober Abwasserreinigung; zum Vergleich CSB-Bilanz einer aeroben Abwasserreinigung (jeweils mit vorgeschalteter Flotation)

Vor der anaeroben Reinigungsstufe ist zur Behandlung von Abwasser aus der Milchverarbeitung eine Fett- und gegebenenfalls Feststoffabtrennung notwendig (ansonsten besteht die Gefahr des Flotierens der Biomasse durch anlagerndes Fett).

Größere Betriebe nutzen tendenziell eher eine Flotation zur Fettabscheidung (üblicherweise Druckentspannungsflotation). Mittels Flotationsanlage sind CSB-Eliminationsraten von 40–60 % erreichbar [1]. Ohne den Einsatz von Flockungschemikalien kann die Eliminationsrate in Abhängigkeit der Abwasserzusammensetzung zwischen 10–30 % schwanken.

In Abb. 4.8 ist beispielhaft eine CSB-Bilanz aufgeführt, welche sich ergibt, wenn die anaerobe Reinigungsstufe der aeroben Abwasserreinigungsstufe vorangestellt wird sowie eine Flotation zur Fettabscheidung vorgeschaltet wird. Zum Vergleich ist dargestellt, welche CSB-Bilanz sich bei einer aeroben Reinigungsstufe mit vorgeschalteter Fettabscheidung ergeben würde.

Abb. 4.8 verdeutlicht, dass bei der Kombination aus anaerober und aerober Abwasserreinigung im Vergleich zur aeroben Abwasserreinigung (jeweils mit vorgeschalteter Flotation):

- 70 % weniger Überschussschlamm anfällt (12 % ÜS anstatt 40 % ÜS),
- 80 % des nach der Flotation noch im Abwasser befindlichen CSB in Methan (CH_4) umgewandelt wird und energetisch genutzt werden kann,
- die Energiebilanz verbessert wird, da für die Belüftung der Aerobstufe ein geringerer Energieaufwand notwendig ist.

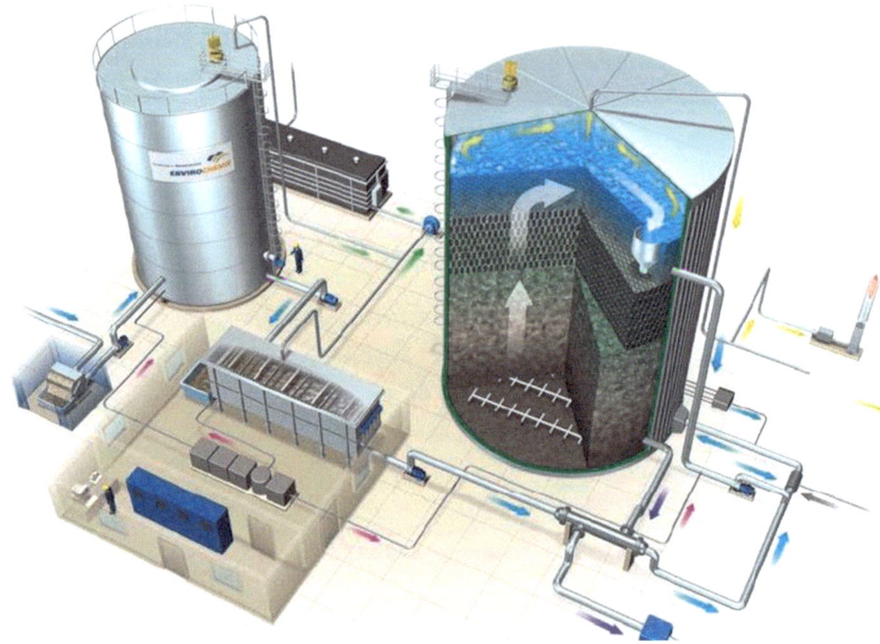

Abb. 4.9 Abwasserreinigungsanlage mit aerober und anaerober Reinigungsstufe

Nachfolgend wird eine Abwasserreinigungsanlage bestehend aus anaerober und aerober biologischer Reinigungsstufe mit Fettabtrennung in der Milchverarbeitung dargestellt (Abb. 4.9).

Das aus dem Betrieb anfallende Abwasser wird über eine Siebtrommel zur Feststoffabtrennung in einen Misch- und Ausgleichstank geleitet. Der Misch- und Ausgleichstank ist ausreichend groß dimensioniert, sodass bereits Hydrolyse- und Vorversäuerungsprozesse stattfinden können. Zur Fettabtrennung wird das Abwasser im Anschluss über eine Flotationsanlage geführt (Abb. 4.10), in der mit oder ohne Zugabe von Flockungs- und Flockungshilfsmitteln freie Fette abgetrennt werden können. Im eigentlichen Anaerobreaktor (hier dargestellt als Festbettreaktor) erfolgt die möglichst weitgehende Umwandlung der organischen Abwasserinhaltsstoffe über Zwischenprodukte bis zum Biogas (CH_4, CO_2). Aus einem Kilogramm eliminiertem CSB entsteht ca. 0,35 Nm^3 CH_4/kg CSB_{el}[1]. In der Regel beträgt der Anteil des Methans am Biogas ca. 60–80 %. Das anfallende Biogas kann nach entsprechender Gastrocknung und gegebenenfalls Entschwefelung direkt im Dampfkessel des Betriebs verbrannt werden (Abb. 4.11). Überschüssiges Gas wird in einer Gasfackel abgebrannt.

[1] Nm^3 = Normkubikmeter.

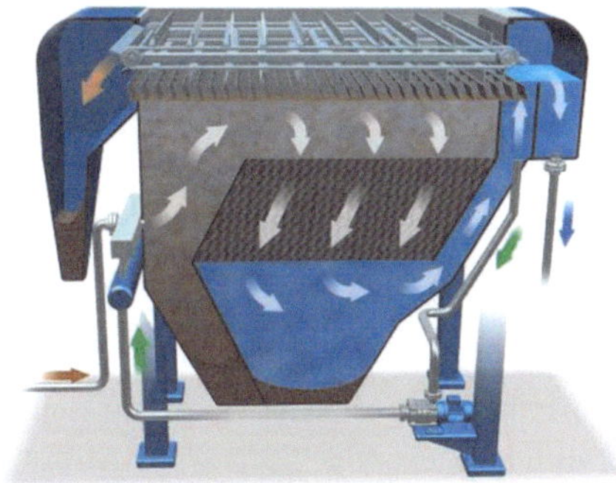

Abb. 4.10 Flotationsanlage zur Fettabtrennung

Abb. 4.11 Dampfkessel zur Biogasverbrennung

Energieeffizienz und Nachhaltigkeit durch Anaerobtechnik bringen wirtschaftliche Vorteile

Durch den Einsatz von Anaerobtechnik in der Abwasserreinigung können pro m^3 durchschnittliches Milchabwasser etwa 2 m^3 Biogas erzeugt und damit etwa 1,2 l Heizöl ersetzt werden.

Die anfallende Überschussschlammmenge wird um ca. 80 % reduziert, wodurch sich die Entsorgungskosten verringern. Der in der Anaerobanlage anfallende Überschussschlamm enthält Calcium und Phosphat in erheblichen Konzentrationen. Neben der landwirtschaftlichen Aufbringung sind aufgrund der erhöhten Phosphatgehalte auch andere Verwertungspfade (z. B. in der Düngemittelindustrie) zukünftig denkbar.

Der in der aeroben Reinigungsstufe anfallende Überschussschlamm kann in der Regel landwirtschaftlich verwertet werden (erfüllt üblicherweise die Anforderungen der Klärschlamm- bzw. Düngemittelverordnung [1]).

Die bei der Fettabtrennung anfallenden, fetthaltigen Schlämme lassen sich in hervorragender Weise in Biogasanlagen verwerten. Je nach gesetzlicher Situation sind als

Voraussetzung der Verwertung häusliche Abwässer, die in der Regel in kleinen Mengen aus Betriebsbüros anfallen, separat zu entsorgen bzw. zu behandeln.

Der Energieverbrauch der bisher eingesetzten, aeroben Behandlungsstufe reduziert sich durchschnittlich um bis zu 75 % durch eine mögliche Redimensionierung des Belüftungssystems.

Energetische Verwertung von überschüssiger Molke mittels Anaerobtechnik

In milchverarbeitenden Betrieben kann neben organisch hoch belasteten Abwasserströmen auch überschüssige Molke bzw. Molkepermeat mittels Anaerobtechnik behandelt werden.

Bei der Käse- und Caseinherstellung fallen bedeutende Mengen an Molke an (etwa 90 % der eingesetzten Milch wird bei der Käseherstellung zu dem hochenergetischen Nebenprodukt Molke). Ein Teil der Molke kann zum Beispiel als Molkedrink oder Viehfutter für Nutztiere vermarktet werden. Betriebe, die keine oder nicht ausreichende Verwertungsmöglichkeiten für die anfallenden Überschussmolken haben, müssen diese kostenintensiv entsorgen. Das Gleiche gilt beim Anfall wertloser Molkepermeate, welche nicht vermarktet werden können. Bedeutend wirtschaftlicher als die Entsorgung kann die Vergärung und damit energetische Verwertung der Molke in einem separaten, speziellen Gärreaktor sein.

Je nach anfallender Menge an Überschussmolke kann durch das über die Vergärung entstehende Biogas und dessen energetische Verwertung die gesamte Primärenergie eines milchverarbeitenden Betriebes erzeugt werden. Dies konnte am Beispiel eines Pilotprojekts bei den Norrmejerier Milchwerken in Umea, Nordschweden, gezeigt werden. Die dort eingesetzte Vergärungsanlage basiert auf einem zum Patent angemeldeten Reaktorsystem (vom Hersteller Anaerob Whey Reaktor genannt). Im anaeroben Kontaktschlammverfahren, dessen anaerober Bioschlamm über ein Zentrifugalsystem zurückgehalten wird, werden mehr als 90 % der in der Molke bzw. dem Molkepermeat enthaltenen organischen Fracht in Biogas überführt. Hierdurch können rund 40 m^3 Biogas pro Tonne Molke/Molkepermeat oder umgerechnet (mit Heizwert Biogas 6,5 kWh/Nm^3 Biogas) ca. 260 kWh thermische Energie pro Tonne Molke/Molkepermeat gewonnen werden.

Der Betrieb erzeugt täglich aus bis zu 250 m^3/d Molke (entspricht ca. 20 t CSB/d) bis zu 10.000 m^3/d Biogas. Darin enthalten ist auch ein gewisser Anteil an Biogas aus betrieblichem Abwasser (Produktionsabwasser). Im Vorfeld der anaeroben Behandlung werden mittels Druckentspannungsflotation freie Fette abgetrennt. Das bei der Flotation anfallende Flotat wird in einer separaten, kleinen Fettvergärung behandelt und anschließend entsorgt. Das hierdurch entstehende Biogas erhöht die Wirtschaftlichkeit der Gesamtanlage weiter. Mit dem produzierten Biogas erzeugt der Betrieb ca. 50 % der für die Dampfkesselanlage benötigten Energie. Mit einem weiteren Ausbau will man hier in Kürze Fremdenergie vollkommen ersetzen.

Abb. 4.12 stellt den Zusammenhang zwischen eliminierter CSB-Fracht, Biogasertrag und ersetztem Heizölvolumen dar (Annahme: 0,5 m^3 Biogas/kg CSB_{el}; Heizöläquivalent 0,6 l/m^3 Biogas).

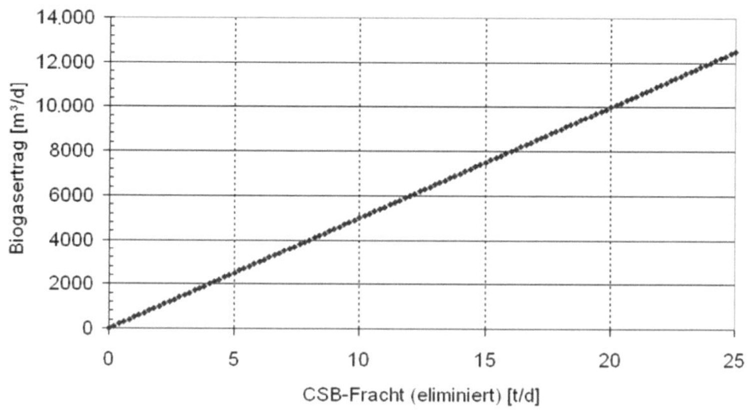

Abb. 4.12 Zusammenhang von CSB-Fracht, Biogasertrag und ersetztem Heizölvolumen

Wird beispielhaft die im Pilotprojekt bei Norrmejerier täglich eliminierte CSB-Fracht von 20 t CSB/d angesetzt, ergibt sich, wie in Abb. 4.12 dargestellt, ein Biogasertrag von ca. 10.000 m^3/d. Entsprechend können hierdurch täglich ca. 6000 l/d Heizöl eingespart werden.

Quelle [33], mit freundlicher Genehmigung der EnviroChemie GmbH, www.envirochemie.com.

4.6 Elektrolyse

4.6.1 Elektrolytische Verfahren

Die Elektrolyse ist ein technisches Verfahren, das in zahlreichen Gebieten der Grundstoffindustrie eingesetzt wird. Das Prinzip beruht auf der Umwandlung von physikalischer (elektrischer) Energie in chemische Energie. Das Verfahren benötigt die Aufwendung elektrischer Energie.

In der Abwasserreinigung wird die Elektrolyse speziell für die Rückgewinnung von Metallen aus Abwässern verwendet, oft in Kombination mit vorgeschalteten Verfahren (z. B. Ionenaustauscher), die Metalle aus dem Abwasser entfernen. Kommen Ionentauscher zum Einsatz, dient das Eluat aus der Rückspülung (Regeneration der Ionenaustauscher) metallreicher Lösung für die elektrolytische Metallrückgewinnung. Folgende elektrolytische Umsetzungen finden bei der Abwasserbehandlung Anwendung:

- Kathodische Reduktion. Hierunter fallen die kathodische Abscheidung von Metallen zur Metallentgiftung resp. Rückgewinnung, die Senkung des AOX-Wertes, die Rückgewinnung von EDTA, die Peroxidzerstörung und die Entgiftung von Natriumchlorit.

- Wertigkeitsänderung. Darunter sind Umlagerungsreaktionen von Ionen durch Oxidation oder Reduktion zu verstehen.
- Elektrochemische Oxidation. Besonders erwähnenswert darunter sind die Entgiftung von Cyanid, Nitrit und EDATA sowie die Oxidation von Farbstoffen und anderen organischen Substanzen oder die Senkung des CSB [36, 16].

Stoffe und Stoffgruppen
Metalle, Farbstoffe, Cyanide, NTA, organische Stoffe.

Branchen
Chemieindustrie, Metallbe- und -verarbeitung, Druckereien, Rohstoffindustrie.

Beispiel der elektrolytischen Abwasserbehandlung von Druckereiabwasser

Erste vollautomatische Containeranlage zur elektrolytischen Abwasseraufbereitung geht ans Netz [225]

In einem der großen Wellpappenwerke Deutschlands werden die produzierten Wellpappen im Flexo-Druckverfahren bedruckt. Dazu wird in einem speziellen Verfahren in der Flexo-Druckmaschine die Flexo-Druckfarbe mittels Klischee auf den Karton übertragen.

Nach jedem Druckauftrag werden die Druckwalzen mit Wasser und einem speziellen Reiniger gewaschen. Hierbei fallen täglich bis 15.000 l Abwasser an. Das Abwasser wurde bislang über ein Mehrkammerabsetzbecken gereinigt. Aufgrund gestiegener Qualitätsansprüche an den Druckbildern kommen immer mehr Farben zum Einsatz, welche eine nicht unerhebliche Fracht an Schadstoffen beinhalten. Um den erhöhten Anforderungen zum Indirekteinleiten gerecht zu werden, hat sich die Betriebsleitung des Werkes zum Kauf einer neuen Anlage entschieden.

Es standen mehrere Verfahren zur Auswahl, jedoch sollte die neu zu installierende Technik folgenden Ansprüchen gerecht werden:

1. wenig Personalaufwand,
2. niedrige Betriebskosten,
3. geringer Platzbedarf,
4. sichere Einhaltung der Grenzwerte.

Nach zahlreichen Versuchen und Analysen entschied man sich für die Aufbereitung mit einer Elektrolyseanlage der Fa. WAP Heythekker GmbH.

Verfahrensbeschreibung:

Das Abwasser wird aus einer Unterflurhebestation in den Sammelbehälter gefördert. Mittels einer Umwälzpumpe wird der Inhalt kontinuierlich umgewälzt, um Ablagerungen zu vermeiden. Bei entsprechendem Füllstand wird das Abwasser in die Elektrolysezelle geführt. Hier erfolgt durch Anlegen eines Gleichstromes an eine definierte Anzahl von Eisenelektroden die elektrolytische Reinigung des Abwassers. Nach ausreichender Flockulation wird der Inhalt der Elektrolysezelle in den Filtrationsvorlagebehälter geführt. Dieser dient als Pufferbehälter zur anschließenden Filtration. Die Filtration erfolgt in einer Kammerfilterpresse der Fa. AWAG. Hier wird durch Kuchenfiltration ein einleitfähiges Filtrat erzeugt. Der stichfeste Filterkuchen wird der Filterpresse entnommen und fachgerecht entsorgt. Das Filtrat wird im Filtratbecken auf pH-Wert und Trübe untersucht und danach in den Kanal gefördert.

Parameter	Vorher	Nachher
Kupfer	23 mg/l	0,20 mg/l
AOX	52 mg/l	0,07 mg/l
Zink	4,1 mg/l	0,10 mg/l
Cyanide	15 mg/l	0,06 mg/l

Technische Daten:

Leistung der Anlage: 700 l/h

Platzbedarf: 12 m²

Gesamtgewicht. ca. 10 t (inkl. Container)

Betriebskosten:

Eisenverbrauch: ca. 900 g/m³

Stromverbrauch: 17 kW/m³

Säureverbrauch: ca. 0,1 l/m³

Filterkuchenmenge: ca. 23,6 kg/m³ (bei ca. 1,5 % Feststoffanteil im Abwasser)

Es entsteht bei der Filtration trockener Filterkuchen, welcher stichfest aus der Kammerfilterpresse entnommen wird.

Steuerung: Die Gesamtanlage ist mit einer Siemens SPS vom Typ S7 ausgestattet, die Bedienung erfolgt über ein farbiges Touchpaneel. Mittels einer Ethernetschnittstelle wird die Anlage durch die WAP Heythekker GmbH fernüberwacht. Dies garantiert die maximale Betriebssicherheit. Auch können jederzeit Programmänderungen hierüber durchgeführt werden. Als Besonderheit wurde bei etwaiger Störmeldung eine Fehlermeldung per E-Mail-Versand eingerichtet. Die Anlage läuft rund um die Uhr in einem abgeschlossenen Container und ist trotzdem jederzeit überwacht.

Quelle: [224]

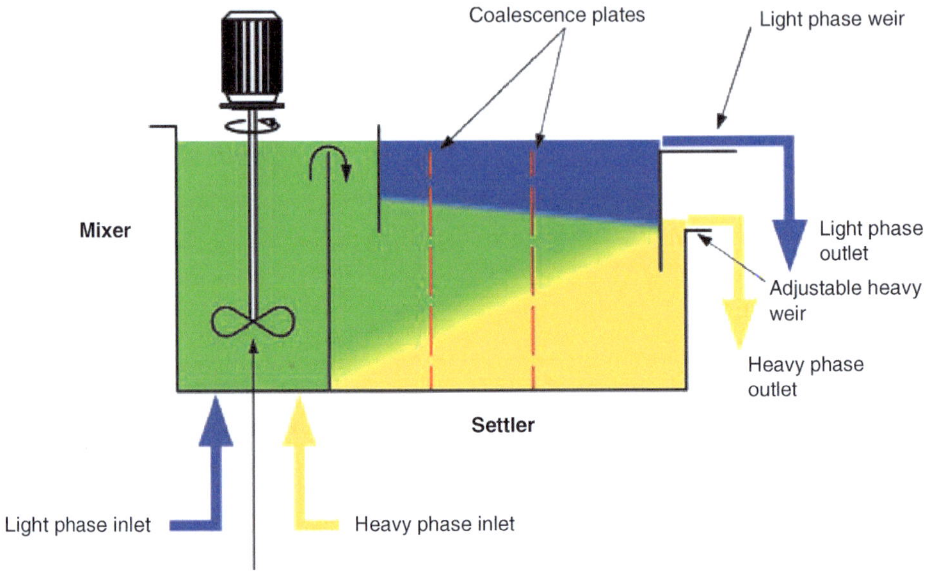

Abb. 4.13 Settler-Mixer. (Aus [38])

4.7 Extraktion – Extraktionsverfahren

Extraktionsverfahren können sowohl für organische Stoffe als auch anorganische Stoffe (z. B. Metalle) in der Abwasserreinigung eingesetzt werden. Extraktionsverfahren dienen der Aufkonzentrierung bestimmter Abwasserinhaltsstoffe, um sie in einem nachfolgenden Verfahrensschritt zurückzugewinnen. Die Extraktion ist ein Elementarverfahren in vielen Industriebereichen.

Flüssig-Flüssig-Extraktion
Die Flüssig-Flüssig-Extraktion beruht auf einem Extraktionsmittel (organische Phase), das entsprechend dem zurückzugewinnenden Abwasserinhaltsstoff gewählt wird und im Abwasser nicht mischbar ist. Der zu extrahierende Abwasserinhaltsstoff (z. B. Kupfer) wird dann aus der Wasserphase in die organische Phase transferiert. Die Prozesse unterliegen gemäß der Wahl der organischen Phase bestimmten Gleichgewichten. Die organische Phase sollte daher eine hohe Aufnahmekapazität für den zu extrahierenden Stoff haben [16].

Technische Verfahren
Es existiert eine Reihe von Verfahren für die Flüssig-Flüssig-Extraktion, so z. B.

- Mixer,
- Settler,
- Zentrifugalextraktoren.

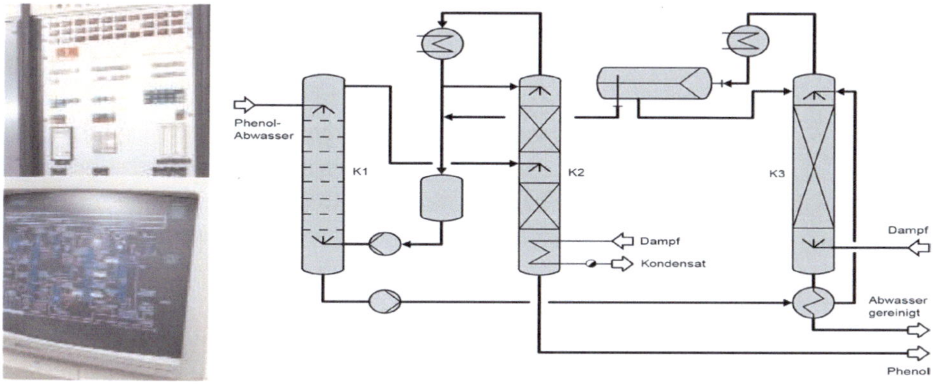

Abb. 4.14 Phenolrückgewinnung. Mit freundlicher Genehmigung: De Dietrich Process Systems GmbH, www.qvf.com

„Mixer

In der Mischzone (Abb. 4.13) wird die primäre Flüssigkeitslösung mittels eines mechanischen Rührers in innigen Kontakt mit dem Lösungsmittel gebracht, damit ein guter Solvatübergang stattfindet. Der mechanische Rührer ist mit einem Elektromotor ausgestattet, der eine Misch- und Pumpturbine antreibt. Diese saugt die Phasen aus den Settlers der angrenzenden Stufen an, bringt sie in Kontakt und leitet die im Mixer hergestellte Emulsion wieder in den Settler zurück“ [38].

Beispiel für Extraktion am Beispiel Phenol – Rückgewinnung von Hochsiedern aus Abwasser [99]

Vernichten oder Rückgewinnen?

Industrieabwasser enthalten oft Hochsieder, wie Phenol oder Dichlorbenzol, sodass sie ohne Aufarbeitung und Reinigung nicht in die Kläranlage eingeleitet werden können. Da die Vernichtung durch Verbrennung nicht nur ökologisch eine schlechte Variante darstellt, sondern wegen des hohen Wasseranteiles auch zu hohe Kosten verursacht, ist die Rückgewinnung des Phenols bei gleichzeitiger Reinigung des Abwassers bis zur Einleitfähigkeit der bevorzugte Weg. Am Beispiel des Phenols soll das von QVF® mehrfach angewendete Verfahren beschrieben werden.

Der prozessbedingte Phenolgehalt liegt üblicherweise bei 2–12 %. Aufgrund der geringen Konzentrationen des Phenols kommt eine destillative Trennung, bei der der Wasseranteil verdampft werden müsste, wegen des hohen Energiebedarfes nicht infrage. Hier bietet die Extraktion den entscheidenden Vorteil.

Methylisobuthylketon (MIBK) als Extraktionsmittel entzieht dem Abwasser in der Extraktionskolonne K1 das Phenol (Abb. 4.14). Das beladene Extraktionsmittel wird in der Rektifikation K2 wieder gereinigt und in den Sumpf der Extraktion zurückgeführt. Das Phenol fällt in der nachfolgenden Rektifikation (Kolonne K2) im Sumpf an und kann in der Produktion wieder eingesetzt werden.

4.8 Flotation

Die Flotation stellt ein physikalisch-chemisches Trennverfahren für feinkörnige Feststoffe dar, die eine unterschiedliche Oberflächenbenetzbarkeit besitzen. Es werden künstliche Gasblasen im Abwasser erzeugt oder eingetragen, die sich an die Aggregate, die aus den Abwasserinhaltsstoffen bestehen, anhaften. Durch die Gasblasen steigen die Aggregate mittels Auftrieb an die Oberfläche, wo sie eine abtrennbare Schaumschicht bilden. Als solche können sie dann aus dem Abwasser entfernt werden. Die Flotation ist ein grundlegendes Verfahren in vielen Industriebereichen, wie z. B. der Rohstoffaufbereitung oder der Papierindustrie und etlichen weiteren. Die Flotation hat auch in der Abwasserreinigung für viele Abwasserinhaltsstoffe ihren festen Platz. Das Verfahren wird sehr oft in Kombination mit anderen Reinigungsstufen eingesetzt [38].

Flotationsverfahren
Flotationsverfahren werden sehr oft in Kombination mit anderen Reinigungsstufen zur Abwasserbehandlung angewendet. Als Verfahrensarten sind z. B. zu nennen:

- Entspannungsflotation,
- Elektroflotation,
- Turbulenzflotation.

Stoffe und Stoffgruppen
Anorganische und organische Stoffe; Farben, Lacke, Öle und Fette; Kohlenwasserstoffe, Metalle.

Branchen
Chemieindustrie, Metallbe- und -verarbeitung, Druckereien, Rohstoffindustrie, chemische Industrie.

Beispiel für Flotation: Druckentspannungsflotationsanlage

Bei der Firma Fischer Edelstahl GmbH in Achern werden in einer Waschhalle Maschinenteile und Transportgeräte gereinigt, die u. a. mit Kühlschmieremulsionen verschmutzt sind. Während der Reinigung von Baugruppen mittels Hochdruckreinigers und Teilewaschautomats und Bodenreinigungsmaschinen fallen pro Tag ca. 3 m^3 Spül- und Reinigungsabwässer an.

Nach der physikalischen Vorreinigung des Abwassers ist dessen Belastung mit Emulsionen und Schwermetallen noch so hoch, dass die vorgeschriebenen Einleitwerte für die Kanalisation nicht eingehalten werden können. Mit der Emulsionstrennanlage Lugan® 1500 wird nach der Dosierung von Flockungs- und Neutralisationsmittel Envifloc® und einer geringen Menge Druckluft das Abwasser chemisch-physikalisch gereinigt. Der entstehende Flotatschlamm wird vom Reinwasser abgetrennt und einer

Schlammentwässerung zugeführt. Das Reinwasser fließt unter Einhaltung der geforderten Grenzwerte (KW<20 mg/l gemäß AbwV Anhang 49 und pH-Wert 6,5 bis 9,5) in den Abwasserkanal.

Die Anlage wurde nach folgenden Vorgaben konzipiert:

- hohe Reinigungsleistung – zentrale Abfallentsorgung,
- geringe Investitions- und Betriebskosten,
- minimaler Bedienungs- und Wartungsaufwand,
- bewährte und robuste Anlagenausführung.

Leistungsdaten	
Abwassermenge:	Max. 1,5 m^3/h
Chemische Belastung:	Fette und mineralische Öle Feststoffe, Schwermetalle max. 100 mg/l Kohlenwasserstoffe max. 1000 mg/l
Technische Daten	
Platzbedarf:	16 m^2
Steuerung:	SPS, Prozessvisualisierung

Quelle: [148], mit freundlicher Genehmigung der EnviroChemie GmbH, www.envirochemie.de.

4.9 Fällung und Fällungsverfahren

Fällungsreaktionen in der Abwasserbehandlung sind chemische Reaktionen, bei denen die Reaktionspartner im Abwasser gelöst vorliegen und mindestens ein Produkt der Reaktion in diesem Lösungsmittel (Abwasser) un- oder schwer löslich ist oder die Lösung durch Abkühlen übersättigt wird. Das Produkt mit schlechter Löslichkeit fällt aus als Niederschlag, der z. B. mittels eines Absetzbeckens oder Schrägklärers aus dem Abwasser abgetrennt werden kann. Zur Optimierung der Ausfällung wird meistens ein Flockungshilfsmittel zudosiert.

Die Fällung von Abwasserinhaltsstoffen umfasst eine weite Bandbreite von Elementen und Verbindungen, so z. B. Schwermetalle, Metalle, Phosphat, Sulfat [40, 42, 16].

Schwermetallfällung

Die Schwermetallfällung ist ein Basisverfahren in der Abwasserbehandlung. Bei Fällung von Schwermetallen unterscheidet man folgende Verfahren:

- Neutralisationsfällung,
- Sulfidfällung.

Neutralisationsfällung

„Metallhaltiges Abwasser zu neutralisieren heißt nicht den pH-Wert auf den Neutralwert einzustellen, sondern es mit Rücksicht auf die Metallausfällung zu alkalisieren. Man spricht bei der Neutralisation eines metallhaltigen Abwassers deshalb auch richtiger von Neutralisationsfällung. Der überwiegende Anteil des in der metallverarbeitenden Industrie anfallenden Abwassers ist sauer und wird folglich mit alkalischen Stoffen neutralisiert. Zu deren Ausfällung sind höhere pH-Bereiche zum Teil bis über pH 10 erforderlich. Normalerweise nutzt man starke Basen, wie Natronlauge, Aufschlämmungen von Calciumoxid (Kalkmilch) sowie in bestimmten Fällen, wegen der Carbonatfällung, Soda bzw. anteilmäßige Zuschläge desselben zur Natronlauge. Während man noch vor wenigen Jahren bevorzugt Natronlauge verwendete, setzt sich gegenwärtig mehr und mehr Kalkmilch zum Neutralisieren durch.

Die Vorteile der Natronlauge sind ihre hohe Löslichkeit und ihre gute Dosierbarkeit unter Verwendung einfacher Regeltechnik, Dosierelementen und Bevorratungseinrichtungen. Sie trägt selbst nicht zur Schlammerhöhung bei der Neutralisationsfällung bei. Nachteilig sind höhere Kosten und dass die mit ihr gefällten Metallhydroxide oft schwerer sedimentier- und filtrierbar sind. Die Löslichkeit von aufgeschlämmten Calciumoxidhydrat (Kalkmilch) beträgt bei 20 °C nur 1,7 g/L und nimmt mit steigender Temperatur ab. Sobald jedoch die Kalkmilch mit sauren Abwässern gemischt wird, löst sie sich schnell, so dass auch eine rasche Neutralisation erfolgt. Der Vorteil des Calciumoxids liegt nicht nur in den günstigeren Kosten (5,7 mal günstiger als NaOH), sondern auch in den verfahrenstechnischen Vorteilen begründet. Das entstehende Calciumhydroxid trägt durch das zweiwertige Kation zur besseren Koagulation bei der Fällung bei und bildet aufgrund seiner unlöslichen Bestandteile besser sedimentier- und filtrierbare Metallhydroxidniederschläge. Enthält das Abwasser Fluorid, oder müssen Sulfat und Phosphat beseitigt werden, dann ist sein Einsatz ohnehin nicht zu umgehen" [42].

Folgende Neutralisationsmittel werden in der Abwasserreinigung eingesetzt:

- Kalkmilch,
- Calciumoxid,
- Natronlauge,
- Soda.

Welche Fällungsmittel Anwendung finden, hängt von einer Reihe von Faktoren ab, wie z. B.:

- Abwasserzusammensetzung, z. B. Anionen; Salzgehalt,
- Auswahl der zu fällenden Metalle,
- Anlagentechnik,
- Wirtschaftlichkeit.

Für jedes Metall existiert je ein Fällungsbeginn, bei dem die Fällung einsetzt, und ein pH-Wert mit der quantitativen Fällung. Den optimalen Fällungsbereich (pH-Wert) ermittelt

Tab. 4.3 Fällung von Metallen mit Natronlauge. (Nach [16])

Metall	pH-Wert			Löslichkeits-produkt
	Fällungsbeginn	Quantitative Fällung	Beginn der Wiederauflösung	
Fe(III)	2,8	3,5	–	$8{,}7 \cdot 10^{-38}$
Sn(II)	3,8	4,3	9,2	$6 \cdot 10^{-25}$
Al	4,3	4,8	8,7	$2 \cdot 10^{-32}$
Cr	5,8	6,8	8,3	$3 \cdot 10^{-28}$
Cu	5,8	7,6	–	$2 \cdot 10^{-19}$
Fe(II)	7,0	8,9	–	$2 \cdot 10^{-15}$

man am besten über Versuche mit dem Originalabwasser. Einige Metalle sind amphoter, das bedeutet, ab einem pH-Wert im basischen Bereich gehen sie wieder in Lösung. Tab. 4.3 demonstriert für einige Metalle bei der Fällung mit Natronlauge den Beginn der Ausfällung, die quantitative Ausfällung und den Beginn der Wiederauflösung.

Bei der Anwesenheit von Komplexbildnern im Abwasser wird die Fällung gestört und ist meistens nicht ausreichend bezüglich bestimmter Grenzwerte im Ablauf. Hier kann die Sulfidfällung oder der Einsatz von Organosulfiden Abhilfe schaffen.

Stoffe und Stoffgruppen
Kationen und Anionen, Metalle, Fluorid, Sulfat, Phosphat

Branchen
Chemieindustrie, Metallbe- und -verarbeitung, Rohstoffindustrie

4.10 Flockung und Verfahren der Flockung

Mittels Flockung werden in der Abwassertechnik bzw. Wasseraufbereitung feinst suspendierte Teilchen wie auch kolloidale Abwasserinhaltsstoffe des Wassers koaguliert. Dies ermöglicht ihre Entfernung mittels Schwerkraft, nämlich durch Sedimentation (z. B. Absetzbecken), oder Filtration aus der Wasserphase. Dabei handelt es sich vorrangig um physikalisch-technische Verfahren, die bestimmt werden von den Gesetzmäßigkeiten der Kolloidchemie.

Durch den Einsatz von Flockungsmitteln und Flockungshilfsmitteln ist es möglich, feindisperse Substanzen, wie zum Beispiel Huminstoffe, Phosphate, Metallhydroxide, Tontrüben oder eine Vielzahl organischer Stoffe (z. B. in Farbstoffen), aus dem Wasser zu entfernen. Dies erfolgt mithilfe geeigneter Chemikalien, den Flockungsmitteln. Sie unterstützen die Bildung größerer Flocken mit dem Ziel, das Sedimentationsverhalten zu verstärken. Oft werden zusätzlich Flockungshilfsmittel eingesetzt, um die Trennwirkung zwischen dem Wasser und den Flocken zu verbessern. Im Abwasser entsteht aus den Flocken eine Schlammphase, die sich mit entsprechenden Anlagen (z. B. Schrägklärer) von der Wasserphase abtrennen lässt [43, 44, 16].

Klassische Flockungsmittel

- Aluminiumchloride,
- Aluminiumsulfat,
- Aluminate,
- Calciumhydroxid,
- Eisenhydroxid,
- Eisensulfat.

Flockungshilfsmittel

- Polyacrylamide,
- Zahlreiche *natürliche* Stoffe (Stärke).

Wahl der optimalen Flockungsbedingungen

Laborversuche als Basisuntersuchungen empfehlen sich als Screeningtest für die Vorauswahl geeigneter Flockungsmittel bzw. Flockungshilfsmittel. Mit dem Betriebsabwasser können verschiedene Flockungsmittel und soweit nötig Flockungshilfsmittel auf ihre Wirkung hinsichtlich der Eliminierung bestimmter Abwasserparameter untersucht werden. Für die Flockungsmittel bzw. Flockungshilfsmittel werden in der Regel vom Lieferanten Hinweise auf Einsatzmengen und Randbedingungen (u. a. pH-Wert) ausgewiesen. Nach der Auswahl einiger geeigneter Mittel folgt der Test des Abwassers unter Betriebsbedingungen mittels Pilotanlage. Es steht die Gewinnung von Erkenntnissen über Wirkungsleistungen gegenüber speziellen Abwasserparametern, Einsatzmengen der Flockungsmittel, Schlammanfall und Betriebssicherheit der Flockung im Vordergrund. Aufbauend auf diesen Ergebnissen erfolgt der Einsatz in einer betrieblichen Flockungsanlage, wobei vor allem in der Einfahrphase eine analytische Begleitung notwendig ist, um etwaige Schwachstellen frühzeitig zu erkennen.

Die Flockung ist in der Abwassertechnik ein weitverbreitetes Instrument: Sie dient oft als Vorstufe zur Entlastung von nachfolgenden Stufen (z. B. biologische Abwasserbehandlung) oder als angeschaltete Stufe, um spezielle Stoffe (z. B. Farbstoffe) gezielt aus dem Abwasser zu eliminieren.

Stoffe und Stoffgruppen

Feinststoffe, die suspendiert sind oder kolloidal im Abwasser vorliegen; Tontrüben, Hydroxide, viele organische Stoffe (z. B. Farben)

Branchen
Die Flockung findet in sehr vielen Branchen Anwendung, als Vorstufe zur Entlastung nachfolgender Stufen: chemische Industrie, Metallbe- und -verarbeitung, Lebensmittelindustrie, Keramik, Bergbau, Papierindustrie etc.

4.11 Ionenaustauscher und Verfahren – Ionenaustauscheranlage

In der Abwasserbehandlung bestehen Ionenaustauscher in der Regel aus folgenden Anlagenteilen:

- Säulen, die gefüllt sind mit Ionenaustauschern (Materialien, an denen der Ionenaustausch stattfindet),
- einigen Peripherieanlagen und
- die zugehörige Mess- und Regeltechnik.

Ionenaustauscher sind Materialien, die Ionen (Kationen und Anionen) mittels physikalischer Kräfte binden und damit dem Abwasser entziehen (z. B. natürliche Ionenaustauscher wie Zeolithe oder synthetische Ionenaustauscher wie Harze auf der Basis von Polystyrol und Polyacrylat).

Beim Durchströmen der Ionenaustauschersäule, die mit einem adäquaten Ionenaustauschermaterial gefüllt ist, können sowohl Kationen (z. B. Calcium oder Schwermetalle) als auch Anionen (z. B. Sulfat, Chlorid, Chromat) aus dem Abwasser entfernt werden. Man unterscheidet daher Kationenaustauscherharze (Eliminierung von Kationen) und Anionenaustauscherharze (Eliminierung von Anionen). Die Ionen, die die zu eliminierenden Abwasserinhaltsstoffe darstellen, werden von den Harzen gebunden und damit aus dem Abwasser entfernt. Ob eine Abwasserbehandlung mit Kationen- oder Anionenaustauschern bestückt ist, hängt von der Aufgabenstellung des Reinigungszieles ab. Es werden auch Mischharze eingesetzt, um sowohl Kationen als auch Anionen aus dem Abwasser zu entfernen.

Mit der Aufnahme der Kationen oder Anionen werden die Harze beladen, bis ihre Aufnahmekapazität gesättigt ist, danach müssen die Harze regeneriert werden. Beim Vorgang des Regenerierens werden Regenerierungsmittel eingesetzt (z. B. 3–10 % Salzsäure für Kationenharze oder Natronlauge für Anionenharze), die an das Harz gebundene Anionen (Abwasserinhaltsstoffe) freisetzen und über das Eluat (konzentrierte Lösung mit den Kationen oder Anionen) aus der Ionentauschersäule ausschleppen. Daher bestehen die Anlagen meist aus mehreren Säulen, wobei jeweils mindestens eine Säule beladen wird (abwasserdurchströmt) und eine Säule regeneriert wird (säure-/laugedurchströmt). Das Eluat, das eine angereicherte Lösung mit Kationen (z. B. Kupfer) oder Anionen (z. B. Chromat) enthält, kann weiter aufbereitet werden (z. B. durch Elektrolyse), um beispielsweise Wertstoffe zurückzugewinnen.

Ionenaustauscheranlagen erreichen geringste Restkonzentrationen im Ablauf des behandelten Abwassers, sodass sie sich für Kreislaufanlagen besonders eignen. Wichtig ist,

Tab. 4.4 Einteilung Filtermembrane nach ihrer Porengröße. (Nach [49])

Porengröße	Verfahren	Filtrationsdruck in bar	Abtrennung von
>10 µm	Filter		
>0,1 µm	Mikrofiltration	<2	Bakterien, Hefen, Partikel
2–100 nm	Ultrafiltration	1–10	Makromolekülen, Proteinen
1–2 nm	Nanofiltration	3–20	Viren, 2-wertige Ionen
<1 nm	Umkehrosmose	10–80 (120)	Salzen, kleinen organischen Molekülen

dass die Spülkreisläufe (Spülwassermengen) auf die Ionenaustauscheranlage abgestimmt sind. Bei der Wahl der Anlagen und der Harze empfiehlt es sich, Pilotversuche mit dem Betriebsabwasser durchzuführen, um etwaige Störstoffe zu erkennen [46, 16].

Stoffe und Stoffgruppen
Kationen und Anionen, Metalle, Sulfat, Chlorid, Nitrat etc.

Branchen
Metallbe- und -verarbeitung, chemische Industrie, Grundstoffindustrie etc.

4.12 Membrantechnik

Die Membrantechnik ist ein physikalisches Trennverfahren zur Abtrennung von Abwasserinhaltsstoffen sehr unterschiedlicher Größen und einer weiten chemischen Bandbreite. Sie zeichnet sich durch ihre universellen Einsatzmöglichkeiten in der Abwassertechnik besonders aus. Dazu gehört auch die Rückgewinnung von *Wertstoffen*. Außerdem werden die Abwasserinhaltsstoffe durch die *mechanische* Abtrennung aus der Abwasserphase in der Regel weder chemisch noch physikalisch verändert.

Sehr vereinfacht kann man die Membrantechnik als mechanische Abwasserfilterung mit einer sehr großen Bandbreite an Porengrößen und spezifischer Selektivität bezeichnen. Bei der Behandlung von Abwasser mit dieser Technik entstehen aus dem Abwasser ein Permeat und ein Retentat. Das Permeat ist jene Wasserphase, aus der gemäß der gewählten Membran mit ihren spezifischen Eigenschaften bestimmte Abwasserinhaltsstoffe abgetrennt wurden oder mit anderen Worten: Es ist das *behandelte Abwasser*. Das Retentat ist jene Wasserphase, in der die abgetrennten Abwasserinhaltsstoffe verbleiben. Das Retentat kann weiterverarbeitet werden, um die abgetrennten Wasserinhaltsstoffe (z. B. Metalle oder Säuren) einer Wiederverwertung zuzuführen. Das Permeat (gereinigtes Abwasser) kann weiterbehandelt werden, um weitere Abwasserinhaltsstoffe abzutrennen, oder als Brauchwasser einer Wiederverwertung zugeführt werden.

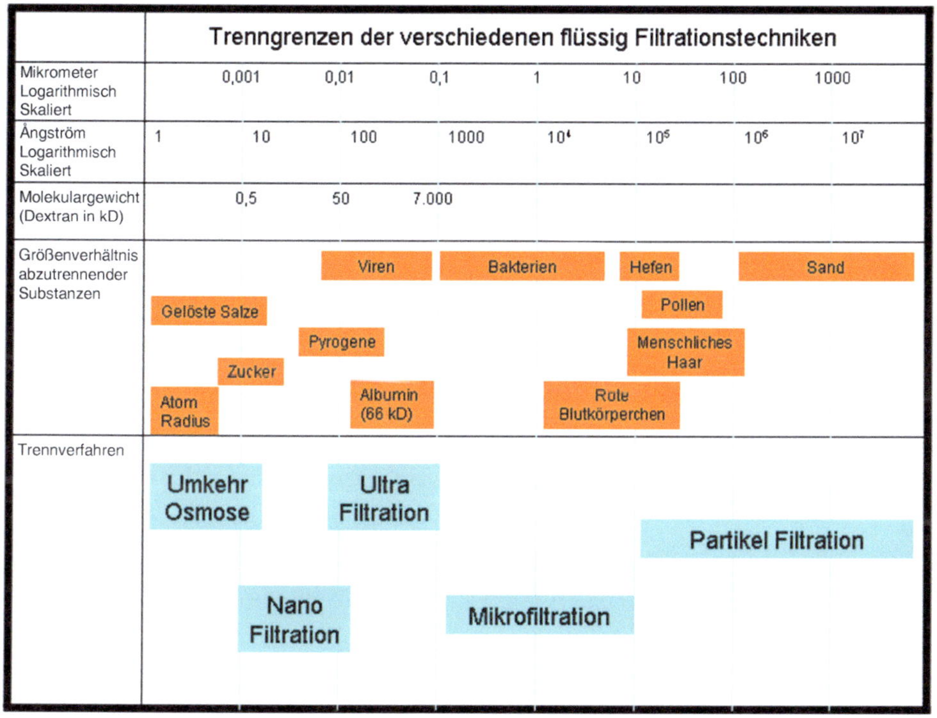

Abb. 4.15 Trenngrenzen der verschiedenen Filtrationstechniken. (Aus [49])

Membranverfahren sind druckgetriebene Prozesse, sie erfordern den Einsatz von Kraft bzw. Energie. Filtermembrane werden daher nach ihrer Porengröße in vier Arten unterteilt, wie aus der Tab. 4.4 zu entnehmen ist. Bei den vier Membranverfahren ist deutlich der Bezug von der jeweiligen Porengröße zum Filtrationsdruck zu erkennen. Umkehrosmose und Nanofiltration weisen deutlich höhere Filtrationsdrücke aus, was sich im Energieverbrauch niederschlägt.

Die Membrantechnik erlaubt mit ihren abgestuften Porengrößen (s. Abb. 4.15) in einzelnen Verfahren bei der Abwasserbehandlung eine Fraktionierung der Abwasserinhaltsstoffe, was sich bei einer Wiederverwertung dieser Stoffe positiv bemerkbar macht. Die einzelnen Verfahren werden oft in Kombination miteinander oder in Verbindung mit anderen Verfahren (z. B. biologische Behandlung, Flockung) in der Abwasserbehandlung eingesetzt [18, 48, 49].

Bei der Auswahl von Membranverfahren in der Abwasserbehandlung sollte immer eine ganzheitliche Betrachtung der betrieblichen Abwasserverhältnisse berücksichtigt werden. Dies betrifft insbesondere den Chemismus des Abwassers und seine biologische Aktivität, um etwaige Störungen, z. B. Fouling (Verkeimung durch Mikroorganismen) oder Scaling (Ausfällung von Wasserinhaltsstoffen), zu erkennen, zu bewerten, zu beseitigen und durch vorbeugende Maßnahmen (z. B. Spülungen) zu verhindern. Die richtige Auswahl der Membrane für eine effiziente Abwasserbehandlung hängt von einer Reihe von Faktoren ab, wie z. B.

Tab. 4.5 Typische Kennzeichen der Mikrofiltration. (Aus [48])

Betriebsart	Crossflow- und Dead-End-Betrieb
Betriebsdruck	0,1–3 bar
Trennmechanismus	Siebung ggf. deckschichtkontrolliert
Trenngrenze	Feststoffe >0,1 µm
Membrantypen	Überwiegend symmetrische Polymere oder Keramik
Modultypen	Wickel-, Hohlfaser- und Rohrmodule, Platten- und Kissenmodule

- den Abwassereigenschaften (Abwasserinhaltsstoffe, pH-Wert, aggressive Inhaltsstoffe usw.),
- der Zielsetzung der Abwasserbehandlung (Qualität, die erreicht werden muss).

Wichtige Eigenschaften von Membranen sind z. B.
- Werkstoffe (synthetische organische Polymembrane oder anorganische Membrane aus Keramik, Glas, Aluminium usw.),
- Membranform (rohrförmig oder flach),
- Modulform (Rohrform, Kapillarform, Hohlfaserform (rohrförmig) oder Wickelform, Kissenform, Plattenform, Scheiben – Rohrmodul (flach)).

Pilotversuche unter Betriebsbedingungen mit ausreichenden Versuchszeiten können hier sehr hilfreich sein bei der Suche nach den richtigen Modulen bzw. der Wahl des Membranverfahrens. In den folgenden Abschnitten werden die einzelnen Verfahren der Membrantechnik vorgestellt.

4.12.1 Mikrofiltration

Stoffe und Stoffgruppen
Feststoffe >0,1 µm. Durch den Ausbau einer Deckschicht, die sich aus abgefilterten Abwasserinhaltsstoffen bildet, können auch kleinere Partikel (<0,1 µm) herausgefiltert werden (deckschichtkontrolliert). Die Stoffpalette umfasst eine sehr große Anzahl von anorganischen (z. B Sand, Keramikteile) und organischen Stoffen (Plastik, Naturstoffe usw.) – vgl. Tab. 4.5.

Branchen
Die Mikrofiltration findet bei Industrieabwässern eine branchenübergreifende Anwendung. Mikrofilter werden sowohl als Vorfilter für nachfolgende Membranfilter (z. B. Nanofilter) als auch als singuläre Filtration eingesetzt.

Chemie, Pharmaindustrie, Metallver- und -bearbeitung, Keramik, Lebensmittelindustrie usw.

Tab. 4.6 Typische Kennzeichen der Ultrafiltration. (Aus [48])

Betriebsart	Crossflow- u. Dead-End-Betrieb
Betriebsdruck	0,5–10 bar
Trennmechanismus	Siebung ggf. deckschichtkontrolliert Kolloide, gelöste Stoffe Feststoffe >0,005 µm
Trenngrenze	Asymmetrische Polymer-, Komposit- oder Keramikmembranen
Membrantypen	Wickel-, Hohlfaser- und Rohrmodule
Modultypen	Platten- und Kissenmodule

4.12.2 Ultrafiltration

Stoffe und Stoffgruppen
Kolloide, Belebtschlamm, Ölemulsionen, Lacke (s. Tab. 4.6)

Branchen
Im Industrieabwasser ubiquitäre Einsatzmöglichkeiten sowohl als singuläre Stufe für Standzeitverlängerungen von Prozessbädern als auch vielseitige Kombinationsmöglichkeiten mit anderen Verfahren, so z. B. mit biologischen Behandlungsstufen oder Flockungsanlagen.

Chemie, Pharmaindustrie, Metallver- und -bearbeitung, Keramik, Lebensmittelindustrie usw., Papierindustrie etc.

4.12.3 Nanofiltration

Stoffe und Stoffgruppen
Mehrwertige Ionen (z. B. Cu, Cd, Cr, SO_4), Vielzahl organischer Stoffe nieder- als auch höhermolekulare Stoffe (s. Tab. 4.7).

Branchen
Im Industrieabwasser sind die Einsatzmöglichkeiten fast ubiquitär sowohl als singuläre Stufe für Standzeitverlängerungen von Prozessbädern als auch vielseitige Kombinationsmöglichkeiten mit anderen Verfahren, wie z. B. als Vorstufe für Umkehrosmose, zur Entfärbung von Abwässern.

Textilindustrie, Zellstoffindustrie, Chemie, Pharmazie, Entsalzungsanlagen.

Tab. 4.7 Typische Kennzeichen der Nanofiltration. (Aus [48])

Betriebsart	Crossflow
Betriebsdruck	2–40 bar
Trennmechanismus	Löslichkeit/Diffusion/Ladung (Ionenselektivität)
Trenngrenze	Gelöste Stoffe: 200–20.000 Dalton (numerisches Äquivalent zum Molekulargewicht (MW) in g/mol)
Membrantypen	Asymmetrische Polymere oder Kompositmembrane
Modultypen	Wickel-, Rohr-, Kissenmodule

4.12.4 Umkehrosmose

Stoffe und Stoffgruppen
Salze (z. B. NaCl), Abwasserinhaltsstoffe (anorganische und organische Stoffe) mit Molekulargewicht <200 g/mol (s. Tab. 4.8).

Branchen
Im Industrieabwasser sind die Einsatzmöglichkeiten fast ubiquitär sowohl als singuläre Stufe für Standzeitverlängerungen von Prozessbädern als auch vielseitige Kombinationsmöglichkeiten mit anderen Membranverfahren (z. B. Ultrafiltration).

Chemie, Pharmazie, Minenindustrie, Textilindustrie, Deponiesickerwässer

4.13 Neutralisation und Neutralisationsanlagen

Viele Industrieabwässer sind sauer oder alkalisch und werden daher einer Neutralisation unterworfen, um ihre weitere Behandlung (z. B. biologische Reinigung) oder Einleitung in eine kommunale Kläranlage bzw. in ein Gewässer zu ermöglichen. Man unterscheidet zwischen Durchlaufneutralisationsanlagen und Standbehandlungsanlagen.

Sauren Abwässern werden alkalische Neutralisationsmittel, z. B.

- Natronlauge,
- Kalkmilch,
- Soda,

zudosiert, um den pH-Wert anzuheben. Alkalischen Abwässern werden Mineralsäuren, wie, z. B.

- Salzsäure,
- Schwefelsäure,

Tab. 4.8 Typische Kennzeichen der Umkehrosmose. (Aus [48])

Betriebsart	Crossflow
Betriebsdruck	5–70 bar, in Sonderfällen bis 120 bar
Trennmechanismus	Löslichkeit/Diffusion
Trenngrenze	Gelöste Stoffe: <200 Dalton (numerisches Äquivalent zum Molekulargewicht (MW) in g/mol)
Membrantypen	Asymmetrische Polymere oder Kompositmembrane
Modultypen	Wickel-, Rohr-, Kissenmodule, Scheibenrohrmodule

zudosiert, um den pH-Wert abzusenken. Zur Vermeidung einer Aufsalzung des Abwassers wird Kohlensäure (z. B. Rauchgas) zur Neutralisation verwendet.

Bei einer Neutralisation wird versucht einen bestimmten pH-Wert oder pH-Wertbereich einzustellen. Dies hängt von der nachfolgenden Weiterbehandlung des Abwassers ab.

Wichtige Faktoren bei der Abwasserneutralisation sind:

- Betriebsverhältnisse,
- Abwassermengen,
- Abwasserzusammensetzung.

Mittels innerbetrieblicher Maßnahmen können durch Pufferbecken saure und alkalische Abwässer vorneutralisiert werden, um bei der nachfolgenden Neutralisation Chemikalien einzusparen.

Reine Neutralisationsanlagen bestehen aus einem Reaktor, Rührer und der zugehörigen Mess- und Regeltechnik.

Außer der reinen Neutralisation (Einstellung eines bestimmten pH-Wertes) von Abwässern nimmt die Fällungsneutralisation eine wichtige Stellung in der Abwasserbehandlung ein. Hierbei werden den jeweiligen Fällungsreaktionen (z. B. Metallhydroxide oder CaF) gemäß bestimmte Fällungsbereiche eingestellt, in denen die einzelnen Fällungsprodukte ausfallen und damit aus der Abwasserphase oft mithilfe eines Flockungshilfsmittels abgetrennt werden [18, 50] (s. Beispiel Neutralisationsanlage).

Beispiel für Neutralisationsanlage [53]

Die Heidelberger Brauerei nutzt eine Neutralisationsanlage von ProMinent (Abb. 4.16) für die letzte Stufe ihrer Abwasserbehandlung. Die Anlage reguliert den pH-Wert, sodass die Abwässer in die kommunalen Kanäle abgeleitet werden können. Das vollautomatische Messen und Dosieren erleichtert die Neutralisation.

Die reine Mischung aus Wasser, Hopfen und Gerste ist deutschen Bierbrauern heilig. Doch zum Bierbrauen gehört mehr als die Auswahl der richtigen Zutaten. Auch die Entsorgung der Abwässer, die in der Produktion anfallen, müssen Bierbrauer bedenken. Die Heidelberger Brauerei hat dafür eine vollautomatisierte Neutralisationsanlage für die letzte Stufe der Abwasserbehandlung installiert.

Abb. 4.16 Brauerei mit Neutralisationsanlage

Abwässer werden vor Abgabe in den Kanal neutralisiert

Damit die Abwässer der Heidelberger Brauerei in die kommunalen Kanäle abgeleitet werden können, muss ihr pH-Wert zwischen 6,5 und 9,5 betragen. Das schreibt die öffentliche Abwasserbeseitigung der Stadt Heidelberg vor. Die pH-Werte schwanken jedoch zwischen 1 und 12, weil die Abwässer aus unterschiedlichen Prozessen stammen. Die Regeneration der Brauwasseraufbereitung hinterlässt ein salzsaures Abwasser. Während des Cleaning in Place (CIP) werden eine zweiprozentige Natronlauge mit Additiven und saures Reinigungsmittel eingesetzt, um Sudgefäße, Gär- und Hefetanks sowie Rohrleitungen und eine Filteranlage im Wechsel zu säubern. Bei der Regeneration und bei CIP entstehen die größten Abwässermengen, zusätzlich fließt das Ausschubwasser der Produktion hinzu. „Wir haben daher eine leistungsstarke Anlage gewählt, die den pH-Wert der Abwässer präzise regelt – und auf die wir uns hundertprozentig verlassen können", erklärt Lutz Wirsching, Produktionsleiter der Heidelberger Brauerei.

Die drei Abwässer gelangen gesammelt zur Neutralisationsanlage, die die pH-Werte stabilisiert. Um einen sauren pH-Wert anzuheben, dosiert die Anlage 15-prozentige Natronlauge hinzu. Bei einem basischen pH-Wert gibt die Anlage 54-prozentige Salpetersäure in das Abwasser.

Automatische, exakte Dosierung durch Messungen

Um die Dosierung zu bestimmen, wird in der homogenen Vermischungszone des Neutralisationsbehälters der pH-Wert gemessen. Dieser wird anschließend an einen Controller mit PID-Regelfunktionalität übermittelt. Je nach Messwert geben die Membrandosierpumpe delta® mit dem Magnetantrieb optoDrive und die Magnetdosierpumpen Beta® automatisch die nötige Menge des Neutralisationsreagenz in das Abwasser. So wird der pH-Wert zwischen 6,8 und 9,2 gehalten.

Um eine größtmögliche Sicherheit zu gewährleisten, erfolgt am Ablaufrohr des Neutralisationsbehälters eine zweite pH-Kontrollmessung und auch die Temperatur wird geprüft. Um den pH-Wert zu messen und zu kontrollieren, wird eine Elektrode des Typs PHEX 112 SE eingesetzt. Sie erfasst pH-Werte zwischen 1 und 12 und das bis zu einer Temperatur von 100 °C und einem maximalen Druck von 6 Bar. Die Temperatur nimmt ein Pt-100-Temperaturfühler auf. Beide sind an dasselbe Messgerät angeschlossen, um die Bedingungen besser kontrollieren zu können. Denn je nach Wassertemperatur verändert sich der pH-Wert. Bei hoher Temperatur fällt er, bei niedrigen Graden steigt er.

All diese Werte und Betriebszustände können in einer zentralen Leitwarte abgelesen werden. „Die vollautomatische und präzise Kontrolle des pH-Werts erleichtert die Arbeit sehr", sagt Wirsching. „Schließlich soll bei uns das Brauen im Fokus stehen und nicht die Entsorgung der Abwässer." Zehn Jahre nutzt Heidelberger schon die Neutralisationsanlage von ProMinent – und diese hat sich bewährt. Der Diplom-Braumeister betont abschließend: „Die pH-Werte liegen seitdem innerhalb der vorgeschriebenen Grenzen, Abwässer können wir unbedenklich ableiten." Mit freundl. Genehmigung: ProMinent GmbH

4.14 Oxidationsverfahren

Die chemische Oxidation von Abwasserinhaltsstoffen wird in der Abwasserbehandlung vielfach für die gezielte Oxidation von Cyaniden und Nitriten in Abwasserteilströmen eingesetzt und, um diese Teilströme in weiteren Abwasserstufen behandeln zu können. Außerdem findet die Oxidation Anwendung, um in Prozesswässern (Kreislaufwässer) die Keimzahl zu reduzieren. Dies ist beispielsweise nötig, um Gerüche zu unterbinden.

4.14.1 Cyanidoxidation

„Cyanide sind giftig und haben ein hohes *Gefährdungspotenzial.* Nach Möglichkeit sollte in erster Priorität geprüft werden, ob cyanidhaltige Chemikalien nicht durch eine *Verfahrensänderung* substituiert werden können oder ob sich zumindest die Mengen durch *Kreislaufführung*, z. B. durch *Eindampfen* der cyanidhaltigen Spülwässer und Rückführung der Wirkstoffe, reduzieren lassen. Bei kleinen Konzentratmengen ist eine Entsorgung kostengünstiger als eine zusätzliche Abwasserbehandlungsstufe.

Sind im Abwasser jedoch Cyanide enthalten, müssen sie zuverlässig durch Oxidation entfernt werden. Hierzu stehen die folgenden Verfahren zur Verfügung:

- Cyanidoxidation mit *Wasserstoffperoxid und UV-Strahlung*,
- Cyanidoxidation mit *Natriumhypochlorit*,
- *Anodische Oxidation* cyanidischer Spülwässer.

> Die Cyanidentgiftung mittels Wasserstoffperoxid in Kombination mit UV-Strahlung ist das deutlich umweltfreundlichere Behandlungsverfahren.

Gegenüber der klassischen Behandlung mit Natriumhypochlorit wird die *Salzfracht im Abwasser deutlich reduziert* und es tritt eine *deutlich verringerte AOX-Bildung* auf. Das Verfahren ist jedoch technisch anspruchsvoller und verlangt eine gute Abstimmung auf die im Abwasser enthaltenen Schadstoffe. Die Abwassergrenzwerte (0,2 mg/l) werden sicher eingehalten. Schwer oxidierbare cyanidhaltige Feststoffe können den Cyanidgehalt im Schlamm erhöhen. Insbesondere kupferhaltige cyanidische Spülwässer sollten per anodischer Oxidation zwecks Zerstörung der Cyanide bei gleichzeitiger Metallrückgewinnung behandelt werden. Mit wirtschaftlich vertretbarem Energiebedarf (Strom) kann der Cyanidgehalt auf $< 0{,}1$ mg/l reduziert werden. Durch die Metallrückgewinnung wird gleichzeitig das Abfallaufkommen (Schlamm) reduziert“ [nach 51].

4.14.2 Verfahren zur Nitritoxidation

„Nitrit kann entweder zu Nitrat oxidiert oder zu Stickstoff reduziert werden. Beide Verfahren werden im schwachsauren Bereich (um pH 4) durchgeführt.

- *Nitritoxidation* mit Wasserstoffperoxid (H_2O_2),
- *Nitritreduktion*, z. B. mit Amidosulfonsäure oder Hydrogensulfit.

Beide Verfahrensvarianten weisen verfahrensspezifische Vor- bzw. Nachteile auf. Bei der Oxidation mittels Wasserstoffperoxid muss mit der Bildung giftiger *nitroser Gase* gerechnet werden. Hier ist eine Absaugung erforderlich“ [nach 51].

4.14.3 Oxidation zur Desinfektion

Mehrfachgenutzte Kreislaufwässer können auch trotz einer Abwasserbehandlung eine mikrobiologische Aktivität entwickeln, die z. B. Geruchsprobleme hervorrufen kann. Dem kann mit der Oxidation entgegengewirkt werden. Im Einzelnen können folgende Stoffe bzw. Verfahren genannt werden:

- Chlordioxid,
- Chlor,
- Ozon,
- Wasserstoffperoxid,
- UV-Strahlen.

4.15 Siebung

Die Siebung von Abwasser beinhaltet die Trennung einer festen Phase von Abwasserinhaltsstoffen (z. B. Kunststoffteile, Federn) von der flüssigen Abwasserphase. Für Siebanlagen sind die Sieböffnungen, Art der Siebkörper und Aufbau der Siebflächen wichtige Kenngrößen.

Art der Siebkörper (vgl. [54]):

- Bogensiebe,
- Trommelsiebe,
- Siebbänder,
- Siebscheiden,
- Rotationssiebe.

Einteilung nach Sieböffnungen:

- Grobsiebe,
- Feinsiebe,
- Mikrosiebe.

Ihre Aufgabe besteht in der Abscheidung von festen Grob- und Feinststoffen bzw. in der Reduzierung von absetzbaren Stoffen. Oft sind sie anderen Reinigungsstufen (z. B. biologischer Stufe oder Membrananlage) vorgeschaltet. Die Siebung ist bei vielen Abwasserarten ein effektives Instrument, um bestimmte Fraktionen der Abwasserinhaltsstoffe von der Wasserphase abzutrennen. So konnte mit einem Scheibenfilter eine einfache und kostengünstige Methode zur Phosphorentfernung gefunden werden [56].

4.16 Strippung

Die Strippung findet als physikalisches Verfahren Anwendung in der Abwassertechnik für Abwasserinhaltsstoffe, die durch Desorptionsvorgänge aus der Wasserphase in die Gasphase überführt werden können. Im Gegenstromverfahren wird hierzu das Abwasser mit einem Gas (z. B. Luft) in Kontakt gebracht, um es aus der Wasserphase in der Gasphase abzuscheiden [16].

Gängig sind Füllkörperkolonnen. Die Füllkörper, über die das Abwasser fließt, bedingen eine Vergrößerung der Phasengrenzflächen, womit eine höhere Reinigungsleistung erreicht wird. Oft passiert das Abwasser mehrere hintereinander geschaltete Stripptürme, bis die erforderliche Reinigungsleistung erreicht wird.

In der Abwasserreinigung findet die Strippung Anwendung für Stoffe, wie z. B.:

- Ammoniak,
- chlorierte Kohlenwasserstoffe,
- Mercaptane,
- Phenole,
- Schwefelwasserstoff.

Beispiel: Strippung für Ammoniakrückgewinnung [35]

Dampfstripper mit integriertem Verstärkungsseil

Die Vorteile

Die entscheidenden Vorzüge unserer Systeme fassen sich wie folgt zusammen:

- Komplettlösungen in ausgereifter und kompakter Technik
- Projektierung und Realisierung aus einer Hand
- Niedriger gasseitiger Druckverlust, geringer Energiebedarf und hohe Effektivität
- Flexibles Lastverhalten und geringe Teillastempfindlichkeit
- Besondere Eignung für hochbelastete Abwässer und Abgase
- Verschmutzungsunempfindliche und praxisbewährte Ausführung
- Einsatz extrem korrosions- und verschleißarmer Materialien
- Minimaler Bedienungs- und Wartungsaufwand
- Vollautomatischer Anlagenbetrieb
- Gesicherte Verwertung der Prozessprodukte

Luftstrippung zur Behandlung von Zentratwasser auf einer Kläranlage

Dampf- und Luftstrippung
zur Rückgewinnung von Ammoniak

Problemstellung – Problemlösung

Abwässer aus Klär- und Biogasanlagen sind zum Teil hoch belastet mit Ammonium-Stickstoff. Das Strippen mit Luft oder Dampf zählt zu den bekannten und sicheren Verfahren, ammoniakhaltiges Abwasser aufzuarbeiten. Hohe Feststoffbeladung und korrosive Verunreinigungen stellen dabei hohe Anforderungen an eine moderne Wertstoffrückgewinnung.

Unsere Anlagen stellen wirtschaftliche und ausgereifte Problemlösungen dar. Der Lieferumfang erstreckt sich von der Dosierung und Eindüsung bis zur fachgerechten Lagerung von Ammoniakwasser.

Unsere Erfahrung zeigt sich besonders in der Realisierung komplexer Strippanlagen zur Ammoniakrückgewinnung einschließlich Vorbehandlung.

Von der Projektierung bis zur Inbetriebnahme bieten wir alles aus einer Hand.

Das Verfahren

Vorbehandlung

Ammoniak lässt sich nur im alkalischen Milieu strippen. Durch Zugabe von Natronlauge oder Kalkmilch wird deshalb der pH-Wert angehoben und das Ammoniak freigesetzt.

Die Verwendung von Natronlauge stellt geringere apparative Anforderungen und führt zu einem wartungsfreien Anlagenbetrieb. Nachteilig wirken sich hingegen die höheren Betriebsmittelkosten aus.

Kalkmilch ist die preisgünstigere Lauge. Der Alkalisierungsprozess ist jedoch langsam und apparativ aufwendig. Die pH-Wert-Anhebung wird mehrstufig in Rührbehältern durchgeführt. Gleichzeitig erfolgt eine Fällung der unlöslichen organischen Bestandteile sowie Karbonat, Phosphat und Sulfat.

Die Feststoffe werden durch den Prozess geführt oder in einem, der Alkalisierung nachgeschalteten Sedimentationsbecken abgetrennt.

Anlage zur Alkalisierung von Rohwasser mit Kalkmilch

Absorption von Ammoniak aus Abgasen

Entfernung und Verwertung von Ammoniak aus Flüssigkeiten und Gasen

Neben der Entfernung aus Abwässern bieten wir auch reine Wäschersysteme zur Abscheidung von Ammoniak aus Abluftströmen an. Der basische Gasbestandteil wird in einer chemischen Wäsche mit verdünnter Schwefelsäure abgeschieden und als Flüssigdünger wiederverwertet. Die Ausschleusung der konzentrierten Salzlösung erfolgt in Abhängigkeit der Dichte.

Je nach Anwendungsfall ist dem Füllkörperwäscher eine Quenchstufe vorgeschaltet, in der das Gas durch Verdampfen von Wasser im direkten Wärmetausch auf Sättigungstemperatur abgekühlt wird.

Bei hohen Ammoniakkonzentrationen im Rohgas ist die Kreislaufleitung zusätzlich mit einem Wärmetauscher ausgestattet, mit dessen Hilfe auftretende Absorptionswärme aus dem System abgeführt wird.

Unser Anspruch

Auf komplexe Anforderungen antworten wir mit kompletten, ausgereiften und praxiserprobten Lösungen. Wir haben umfangreiche Erfahrungen in der gezielten Behandlung hochbelasteter Medien.

Automatische Spülzyklen verhindern Verkrustungen und ermöglichen einen wartungsarmen Betrieb. Dies spiegelt sich in der hohen Verfügbarkeit unserer Anlagen wider.

Hauptaugenmerk gilt stets der gezielten Wertstoffrückgewinnung. Wir stellen die Verwertung und den Wiedereinsatz der Prozessprodukte sicher. Unsere Systeme arbeiten reststofffrei.

Für die Erstellung eines Angebotes benötigen wir von Ihnen folgende Angaben:

Dampf-/Luftstrippanlage

- Abwassermenge
- Temperatur
- pH-Wert
- Inhaltsstoffe
- Ammoniakgehalt
- Gewünschte Ablaufwerte
- Gewünschtes Endprodukt
- Hilfsenergie
- Besondere Anforderungen

Ammoniak-Wäscher

- Abgasmenge
- Wassergehalt
- Zusammensetzung/ Inhaltsstoffe
- Temperatur
- Druck
- Gewünschte Reingaskonzentration
- Besondere Anforderungen

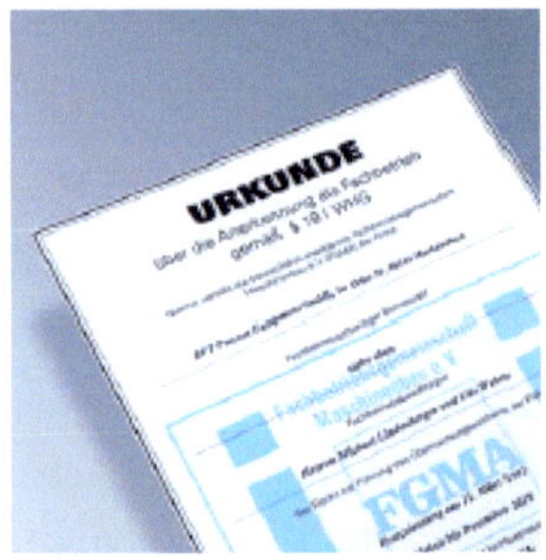

Wir sind zugelassener Fachbetrieb nach §19 des Wasserhaushaltsgesetzes (WHG).

Seit September 1996 sind wir nach ISO 9001 zertifiziert.

Ammoniakstrippung

Der eigentliche Trennprozess erfolgt in Füllkörper- oder Packungskolonnen.

Das Rohwasser wird von oben nach unten durch die Kolonne geführt.

Im Gegenstrom dazu durchströmt als Trägermedium Luft oder Dampf den Apparat und treibt das Ammoniak aus der Flüssigphase. Die beladenen Brüden werden über Kopf abgezogen und das Reinwasser im Kolonnensumpf gesammelt.

Wesentliche Einflussparameter für die Wahl des geeigneten Trägergases und Verfahrenskonzeptes sind:

- lokale Randbedingungen
- Abwassertemperatur
- Ammoniakgehalt im Rohwasser
- zur Verfügung stehende Hilfsenergien
- Verwertungsmöglichkeit der Prozessprodukte

Das Strippen mit Dampf zeichnet sich durch hohe Wirkungsgrade aus. Die Luftstrippung ist das kostengünstigere Verfahren und bietet sich vor allem dann an, wenn kein betriebseigenes Dampf- und Kühlwassernetz zur Verfügung steht.

Brüdenbehandlung

Alternative Möglichkeiten zur Behandlung der Brüden sind die Rückgewinnung von Ammoniakwasser, die saure Wäsche und die Verbrennung.

Beim Strippen mit Dampf können die ammoniakhaltigen Brüden in einer nachgeschalteten Destillationsanlage angereichert werden. Das Verfahren ist energieintensiv, arbeitet aber reststofffrei. Als Wertprodukt wird Ammoniakwasser (bis ca. 20% NH_3) erzeugt. Die Reinheit des Kondensates erlaubt den Wiedereinsatz z. B. in Denox-Anlagen.

Bei der Luftstrippung kann die ammoniakhaltige Luft thermisch verwertet oder in einer sauren Wäsche weiterbehandelt werden.

Bei der sauren Wäsche wird das Ammoniak vorzugsweise mit Schwefelsäure absorbiert. Als Produkt erhält man eine konzentrierte Salzlösung, die z.B. als Flüssigdünger Verwendung findet.

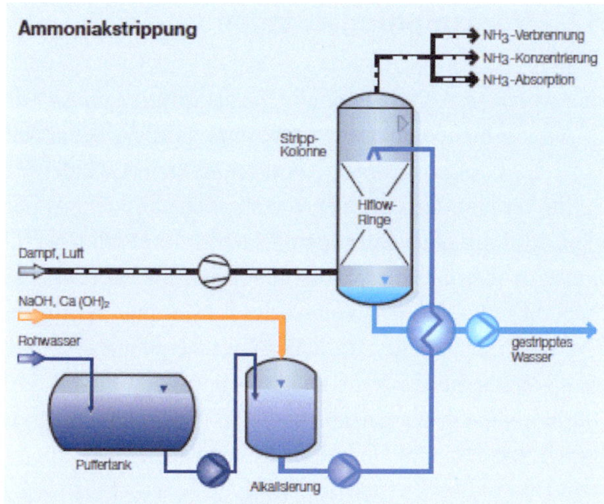

Ammoniak-Rückgewinnung durch Luftstrippung und saure Wäsche

4.17 Verdampfungsanlagen

In der Abwassertechnik kann die Verdampfung von Abwässern durch die technischen Entwicklungen mehr und mehr eingesetzt werden, besonders bei der Vakuumverdampfung konnte der Energieverbrauch deutlich reduziert werden.

„Ein Verdampfer ist in der Verfahrenstechnik ein Apparat zur Umwandlung einer Flüssigkeit in ihren dampfförmigen Zustand. Industriell werden eine Vielzahl (Dampfkessel, Dünnschichtverdampfer, Koaxialverdampfer etc.) von Verdampferarten eingesetzt. Zur Verdampfung der Flüssigkeit ist die Zuführung thermischer Energie erforderlich.

Verdampfer bestehen deshalb in der Regel aus einer Oberfläche, durch die Wärme von einem Heizmedium auf die zu verdampfende Flüssigkeit übertragen wird. Bei Direktverdampfern kann im Gegensatz dazu das Heizmedium direkt mit der Flüssigkeit in Kontakt gebracht werden. Das Heizmedium kann aus einer heißen Flüssigkeit, die gekühlt oder aus einem Dampf, der kondensiert wird, bestehen“ [55].

Verdampferanlagen bieten bei den Einsatzmöglichkeiten in Bezug auf die Abwasserzusammensetzung ein sehr weites Spektrum für Industrieabwässer. Ihre Wirtschaftlichkeit steigt mit der Anwendung effizienter innerbetrieblicher Wassersparmaßnahmen. „Die beiden Verfahren, Verdampfen und Verdunsten, dienen der Rückgewinnung von Prozesslösungen aus Spülwässern. Es ist deshalb unerlässlich eine Spültechnik einzusetzen, die ein Minimum an Spülwasser benötigt und ein Maximum der Konzentration der im Spülwasser verschleppten Badbestandteile bewirkt“ [16].

Beispiel: effektive Vakuumanlage (aus [58])

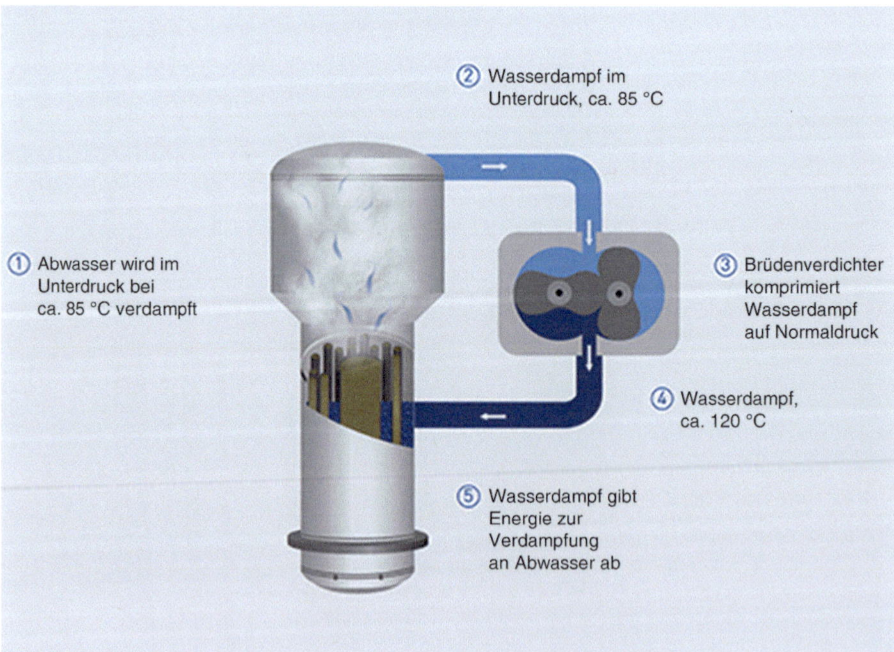

Dank Energierecycling sind VACUDEST Vakuumverdampfer hinsichtlich Optimierung der Energieeffizienz und Einsparung von Betriebskosten führend.

Energierecycling im Vakuumverdampfer sorgt für Kosteneffizienz

Energie ist ein teurer Produktionsfaktor. Um Energie zu sparen, setzen wir seit 1986 auf das energieeffiziente Verfahren der direkten Brüdenverdichtung. Das Industrieabwasser wird im Vakuumverdampfer unter leichtem Unterdruck verdampft. Dadurch sinkt die Siedetemperatur des Wassers. Der entstehende Wasserdampf wird im Brüdenverdichter, auch Vakuumpumpe genannt, auf Normaldruck verdichtet und dabei erhitzt. Die Energie des Wasserdampfes wird zurückgeführt, um das Abwasser zu verdampfen. Aufgrund des Energierecyclings wird keine zusätzliche Verdampfungsenergie mehr benötigt. Der Motor des Brüdenverdichters ist der einzige Energieverbraucher im Vakuumverdampfer. Damit hat die VACUDEST Vakuumverdampfung eine Energieeffizienz von bis zu 95 %.

Im Fokus: Energieeffizienz

Die Verbesserung der Energieeffizienz ist ein wichtiges Ziel bei der Weiterentwicklung unserer VACUDEST Vakuumverdampfer. So sorgen wir für optimalen Wärmeübergang des Dampfes auf das Abwasser. Dafür haben wir den hydrodynamisch optimierten Activepowerclean Wärmetauscher entwickelt. Die Restwärme im Destillat wird ebenfalls optimal genutzt, um das zulaufende Industrieabwasser vorzuwärmen. So ist es uns gelungen, den durchschnittlichen Energieverbrauch unserer VACUDEST Vakuumverdampfer in den letzten zehn Jahren um 28 % zu reduzieren. Damit stehen unsere fortschrittlichen VACUDEST Vakuumverdampfer für höchste Energieeffizienz und niedrigste Betriebskosten.

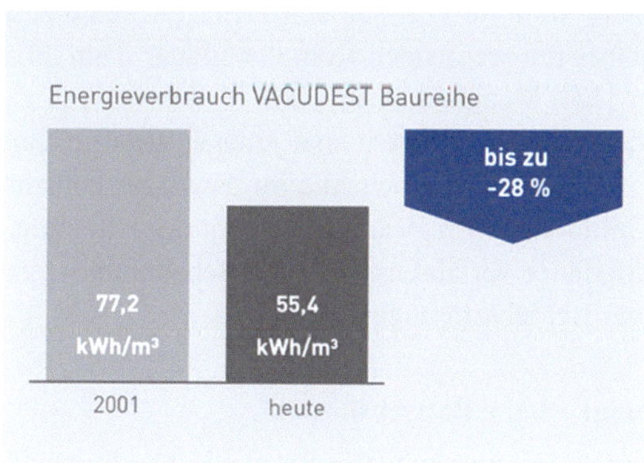

Machen Sie Ihre Produktion abwasserfrei [58].

Beispiel: Komplexe und Schwermetalle sicher destillieren [58]

Kein Galvanikbetrieb kümmert sich gerne um das Thema *Abwasser*. Doch was passiert, wenn ein Behördenvertreter unangekündigt eine Abwasserprobe nimmt und darin eine deutliche Überschreitung des Nickelgrenzwertes feststellt? Ein Horrorszenario, das viel Ärger, Arbeit und auch Geld kostet.

Deshalb punktet das VACUDEST Vakuumdestillationssystem vor allem mit höchster Betriebssicherheit. Dank des physikalischen Verdampfungsprozesses werden Schwermetalle und Komplexbildner zuverlässig aus dem Galvanikabwasser abgeschieden, sogar ohne Einsatz teurer Chemikalien. Damit hält unsere Technologie auch strengste Einleitgrenzwerte sicher ein.

Spülwässer aus Zink-Nickel-Galvaniken sicher und zuverlässig aufbereiten

Oberflächen mit Zink-Nickel-Legierungen stellen derzeit mit die besten verfügbaren Rostschutzbeschichtungen auf Stahl dar. In den Bereichen der Automobilindustrie, aber auch im Bergbau oder bei Windkraftanlagen verdrängen sie nach und nach die klassischen Verfahren, wie z. B. *alkalisches Verzinken*. Die verwendeten Elektrolyten enthalten hohe Konzentrationen an Komplexbildnern, die ein Behandeln des Prozesswassers in einem chemisch-physikalischen System schwierig machen.

Eine Alternative zu kombinierten Fällungs- und Oxidationsverfahren stellt die Verdampfertechnologie dar, die Schwermetalle und Komplexbildner zuverlässig abscheidet. Damit wird die Aufbereitung der Spülwässer vereinfacht. Das aufbereitete Wasser kann in einigen Produktionsschritten wiederverwendet werden, damit wird die Produktion abwasserfrei.

Die Behandlung von Zink-Nickel-Spülwässern mit klassischer Abwassertechnik ist mit hohem Chemikalien- und Betreuungsaufwand verbunden. Enthaltene komplex gebundene Metalle sind nur schwierig aus dem Prozesswasser entfernbar. Schlichtes Ausfällen der Metalle mithilfe von Sulfiden bietet oft keine zufriedenstellenden Ergebnisse, da die dabei frei werdenden Komplexbildner dann an anderer Stelle in der Abwassertechnik wieder Metalle mobilisieren.

Zusätzlich zu den Komplexbildnern sind je nach installiertem Anolytsystem Cyanide als Abbauprodukte der Prozesschemie im Abwasser enthalten. Sowohl Cyanide als auch Komplexbildner können zwar oxidativ vor der Fällung und Flockung zerstört werden, doch macht dieser Verfahrensschritt die Behandlungstechnik aufwendiger und anfälliger gegenüber Betriebsstörungen.

Geringes Investment – hohe Betriebskosten

Die Investitionskosten für ein chemisch-physikalisches Behandlungssystem sind relativ niedrig. Betriebskosten für Chemikalien oder Betreuungsaufwand, insbesondere bei schwankenden Wasserzusammensetzungen, sind dagegen hoch. Zudem kommen vielfach Behördenauflagen für die Überwachung der gesetzlichen Einleitgrenzwerte.

Alternativ zur chemisch-physikalischen Behandlung kann das Prozesswasser auch auf thermischem Weg aufbereitet werden. Vakuumdestillation macht sich das Prinzip

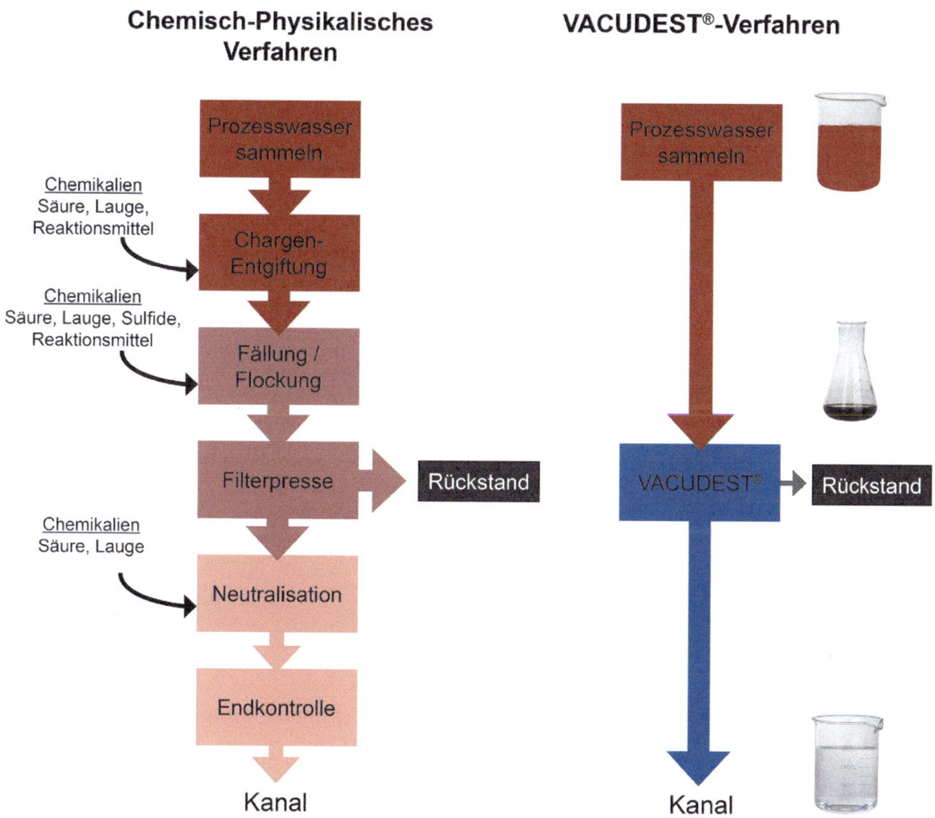

Abb. 4.17 Gegenüberstellung des chemisch-physikalischen Verfahrens mit dem VACUDEST-Verfahren

der Trennung nach Siedepunktunterschieden zunutze: Stoffe mit einem hohen Siedepunkt (wie Öle, Fette oder Metallsalze) werden beim Verdampfen von Wasser zurückgelassen – so wie in einem auf dem Herd vergessenen Teekessel Kalk und Salze zurückbleiben, wenn das komplette Wasser verdampft ist.

Ein Zink-Nickel-Spülwasser wird unter einem Prozessvakuum von ca. 650 mbar bei etwa 86 °C verdampft. Der entstehende salz- und schwermetallfreie Wasserdampf wird in einem Brüdenverdichter auf Umgebungsdruck komprimiert und dabei auf ca. 120 °C erhitzt. Dieser überhitzte Dampf wird dann verwendet, um weiteres Prozesswasser in der Anlage zu verdampfen.

Im Vergleich zu einer atmosphärischen Verdampfung werden so mehr als 95 % Energie eingespart, gegenüber Systemen mit zusätzlichem Kältekreislauf wird 60 % weniger Energie benötigt.

Das aufbereitete Wasser stellt eine Alternative zu entsalztem Stadtwasser zur Wiederverwendung im Prozess dar. Je nach Qualitätsansprüchen muss es mit geringem Aufwand (Ionentauscher zum sicheren Einhalten einer Leitfähigkeit $< 10\,\mu S/cm$) nachbehandelt werden. Selbstverständlich kann das aufbereitete Wasser alternativ auch in die öffentliche Kanalisation eingeleitet werden.

Einleitgrenzwerte trotz Komplexbildner sicher einhalten

Unangekündigt überprüft ein Behördenvertreter eine Abwasserprobe und stellt darin eine deutliche Überschreitung des Nickelgrenzwertes fest – komplex gebunden ist es „durchgerutscht". Schon sorgt ein Zahlenwert für viel Ärger und Arbeit in einem Galvanikbetrieb.

Die Prozesswassertechnik ist ein der Produktion nachgeschalteter Bereich, der ohne viel Aufwand sicher funktionieren muss. Bedingt durch das physikalische Verfahren der Verdampfung punktet die Vakuumdestillation vor allem im Bereich der Betriebssicherheit: Schwermetalle und Salze werden zuverlässig abgeschieden – es besteht kein Risiko, dass bei der Verwendung eines falschen Flockungsmittels oder bei nicht richtig eingestelltem pH-Wert giftige Schwermetalle in den Kanal gelangen und Grenzwerte überschritten werden. Wird dann auch noch mit dem Verdampfer eine Kreislaufführung realisiert, besteht kein Risiko mehr, festgesetzte Einleitwerte zu überschreiten.

Betriebskosten: Chemie oder Energie?

Egal ob chemisch-physikalisches Verfahren oder Vakuumdestillation: Jedes System erzeugt Betriebskosten. Bei Destillationssystemen ist ein Hauptfaktor für die Betriebskosten der Energieverbrauch: Viele Anlagenbetreiber haben diese Technologie als energieaufwendig im Hinterkopf – für Anlagen der älteren Generationen zu Recht. Das moderne VACUDEST-Verfahren kommt mit einem Energiebedarf zwischen 35 und 70 Wh je Liter aufbereitetem Prozesswasser aus (je nach Anlagengröße). Zwar liegen die Energiekosten damit immer noch über denen einer chemisch-physikalischen Anlage, doch liegen andere kostensparende Vorteile auf der Hand:

Keine Kosten für Eisensalze, Kalkmilch, Flockungsmittel, Spezialchemie.	**Betriebsmittelkosten sind beim Verdampfer geringer.**
Bedeutend weniger Betreuungsaufwand der Anlage (Bedienung, Analytik usw.)	**Wartungs- und Bedienaufwand ist beim Verdampfer um gut 70% geringer.**
Geringere Kosten für die Aufarbeitung von Frischwasser.	**Das Destillat des Verdampfers kann vielfach im Prozess wiederverwendet werden.**

Die Entscheidung für oder gegen ein Aufarbeitungssystem ist nicht leicht. Es gilt, sehr viele Faktoren zu betrachten und gegeneinander abzuwägen. Auch in Zeiten knapper Budgets zeigt sich, dass der Preis nicht der alles entscheidende Faktor ist. Energiekosten, Bedien- und Wartungsaufwand sowie die Unabhängigkeit von Behördengrenzwerten sind wichtige Einflussfaktoren (s. Abb. 4.17).

Abb. 4.18 Verdunstungsanlage

4.18 Verdunstung

„An der Phasengrenzfläche Wasser-Luft können in Abhängigkeit von einigen Parametern Wassermoleküle in Form von Dampf in die Luft übergehen. Geschieht dies, solange der Dampfdruck des Wassers kleiner ist als der Gesamtdruck der Luft, dann nennt man diesen Vorgang Verdunsten, ist er gleich groß, dann kommt es zur Verdampfung. Treten Wassermoleküle umgekehrt aus der Luft in das Wasser über, dann spricht man von Kondensation. Für den Übergang der Moleküle vom flüssigen in den gasförmigen Zustand benötigen sie Energie, die sie dem Wasser oder der Luft entnehmen können" [16].

In der Abwassertechnik wird mittels der Verdunstung (s. Abb. 4.18) das Wasser vom Abwasser eliminiert, was bedeutet, dass das Wasser in die Dampfphase übergeht und die meisten Abwasserinhaltsstoffe sich im Restabwasser anreichern. Eine Ausnahme bilden flüchtige Stoffe (z. B. Lösungsmittel), die ebenfalls in die Gasphase übergehen. Verdunsteranlagen in der Abwassertechnik können z. B. aus einem Rieselturm bestehen. Luft wird im Gegenstrom von unten in den Rieselturm eingeblasen und das Abwasser wird dem Turm von oben zugeführt, der Füllkörper sorgt dabei für eine große Austauschfläche, die den Übergang der Abwasserphase in die Gasphase fördert. Dieser Prozess erfordert Energie. Diese Energie kann aus dem Abwasser oder der Luft bezogen werden.

Für die wirtschaftliche Effizienz ist es von Vorteil, wenn die Luft oder das Abwasser mittels Abwärme beheizt werden kann oder das Abwasser produktionsbedingt eine ausreichende Temperatur besitzt. Verdunsteranlagen sind dann besonders energiesparend.

Beispiel: Verdunstung von Abwässern [63]

Einsatzgebiete

- abwasserfreie Abwasserbehandlung.

Problemstellung

Behandlungsbedürftige Abwässer sind, falls keine Einleitung in die Ortskanalisation möglich ist oder gewünscht wird, entsprechend den gültigen gesetzlichen Vorschriften

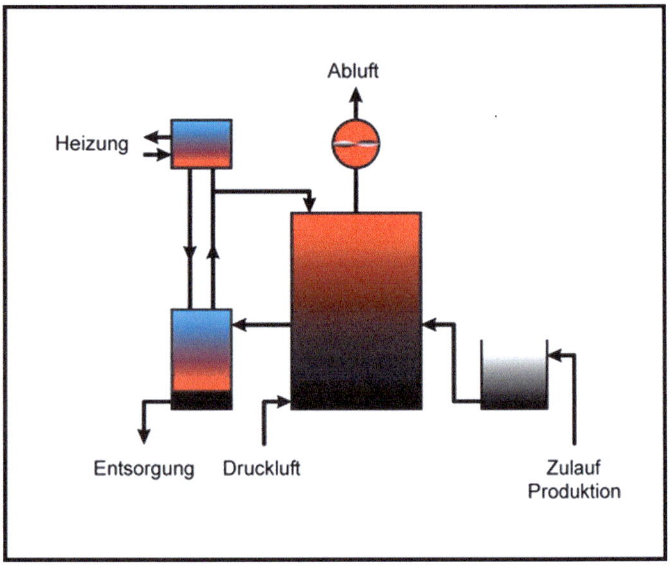

Abb. 4.19 Verfahren Verdunstungsanlage

als teurer Sondermüll zu entsorgen. Dies verursacht erhebliche Entsorgungskosten und einen nicht unerheblichen Aufwand an Bereitstellung geeigneter Transportbehälter und den dazugehörigen Schutzvorrichtungen.

Lösung

Die zu entsorgenden lösungsmittelfreien Abwässer werden in einer Verdunsteranlage der Walter Süßmuth GmbH je nach Ausgangskonzentration der gelösten Inhaltsstoffe auf max. 1/10 des ursprünglichen Volumens aufkonzentriert. Die Entsorgungskosten werden deutlich reduziert, sodass in kurzer Zeit mit einer Amortisation gerechnet werden kann.

Verfahrensbeschreibung

Die im Prozess anfallenden Abwässer werden in einem von der Walter Süßmuth GmbH entwickelten Kreislaufverfahren (s. Abb. 4.19) mit angewärmter Luft versetzt, das enthaltene Wasser verdunstet und dadurch werden die Reststoffe aufkonzentriert. Durch den Einsatz einer Mammutpumpe kann kein Verstopfen, Verklumpen oder Verkleben entstehen, d. h., die Pumpe arbeitet zuverlässig und wartungsfrei. Um eine Aufkonzentration von ca. 1/10 des ursprünglichen Volumens zu erreichen, wird das Konzentrat in separaten Speichern zusätzlich warmer Luft ausgesetzt. Somit kann Abwasser in fast jeder Zusammensetzung und Konsistenz behandelt werden.

Voraussetzungen

- Lösungsmittelfreie Abwässer, die nicht behandelt und in die Ortskanalisation abgelassen werden können,
- Anschlussmöglichkeit an das Heizungsnetz oder ein separater Heizkreislauf,

- Abluft der feuchten Luft ins Freie,
- Druckluftanschluss für die Entnahme von ca. 1–1,5 m^3/h.

Vorteile

- Geringer Platzbedarf,
- Durch den Einsatz einer Mammutpumpe kein Verstopfen, Verklumpen oder Verkleben des Schlammes,
- Wartungsfrei,
- Umweltverträglich, da nur die tatsächlichen Schadstoffe zu entsorgen sind,
- Geringere Entsorgungskosten.

4.19 Verbrennung

Die Verbrennung von Abwässern ist speziell für Abwässer mit extrem hohen Anteilen von organischen Stoffen. Bei der Verbrennung z. B. mit Luftsauerstoff werden die Abwasserinhaltsstoffe unter Verdampfung des Wassers in anorganische Verbindungen überführt, die als Verbrennungsrückstände anfallen.

Die Verbrennung von Abwasser mitsamt seinen Inhaltstoffen ist sehr energieaufwendig. Es sollte daher darauf geachtet werden, dass ein hoher Anteil an organischen Abwasserinhaltsstoffen vorhanden ist, um einen Teil der Gesamtenergie für den Verbrennungsprozess zurückzugewinnen. „Als Anhaltswert werden zur Verbrennung von einer Tonne Wasser 200 kg Heizöl benötigt. Abwässer mit Heizwerten von 8000 bis 12.000 kJ können ohne Zusatzfeuerung verbrannt werden" [60].

4.20 Flüssig-Flüssig-Extraktion

Die Flüssig-Flüssig-Extraktion ist eine Trennungsmethode, bei der die unterschiedliche Löslichkeit von Stoffen in zwei nicht miteinander mischbaren Lösungsmitteln ausgenutzt wird. Als Lösungsmittel dienen je eine hydrophile Phase (meist Wasser) – in unserer Problemstellung Abwasser – und ein hydrophobes organisches Lösungsmittel, das speziell für Abwasserinhaltsstoffe ausgewählt wird.

In der Abwasserbehandlung liegen meistens zwei Phasen vor, das Abwasser mit den Abwasserinhaltsstoffen (z. B. Kupfer oder mehreren Metallen) und das Lösemittel, das speziell für den zu entfernenden Stoff ausgewählt wird. Gemäß dem Nernst'schen Verteilungsgesetz kommt es zu einer Verteilung zwischen den beiden Phasen. Entsprechend der Größe der stoffspezifischen Gleichgewichtskonstante geht eine gewisse Menge der Substanz aus dem Abwasser in das Extraktionsmittel über und wird dann aus diesem entfernt. Dieser Prozessschritt kann durch erneute Zugabe des Extraktionsmittels mehrfach durchgeführt werden, wodurch allmählich eine Eliminierung des Stoffes im Abwasser stattfindet. Der Prozess kann solange wiederholt werden, bis eine bestimmte Grenzkonzentration des Stoffes im Abwasser erreicht ist. Der Stoff kann dann aus dem Extraktionsmittel durch weitere Verfahren konzentriert zurückgewonnen werden.

„Im technischen Ablauf der Flüssig-Flüssig-Extraktion handelt es sich um ein Solvat (oder mehrere Solvate) zu einer nicht mischbaren Flüssigkeit (Lösungsmittel). Das Solvat (z. B. Kupfer) wird in das Lösungsmittel übertragen. Das mit dem Solvat angereicherte Lösungsmittel wird Extrakt genannt und die abgereicherte Ausganslösung Raffinat. Die primäre Flüssigkeit und das Lösungsmittel werden in innigen Kontakt gebracht, damit das Solvat in das Lösungsmittel übergeht. Die beiden Flüssigkeiten (Extrakt und Raffinat) werden dann durch statisches Dekantieren im Mixed-Settler oder die Zentrifugalkraft getrennt“ [37].

Stoffe und Stoffgruppen
Metalle und viele organische Stoffe

Branchen
Metallverarbeitung, Erzaufbereitung, Chemie, Pharmazie etc.

4.21 Biochemische Mikroaktivitäten im Kreislaufwasser

„Prozesswasser im Kreislauf geführt kann bei entsprechenden Bedingungen zu Wachstum und zur Aktivität von Mikroorganismen führen. Dies wird gefördert durch den Eintrag verschiedener anorganischer und organischer Substanzen. In Verbindung mit erhöhten Wassertemperaturen entstehen optimale Wachstumsbedingungen für Mikroorganismen, deren Endotoxine sich im Wasser anreichern können. Durch das Verdüsen der Prozesswässer während der Produktion entstehen Aerosole, von denen eine erhöhte Gefahr für die Gesundheit der Mitarbeiter ausgehen“ [77].

Weiterhin kann durch die biochemische Aktivität Fouling mit seinen negativen Auswirkungen auf Leitungen, Kessel und andere Teile der Anlagen entstehen. Ebenfalls kann es zu Geruchsbildungen mit all ihren unangenehmen Folgen kommen. Es werden daher vorbeugende Maßnahmen empfohlen, um diese Gefahren zu erkennen, zu verhindern und zu kontrollieren. Da es sich bei diesen möglichen Gefahren, um sehr fachspezifische Themen handelt, wird empfohlen, sich von entsprechenden Fachfirmen und Instituten hinsichtlich geeigneter Maßnahmen zur Gefahrenabwehr beraten zu lassen.

Folgende Vorsichtsmaßnahmen sind zu beachten:

- Eigenüberwachung (z. B. Keimzahlbestimmung in Absprache mit Fachfirma) (s. Kapitel Eigenanalytik),
- präventive Maßnahmen zur Prozesswasserbehandlung,
- Fachinstitut zur Kontrolle konsultieren.

Technische Maßnahmen zur Keimreduzierung: Verfahren (siehe Behandlung von Wasserkreisläufen) zur Reduzierung der Keimzahl im Prozesswasser unterliegen dem Spannungsfeld zwischen einer ausreichenden Wirkung bezüglich der Keimreduzierung und der Anforderung an die Umweltverträglichkeit dieser Maßnahmen. Folgende Verfahren sind im Einsatz:

- Biozide,
- Wasserstoffperoxid,
- Chlor,
- Chlordioxid,
- Natriumhypochlorit,
- Ozonierung,
- UV-Strahlen.

Da der Einsatz dieser Verfahren bzw. Chemikalien sehr stark von den jeweiligen Gesamtbedingungen eines Betriebes abhängig ist, wird empfohlen sich hier von entsprechenden Fachfirmen beraten zu lassen.

Als Beispiel für ein neues Verfahren kann das nachfolgende Beispiel dienen.

Beispiel für Keimreduzierung in Wasserkreisläufen [87]

MOL Katalysatortechnik GmbH/Dr. Jürgen Koppe/15.06.2015

Behandlung von Wasserkreisläufen

In Kühlkreisläufen herrschen Temperatur- und Verweilzeitverhältnisse vor, die mikrobiologisches Wachstum begünstigen.

Ein Bakterium verdoppelt sich aller 20 min. Innerhalb von nur 44 h würden die derart gebildeten Bakterien trotz ihrer geringen Masse (1 Pikogramm) die Masse unseres gesamten Planeten Erde erreichen. Aus dem „blauen" Planeten würde ein „schleimig grünbrauner" Planet werden.

Das dem nicht so ist, liegt daran, dass dem Wachstum der Bakterien Grenzen gesetzt sind. Begrenzend wirken insbesondere: geringes Nährstoffangebot (Organik/TOC, tote Bakterien/ATP, Eisen- bzw. Manganionen), Temperaturschwankungen (ΔT), hohe Strömungsgeschwindigkeiten.

Begünstigend wirken somit: hohes Nährstoffangebot (Organik auch in Werkstoffen, bspw. in Schaumstoffkugeln, tote Bakterien, nährstoffreiches Zusatzwasser, korrosive Prozesse), geringe Temperaturschwankungen und geringe Strömungsgeschwindigkeiten (insbesondere in Ablagerungen, Kalk, Rost, ruhendes Wasser).

Unter hinreichend günstigen Bedingungen wachsen die Bakterien und ein Teil von ihnen stirbt ab, sobald die vermehrungsseitigen Möglichkeiten des Kühlsystems – die sogenannte Kapazität – limitierend wirken. Die abgestorbenen Bakterien dienen einerseits als Basis für den Aufbau von Biofilmen und andererseits als willkommene Nahrung für ihre Artgenossen, da sie über identische „Baugruppen" verfügen.

Hat sich nun erst einmal ein Biofilm gebildet, dann wirkt dieser erhöhend auf die *Kapazität* des Kühlwassersystems und zwar in drei Richtungen:

- Verstoffwechselung von Werkstoffen,
- Schutz vor medialen, insbesondere auch Temperaturschwankungen,
- Optimierung der Nährstoffverwertung.

Hieraus resultiert ein *üppiges Fortpflanzungsgehabe* der im Biofilm angesiedelten Bakterien.

Kapazitätsmindernde Technologien

Kapazitätseindämmend wirken zunächst alle Faktoren, die eine Verschmutzung des Kühlwassers und das Entstehen von Tot- oder Ruheräumen verhindern.

Ordnungsgemäße Maßnahmen zur Härtestabilisierung und Korrosionsinhibierung sind notwendige Voraussetzungen für eine erfolgreiche Anti-Fouling-Strategie. Was hier versäumt wird, können Biozide bestenfalls mindern.

Der Eintrag von Feststoffen, insbesondere nährstoffhaltiger Feststoffe, ist weitestgehend zu minimieren. Eingetragene und/oder gebildete Feststoffe sind durch Filtration zu entfernen. Eine geeignete Filtertechnik, vor allem die Teilstromfiltration, ist als Teil einer erfolgreichen Anti-Fouling-Strategie zu begreifen.

Eine Steigerungsform bis hin zur Abtrennung von Bakterien erfährt diese Vorgehensweise durch den Einbau von Ultrafiltern, wobei hierzu bisher nur Einsatzfälle aus der Schwimmbadtechnik und der Trinkwasseraufbereitung bekannt sind.

Ein neuer Ansatz ergibt sich durch den Einsatz der „lichtinduzierten Katalyse". Hierbei werden an der Oberfläche spezieller Mineral-Metall-Folien (s. Abb. 4.20) unter Mitwirkung von energiearmen sichtbaren Licht ATP und andere Bestandteile bzw. Stoffwechselprodukte lebender und/oder toter Bakterien in solche Produkte umgewandelt, die keine lebenden Organismen abzubauen und/oder zu beeinträchtigen vermögen. Sie sind aber geeignet, Bindungspartner von Wasserstoffbrückenbindungen auszutauschen.

Die Wasserstoffbrückenbindung, durch die Biofilme an Werkstoffoberflächen fixiert sind, kommt dadurch zustande, dass ein Proton ständig zwischen zwei geeigneten (partiell) negativ geladenen Partnern hin und her wandert, ohne an einem der Partner verweilen zu können. Folglich ist es relativ leicht möglich, einen der beiden Partner auszutauschen, ohne eine chemische Veränderung durchzuführen.

Stellt man nun anstelle der Werkstoffoberfläche eine geeignete andere chemische Substanz bereit, so kann die Wasserstoffbrückenbindung mit dieser Substanz in Wechselwirkung treten, d. h. eine neue Wasserstoffbrückenbindung eingehen. Der Biofilm wird hierbei chemisch nicht verändert. Allerdings verliert er den Kontakt zur Werkstoffoberfläche und kann leicht aus dem wässrigen System ausgetragen werden.

Grundsätzlich ist es möglich, allein durch den Einsatz dieser kapazitätsmindernden bzw. kapazitätsbegrenzenden Technologien selbst große Kühlkreisläufe in einem hygienisch einwandfreien Zustand zu halten.

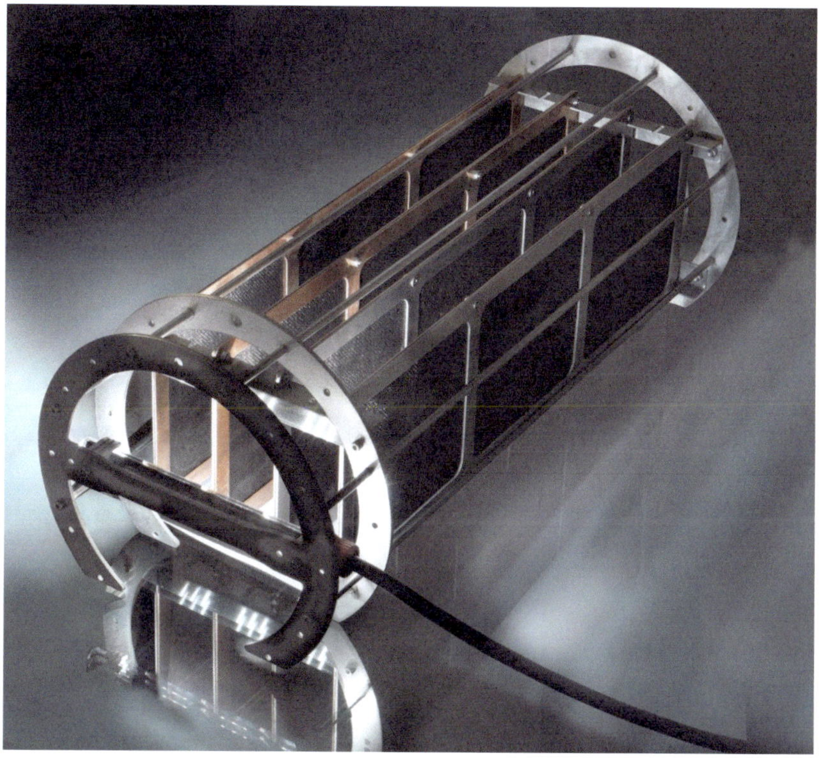

Abb. 4.20 Mineral-Metall-Folien in Edelstahlrahmen und integrierte LED-Leuchte

Biozide Technologien

Treten dennoch freie Keime in einer Art und/oder Anzahl auf, die Schlimmeres befürchten lassen, so sind diese Keime direkt zu bekämpfen. Der Einsatz biozider Verfahren wird dann oftmals als das Mittel der Wahl angesehen.

Erfolgt dieser Kampf durch Einsatz von UV-Strahlung, so muss man sich im Klaren sein, dass die überlebenden Keime alsbald – aufgrund ihrer Vermehrungsrate – innerhalb weniger Stunden ihren alten gewohnten Status erreicht haben werden. Aufgrund der erhöhten Sterberate stehen dann jedoch mehr tote Bakterien zum Verzehr bereit. Die Kapazität des Systems wird somit sogar noch angehoben.

Wichtig ist hier der Einsatz von Bioziden, die eine nachhaltige Wirkung ausüben. Hierzu gehört – historisch bedingt – an erster Stelle das Chlor. Chlor tötet die Keime durch Angriff auf bestimmte Strukturen der Keimaußenhülle, wobei sich aus chemischer Sicht bevorzugt die Doppelbindungen in den Phospholipidstrukturen anbieten. Die gebildeten Chlorverbindungen werden von der überlebenden Biologie als ungenießbar, zumindest jedoch als wenig bekömmlich betrachtet. Die Kapazität des Systems wird somit nicht erhöht, sondern eher vermindert.

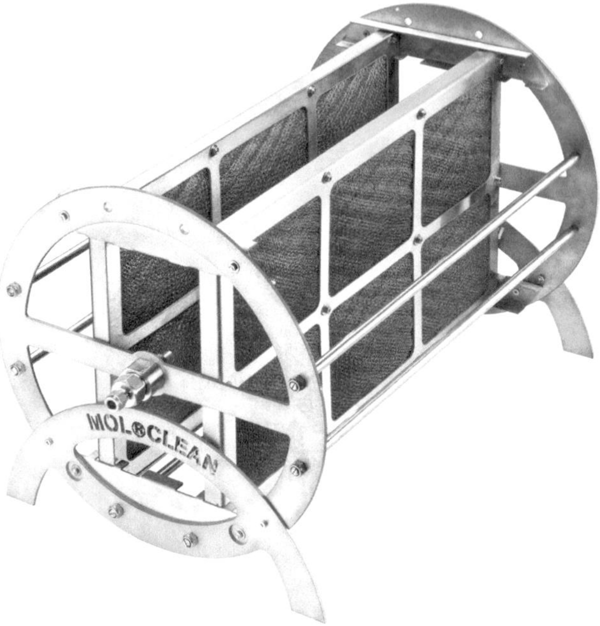

Abb. 4.21 Mineral-Metall-Katalysator in Form strukturierter Drahtgestricke in Edelstahlrahmen und integrierte Wasserstoffperoxiddosierung

Chlordioxid ist in der Lage, Keimstrukturen partiell zu oxidieren. Statistisch gesehen werden hierbei auch Substanzen gebildet, die in der Lage sind, den arteigenen Biofilm abzulösen. Sofern dies auftritt, geht diese Art der bioziden Behandlung mit einer deutlichen Verminderung der Kapazität des wasserführenden Systems einher, was eine nachhaltige Verminderung der freien Keime bewirkt.

Die Selektivität in Bezug auf die Bildung biofilmablösender Stoffe kann durch den Einsatz von Mineral-Metall-Katalysatoren und Wasserstoffperoxid (s. Abb. 4.21) erheblich gesteigert werden. Beim Einsatz derartiger Technologien erfolgt eine vollständige Biofilmablösung im System, sofern Härtestabilisierung und Korrosionsinhibierung dies angemessen begleiten. Eine für die Keime dramatische Verminderung der lebenden Spezies ist die Folge, verbunden mit einem immer geringeren Einsatz an Wasserstoffperoxid. Man muss tatsächlich solange warten, bis sich wieder ein paar Keime gebildet haben, die dann erneut für Oxidationsprozesse am Katalysator zur Verfügung stehen.

Beim Einsatz von Ozon wird die oxidierende Wirkung soweit gesteigert, dass organische Säuren gebildet werden, die ihrerseits durchaus bakterizide Folgewirkungen entfalten können. Mit freundl. Genehmigung MOL Katalysatortechnik GmbH, www.molkat.de

Wertstoffrückgewinnung aus Industrieabwässern 5

> „Kreislaufwirtschaft wird Standortfaktor. Knappe Ressourcen zwingen zum Umdenken" [205].

So lautete die Überschrift eines Interviews von Professor Dr. Hiltmar Schubert aus dem Jahre 1993 zum Thema Kreislaufwirtschaft. Auf die Frage: „Der von Ihnen geleitete Arbeitskreis nennt sich Wirtschaften in Kreisläufen. Was muss man darunter verstehen?", antwortete Prof. Dr. Schubert: „Kreislaufwirtschaft ist ein ökologisches Leitbild von Wirtschaftsprinzipien vor dem Hintergrund der Verknappung von Quellen (Ressourcen, Energie) und Senken (Entsorgung). Ziel der Kreislaufwirtschaft ist es, durch die Rückführung von Erzeugnissen, Stoffen und Energie, Kreisprozesse zu etablieren, die eine Verlängerung der Nutzungsdauer von Ressourcen ermöglichen. Das Leitbild ist ein wichtiger Einflussfaktor, der den zukünftigen Produktionsstandort Deutschland kennzeichnen wird" [205].

Worte, die heute durch zunehmende Verknappung und Verteuerung von Rohstoffen und Energie die Dringlichkeit einer nachhaltigen Kreislaufwirtschaft anmahnen. Für produzierende Betriebe besteht die Zukunftsaufgabe, sich benötigte Ressourcen und Energie langfristig zu sichern. Welche Quellen zur Rückgewinnung von Rohstoffen und Energie sind besser geeignet als die Industrieabwässer? Sowohl die einzelnen Abwasserstränge in den Betrieben als auch die vielen Abwasserschlämme und Konzentrate aus der Abwasseraufbereitung sind nutzbare Rohstoffquellen.

5.1 Von der Abwasserentsorgung zum *Wastewater Mining*

Mineralische Rohstoffe (z. B. Buntmetalle, Phosphate) sind endlich. Ungeachtet der Erschließung neuer Lagerstätten kommt es immer wieder zu Verknappungen bei einzelnen Rohstoffen, was sich in Preissteigerungen widerspiegelt. Die Aufbereitung von ehemaligen

R. Stiefel, *Abwasserrecycling: Technologien und Prozesswassermanagement*,
DOI 10.1007/978-3-658-13992-6_5

Mülldeponien zur Rohstoffgewinnung nimmt in zahlreichen Forschungsprojekten Gestalt an.

Für die Rückgewinnung von mineralischen Rohstoffen aus den Industrieabwässern kann man nach Ansicht des Autors analog zum Urban Mining vom Wastewater Mining sprechen.

Neue Rohstoffquellen im Industrieabwasser warten auf Erschließung, um den Rückgang von Metallen und anderen Stoffen aus leicht erschließbaren Lagerstätten zu kompensieren. „Viele der metallischen Rohstoffe, die für eine Funktion unserer Wirtschaft notwendig sind, werden bereits seit Langem bergmännisch gefördert. Eine ganz Reihe der leicht zu erschließenden Vorkommen sind mittlerweile erschöpft. Aus diesem Grund werden zunehmend Verfahren interessant, die es ermöglichen, auch noch aus den Armerzen, also Erzen mit geringem Anteil an Metall, wirtschaftlich Metalle zu gewinnen. Zusätzlich rücken auch Sekundärrohstoffe (Rohstoffe, die durch Aufbereitung von Abfall gewonnen werden) in den Fokus, da diese oftmals höhere Gehalte an Metallen aufweisen als manche Armerze“ [95].

Industrieabwässer enthalten ein breites Spektrum von Abwasserinhaltsstoffen, unter diesen sind vor allem jene im Fokus der Rückgewinnung, die als Wertstoffe angesprochen werden können. Ein Blick auf die Nutzung der Roh-, Hilfs- und Betriebsstoffe in der industriellen Produktion, die zwangsläufig in das Abwasser gelangen, zeigen uns die ganze Bandbreite dieser Stoffe. Allein die Gruppe der Metalle umfasst Rohstoffe, die für eine Zukunftstechnologie essenziell sind. So werden in einer Studie über die Endlichkeit der Rohstoffe die Ressourcenvorräte von A bis Z bewertet [68]. Metalle für klimaschutzrelevante Zukunftstechnologien nehmen darunter eine wichtige Position ein:

- Aluminium,
- Beryllium,
- Chrom,
- Eisen,
- Gallium,
- Indium,
- Kobalt,
- Kupfer,
- Magnesium,
- Niob,
- Platin,
- Selen,
- Silber,
- Silizium,
- Tantal,
- Titan,
- Vanadium,
- Wolfram,
- Zink,
- Zinn.

Über Rohstoffe in Zukunftstechnologien führt die oben erwähnte Studie aus: „Der technische Wandel hat bedeutende Auswirkungen auf die Rohstoffnachfrage vor allem bei Stoffen wie Gallium, Indium und Germanium. Weiter erhöht sich der Ressourcenverbrauch weltweit durch das stetige globale Wirtschaftswachstum – mit entsprechenden Auswirkungen auf die benötigten Rohstoffe. Auf die wirtschaftliche Steigerung ist vor allem die Erhöhung der Abbauraten von Rohstoffen wie Eisen, Kupfer und Chrom zurückzuführen. Der Verbrauch an Platingruppenmetallen, Silber, Kobalt oder etwa Titan, hängt sowohl von den technologischen Veränderungen als auch von der Wirtschaftsleistung ab" [68].

Forschungsprojekte und wissenschaftliche Vorhaben beschäftigen sich mit dem Recycling von Wertstoffen aus Mülldeponien. Auch das ist eine wichtige Zukunftsaufgabe. Parallel dazu liegen in den industriellen Abwässern heimische Rohstoffquellen vor, die heute schon genutzt werden können.

„In Deutschland fallen in der metallverarbeitenden Industrie große Mengen bunt- bzw. schwermetallhaltiger Schlämme an. Sie verteilen sich zu 69 % auf die Verarbeitung von Zink, zu weiteren 16 % auf Kupfer, zu 10 % auf Nickel und zu 5 % auf Blei. Durch Dissipation gehen jährlich 4000 t Buntmetalle verloren" [114].

Rechnet man diese Mengen auf einen Zeitraum von 25 Jahren hoch, ergäbe sich eine Lagerstätte von 100.000 t Buntmetalle, was volkswirtschaftlich recht bemerkenswert ist.

Welche Mengen an Metallen sich jährlich in Klärschlämmen bzw. in den Klärschlammaschen öffentlicher Kläranlagen ansammeln, zeigt Tab. 5.1. „Nach aktuellen Erhebungen werden derzeit jährlich ca. 500.000 t kommunale Klärschlämme in Monoverbrennungsanlagen zu etwa 250.000 t Klärschlammasche umgesetzt" [66].

Im Rahmen eines UFOPLAN-Projekts (Umweltforschungsplan Förderkennzeichen 3711 33 321) führte die Bundesanstalt für Materialforschung und -prüfung (BAM) ein Screening von ca. 95 % der in Deutschland anfallenden Klärschlammaschen und ihrer Wertstoffpotenziale durch. Das Ergebnis der Untersuchungen zeigt Tab. 5.1. Addiert man alle Elemente, ergibt sich eine Summe von ca. 1000 t pro Jahr.

Stoffe, die für eine Rückgewinnung aus Abwässern interessant sind, können in Kategorien unterteilt werden, wie sie in Tab. 5.2 beispielhaft zusammengefasst sind. Sie spiegeln den Einsatz wichtiger Roh-, Hilfs- und Betriebsstoffe wider, die in der industriellen Fertigung Verwendung finden.

Bei der Rückgewinnung von Stoffen aus Abwässern als anlagenintegrierte Maßnahmen [18] stehen die Wertstoffe im Vordergrund. Seit Jahrzehnten werden Edelmetalle (z. B. Gold, Silber, Platin) aus wirtschaftlichen Gründen aus Abwässern zurückgewonnen. Zunehmend werden Buntmetalle (Kupfer, Nickel und Chrom etc.) recycelt [16], wobei die Preisentwicklung bzw. die Verknappung dieser Metalle einen starken Einfluss auf die Einführung der Recyclingtechnik hat. Wertstoffe sind nicht nur auf die Metalle begrenzt, zunehmend werden Stoffe wie Phosphor oder Stickstoff als essenzielle Stoffe für die Landwirtschaft oder als Industrierohstoffe für eine Rückgewinnung interessant. Mit Anstieg der Erdölpreise hat auch bei organischen Stoffen (z. B. Lösemittel) das Interesse an ihrer Wiederverwertung zugenommen. Grundchemikalien wie Säuren und Laugen, die in großen Mengen in der industriellen Produktion eingesetzt werden, sind ebenfalls als potenzielle Recyclingstoffe anzusprechen.

Tab. 5.1 Inhaltsstoffe von Klärschlammaschen. (Nach [66])

Elemente	(mg/kg)	Mittelw.	Min.	Max.
As		13,4	9	24,1
Ag		29,7	2	133
Cd		2	0,7	4,7
Cd/P2O5		14,3	6,1	54,4
Cr		119	83,3	260
Cu		757	266	1886
Mn		1008	340	2116
Mo		21,7	6,1	134
Ni		67,7	41,5	134
Pb		134	42,5	237
Sb		16,3	1	55
Sn		55,6	36,7	75,9
W		64,2	23,2	179
U		3,8	1,1	22,8
Zn		1710	811	2487

Tab. 5.2 Stoffgruppen für eine mögliche Rückgewinnung aus Abwässern

Metalle	Basisstoffe	Organische Stoffe	Phosphor
• Edelmetalle • Buntmetalle • Stahlveredler	• Säuren • Laugen • Tone • Sande	• Lösemittel • Öle und Fette • Entfettungsmittel	• Phosphate • Phosphorsäuren

Unabhängig vom stetigen Auf und Ab der Rohstoffpreise, sind eine ganze Reihe weiterer Einflussgrößen bei der Rückgewinnung von Abwasserinhaltsstoffen aus Industrieabwässern zu beachten. Zunächst sollen drei mögliche Arten der Rückgewinnung bzw. Wiederverwertung von Rohstoffen betrachtet werden.

Bei der Rückführung innerhalb der Produktionslinie (z. B. die Rückführung von Spülwasser aus einer Standspüle ins Wirkungsbad) werden die Stoffe, wie z. B. Säuren, ohne Behandlung wieder direkt der Quelle zugeführt (vgl. Abb. 5.1). Bei der innerbetrieblichen Aufbereitung mit Rückführung in die Produktion wird der Stoff (z. B. ein Lösemittel) aus

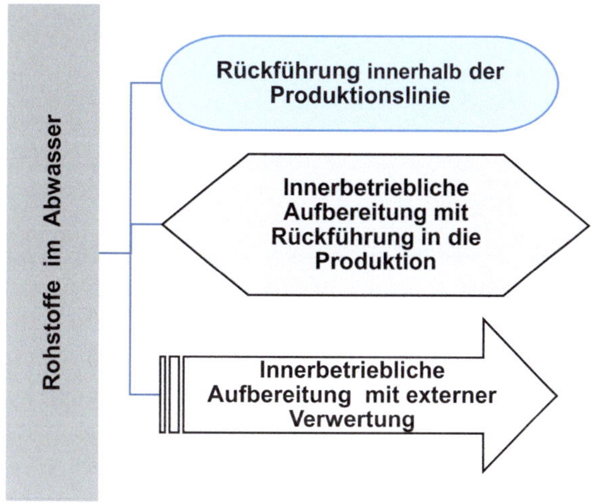

Abb. 5.1 Möglichkeiten der Rohstoffrückgewinnung bzw. Verwertung aus Industrieabwässern

der Abwasserphase separiert, behandelt und als Rohstoff wieder in der Produktion verwendet. Bei der innerbetrieblichen Aufbereitung mit externer Verwertung wird der Stoff (z. B. Kupfer aus dem Eluat einer Ionenaustauscheranlage) aus der Abwasserphase abgetrennt und extern einer Verwertung zugeführt.

Die Einführung von Recyclingverfahren ist abhängig von Kriterien, wie z. B.:

Stoffprüfung für Recycling	Stoffname
Abwasser	– Abwassermenge/a – Stoffkonzentration mg/l – Stoffmenge kg/a
Abwassermatrix	– Abwasserinhaltsstoffe Störstoffe
Abwasserstrang	– Einzelstrang – Vermischung
Verfügbarkeit von Recyclingverfahren	– Art der Verfahren – Wirkungsweise der Verfahren (z. B. selektive Stoffabtrennung)
Kosten Recycling	– Investitionskosten – Laufende Kosten
Erlöse für Recyclingstoff	– Interne Verwertung – Externe Verwertung
Gesetzliche Auflagen	– Kreislaufwirtschaftsgesetz – Wassergesetze
Wirtschaftlichkeitsprüfung	– Recyclingkosten – Entsorgungskosten konventionelle Abwasserentsorgung

Stoffprüfung für Recycling	Stoffname
Perspektiven	– Verknappung des Stoffes – Preiserhöhung – Schlüsselstoff für Produktion

Im dem folgenden Abschnitt erhält der Leser anhand einiger Praxisbeispiele aus unterschiedlichen Branchen und für verschiedene Stoffgruppen einen Einblick über die Vielfalt des Wertstoffrecyclings aus Industrieabwässern.

Wichtig ist die wirtschaftliche und technische Gesamtleistung, wenn es darum geht, komplexe Abwässer zu behandeln und die Abwasserinhaltsstoffe als verwertbare Stoffe zu gewinnen. Vielfach helfen Pilotversuche, um die ausgewählten Techniken unter Praxisbedingungen zu testen. Pilotversuche haben den Vorteil, dass Schwachstellen unter den realen Betriebsbedingungen erkannt werden, und bieten andererseits die Möglichkeit, den Verfahrensablauf zu optimieren, was für die Wirtschaftlichkeit eines Verfahrens entscheidend sein kann.

Welche Vielfalt die Recyclingtechnik heute schon bei der Vielzahl von Stoffen den Betrieben bietet, zeigt eine kleine Auswahl von Verfahren verschiedener Fachfirmen im nachfolgenden Text.

5.2 Beispiele für Wertstoffrückgewinnung

Beispiel: Elektrolytische Rückgewinnung von Metallen (aus [85])

Wasser ist unser Leben

Membranelektrolyse ReMem

Einsatzgebiete

Die elektrolytische Rückgewinnung von Metallen mit unlöslichen Elektroden führt zur Oxidation der Anionen in der Lösung, die z. B. bei Chloriden zur Bildung von Chlor und zum Angriff auf die Anoden und andere Materialien führt. Mit entsprechenden Ionenaustauschermembranen können solche Ionen von der Anode ferngehalten werden, wobei trotzdem ein Stromfluss erfolgt.

Allgemeine Verfahrensbeschreibung

Man arbeitet so bei chloridhaltigen Metalllösungen auf der einen Seite als Katolyt und auf der anderen Seite der Membrane mit einem chloridfreien Anolyten. Das Abteil der unlöslichen Anode mit der Ionenaustauschermembrane kann als „unlosliche Anode" zur Abarbeitung metallreicher Lösungen eingesetzt werden.

Die Membranelektrolysezelle dient zur Rückgewinnung von Nickel aus chloridhaltigen Lösungen sowie zur Abscheidung von Zink und Zinn bzw. Blei-Zinn.

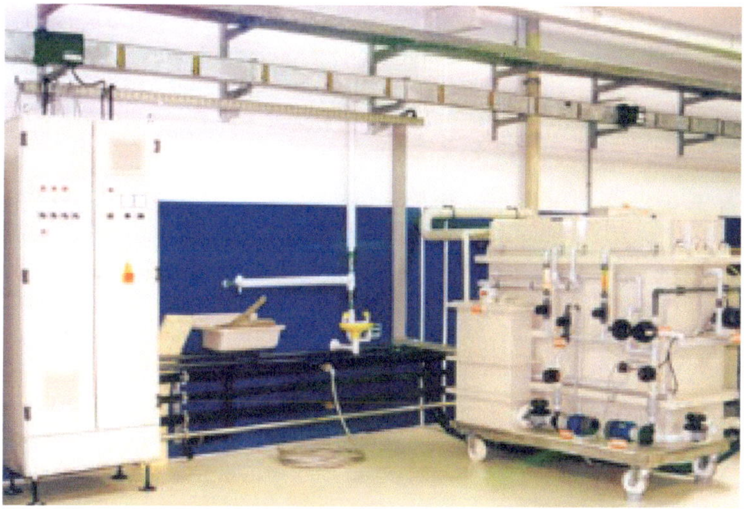

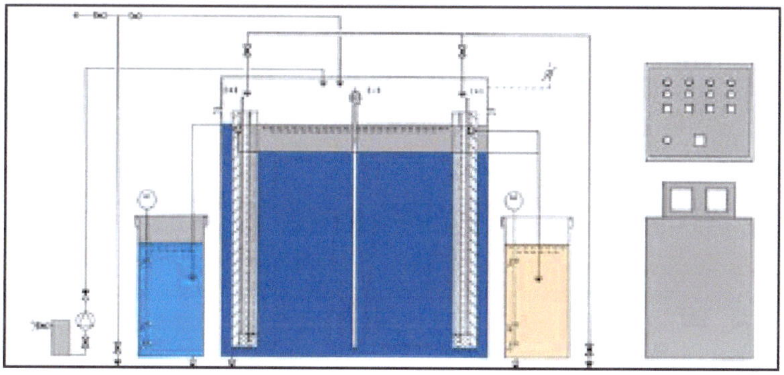

Es werden verschiedene Baugrößen angeboten. Die Kompaktanlage wird anschlussfertig geliefert.

Antech Gütling Wassertechnologie GmbH, Merowingerstr. 7, D-70736 Fellbach
Tel. +49 711 518550-0, Fax +49 711 518550-100
E-Mail: info@antech-guetling.de, www.antech-guetling.de

Beispiel: Waschwässer in der metallverarbeitenden Industrie [67]

Umweltgerechte Aufbereitung von metallischen Produktionsabfällen

Seit über 100 Jahren hat sich die Firma Gerhard Lang GmbH & Co KG in Gaggenau als hochspezialisierter Metallrecyclingbetrieb in der metallverarbeitenden Industrie etabliert. Nicht zuletzt entlastet die Aufbereitung von besonders überwachungsbedürftigem Abfall zu einem jeweiligen Produkt (beispielsweise die Metallbriketts) den Abfallerzeuger aus der Abfallverursacherhaftung.

Altmetalle, die im Wesentlichen bei spanabhebenden, oberflächenbearbeitenden und formgebenden Prozessen als Späne, Metallschlämme und Restmetalle entstehen, werden von einem firmeneigenen Fuhrpark von etwa 30 Lkw-Zügen bei industriellen und gewerblichen Kunden entsorgt und aufbereitet. Durch die äußerst penible Trennung der Metallreste und -abfälle kann sichergestellt werden, dass nur sehr hochwertige Sekundärrohstoffe dem nachfolgenden Einschmelzprozess zugeführt werden und aus diesen Sekundärschmelzen wieder neue Halbfabrikate wie Gussteile, Stahlbleche, Profile, Bänder u. Ä. hergestellt werden können. Die Vielzahl der eingesetzten Materialien erfordert großflächige und großvolumige Lagerplätze, um ein Vermischen der einzelnen Werkstoffe ausschließen zu können. Um einerseits das Transportvolumen der Späne zu reduzieren und gut dosierbare Mengen den Hütten und Gießereien für den Einschmelzprozess zur Verfügung zu stellen und andererseits die dem Material anhaftenden Flüssigkeiten wie Öle, Waschwässer und Kühlschmierstoffe zu separieren, werden die Stahl- und Gussspäne unter anderem brikettiert. Die Späne werden dazu in hydraulischen Hochdruckpressen mit einem spezifischen Verdichtungsdruck von mehreren Hundert Tonnen auf eine Brikettdichte von fast 6 kg/dm^3 verdichtet, sodass als Endprodukt weitgehend trockene, hochreine Metallbriketts entstehen.

Anstelle einer Entsorgung dieser Emulsionen hat sich die Firma Gerhard Lang GmbH & Co KG im Jahre 2000 dazu entschlossen, eine hausinterne Aufbereitung und Aufkonzentration zu realisieren, um die Entsorgungskosten zu reduzieren. Nach einer Marktrecherche entschied man sich für ein Verdampfungsverfahren aus dem Hause KMU Umweltschutz GmbH in Hausen. Die hier gebauten PROWADEST®-Anlagen sind unempfindlich gegen die metallischen und mineralischen Verschmutzungen, die in den Emulsionen enthalten sind, und garantieren eine hohe Betriebssicherheit.

Verfahrensbeschreibung: An jeder Brikettieranlage sowie an allen Lagerflächen für Späne befinden sich Pumpensümpfe, in denen die Emulsionen gesammelt werden. Die Pumpensümpfe sowie der komplette Hallenboden werden mit einer sehr aufwendigen Technik (permanent mit vakuumbeaufschlagtem Doppelfoliensystem) kontinuierlich auf Dichtheit überprüft, um eine Verschmutzung des unter den Hallen befindlichen Erdreichs mit 100 %iger Sicherheit auszuschließen.

Die in den Pumpensümpfen gesammelten Emulsionen werden mit integrierten Förderpumpen in die entsprechenden Vorlagetanks mit einem Fassungsvolumen von insgesamt 40 m^3 gepumpt. In Verbindung mit den zwölf Pumpensümpfen ergibt sich somit eine Emulsionsvorlagekapazität von insgesamt 60 m^3.

Zur Vorabscheidung von freien Ölen wird ein Öl-Schlamm-Abscheider eingesetzt, der absetzbare Stoffe und freie Öle aus der Emulsion entfernt. Die Verdampfung erfolgt nach dem Prinzip der direkten Brüdenverdichtung, bei der die Kondensationsenergie des entstehenden Wasserdampfes zur Verdampfung des Schmutzwassers genutzt wird. Hierdurch wird der Gesamtenergiebedarf deutlich reduziert. Das Fallstromprinzip sichert eine kontinuierliche Selbstreinigung des Wärmetauschers während der Aufarbeitung der Emulsionen, sodass ein manuelles Reinigen der Wärmetauscher nicht erforderlich ist. Das in den Anlagen integrierte Reinigungssystem befreit automatisch den Wärmetauscher von Verschmutzungen, die durch Kalk und Öle entstehen können.

Das bei der Destillation entstehende Destillat wird in einem Koaleszenzabscheider von leichtflüchtigen Ölen, die in geringen Spuren mitverdampfen, befreit. Zusätzlich ist ein eigenes Destillatkühlsystem integriert und dem Abscheider vorgeschaltet; ein Aktivkohlefilter stellt sicher, dass die Einleitgrenzwerte eingehalten werden, bevor das Destillat in die öffentliche Kanalisation eingeleitet werden kann. Kontinuierlich werden Proben entnommen, um, im Rahmen der Eigenkontrolle, die für die Einleitung entscheidenden Parameter, wie Schwermetalle, Kohlenwasserstoffe etc., zu überprüfen.

Die anfallende Entsorgungsmenge wird durch die eingesetzte Verdampfertechnik soweit eingeengt, dass deutlich weniger als 10 % der anfallenden Gesamtmenge als Ölschlamm extern entsorgt werden müssen. Der Betreuungsaufwand der Anlagentechnik PROWADEST® beträgt täglich ca. 20 min. Durch den geringen Personalaufwand und den hohen Automatisierungsgrad erweisen sich die Verdampferanlagen als äußerst betriebswirtschaftliche und rentable Systeme.

Im Zuge der Produktionserweiterung im Jahre 2004 entschloss man sich, eine zweite Verdampferanlage der neuesten Produktbaureihe PROWADEST®/1 aus dem Hause KMU Umweltschutz GmbH zur Abwasseraufbereitung anzuschaffen. Somit kann die Firma Gerhard Lang GmbH & Co KG ihren Kunden zusätzlich zu der Entsorgung der Späne als Dienstleistung die Entsorgung kleinerer Emulsion- und Waschwassermengen anbieten, die im Hause Gerhard Lang GmbH & Co KG aufgearbeitet werden.

Resümee des Betriebsleiters, Herrn Rössler: „Die beiden Verdampferanlagen sind für unser Unternehmen besonders wichtige Aggregate, um einerseits unnötige Kosten zu vermeiden und andererseits unsere ökologische Schlagkraft zu erhöhen. Die Betriebskosten stehen in keinem Verhältnis zu dem, was mit den beiden Anlagen an Kosten vermieden wird. Hinsichtlich technischer Beratungskompetenz und im After-Sales-Service bietet KMU Umweltschutz GmbH hervorragende Unterstützung. Was für ein mittelständisches Unternehmen wie das Unsere aber besonders wichtig ist: Die unternehmerische Beweglichkeit und die Bereitschaft, auf Wünsche und individuelle Optimierungen im Sinne des Kunden zu reagieren, sind bei der KMU Umweltschutz GmbH in lobenswerter Weise stark ausgeprägt. Man spürt, wenn man mit den KMU-Leuten zu tun hat, dass diese Eigenschaften gelebt und ständig kultiviert werden."

Ing. Hans-Joachim Rössler, Gerhard Lang GmbH & Co. KG; Dipl.-Ing. Joachim Reh, KMU Umweltschutz GmbH

Beispiel: Membrantechnik zur Wertstoffrückgewinnung (aus [85])

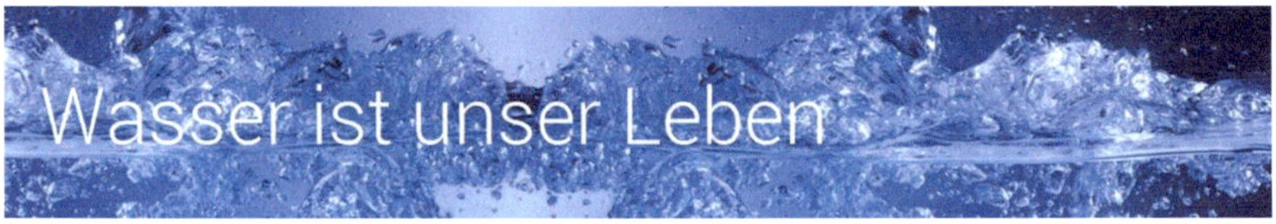

Wasser ist unser Leben

KOMPasep-C-Ultrafiltrationsanlagen: Recycling und Entsorgung bis maximal 90 °C

Feed & Bleed Filtrationsanlagen für Recycling/Entsorgung bis maximal 90 °C. Keramikmembranen ermöglichen Kosteneinsparungen und eine hohe Durchsatzleistung.

Infografik Feed & Bleed Filtrationsanlagen zum Recycling und zur Entsorgung von verschiedenen Produktionslösungen und Produktionsabwässern. Filtration bis maximal 90 °C.

Hohe Betriebssicherheit durch modulare Bauweise. Infotabelle zu Feed & Bleed Filtrationsanlagen mit Abmessungen der Anlage und Übersicht der möglichen Leistungsstufen.

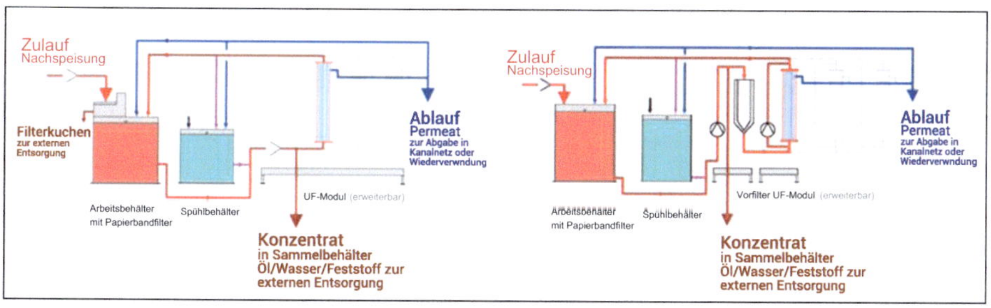

Einsatzgebiete Feed & Bleed Filtrationsanlagen: Recycling und die Entsorgung von verschiedenen Produktionslösungen und Produktionsabwässern.

Die Ultrafiltrationsanlagen der KOMPasep-C-Linie werden für das Recycling mit Temperaturen bis maximal 90 °C eingesetzt. Keramikmembranen ermöglichen Kosteneinsparungen und eine hohe Durchsatzleistung.

- Entfettungs- und Waschwasser,
- Kühlschmierstoffe,
- Zieh- und Walzemulsionen,
- Gleitschleifabwasser und Dispersionen,

- Fotoresistabwässer,
- Recycling von Rissprüföl aus Spülwässern,
- Wäschereiabwässer,
- Diverse Sonderanwendungen,
- Verfahrensbeschreibung.

Die Ultrafiltration ist ein physikalisches Trennverfahren. Es trennt wässrige Dispersionen und Emulsionen. Das zu trennende Medium wird mit hoher Geschwindigkeit und einem bestimmten Druck an einer Membrane vorbeigeleitet (Cross-Flow-Technik). Die Porengröße der Membrane ist so bemessen, dass kleine Moleküle, wie Wasser und gelöste Stoffe, durchtreten (Permeat) und größere zurückgehalten werden (Retentat/Konzentrat).

Beschreibung für Recycling/Entsorgung von Abwässern bis 90 °C.

Die Anlagen der KOMPasep-C-Linie besitzen folgenden Aufbau:

Sammelbehälter, Vorfiltration mit Grobfilter (optional), Arbeitsbehälter, Ultrafiltrationsanlage, Spülbehälter. Aufgrund verfahrenstechnischer und energetischer Betrachtungen werden diese Anlagen, je nach Größe, in zweierlei Bauweisen angeboten: Kompaktbauweise und Loop-Bauweise (Feed und Bleed).

Hauptschritte des Anlagenbetriebs:

- Trennen: Filtration mit Ableitung des Permeats und Nachspeisung aus dem Sammelbehälter in den Arbeitsbehälter.
- Eindicken: Filtration mit Ableitung des Permeats ohne Nachspeisung, zur Schlussaufkonzentrierung des Konzentrats (z. B. Ölgehalt ca. 30–40 %).

- Spülen: Reinigen der Membrane nach Ablauf eines Arbeitszyklus.

Vorteile der KOMPasep-C-Ultrafiltrationsanlagen:

- Hohe Durchsatzleistung,
- Kosteneinsparung durch Recycling oder Verminderung der Entsorgungskosten,
- Vormontierte und funktionsgeprüfte Anlagen,
- Kompakte Bauweise,
- Nahezu alle Anlagen sind mit Zusatzmodulen bei gleicher Peripherie erweiterbar,
- Modernes Steuerungskonzept mit zentraler SPS-Einheit,
- Energieeinsparung durch Einsatz von Loop-Technik,
- Breites Anwendungsspektrum durch Einsatz unterschiedlicher Membranwerkstoffe,
- Lange Lebensdauer der eingesetzten Membranen,
- Optimale Aufkonzentrierung bzw. Ausbeute.

Weitere Informationen unter:

vertrieb(at)agw.de

oder

Abb. 5.2 Beispiel: Rückgewinnung chloridischer Nickelelektrolyte. (Aus [85])

Telefon: +49 711 518550-130, -131 oder -141

Abwasser- und Prozesswasseraufbereitung. Von der Neuanlage über Modernisierung, Ersatzteile und Chemikalien bis hin zu Service und Training.

Tel: +49 711 518550-0, info(at)agw.de

Rückgewinnung chloridischer Nickelelektrolyte – eine Herausforderung an den Anlagenbau Recyclingtechnik

Schon zu Beginn der 1980er-Jahre gelangte man zu der Erkenntnis, dass Abwasser und die darin enthaltenen Inhaltsstoffe – wertvolle Rohstoffe – am falschen Platz sind.

Zum Beispiel gelangt bei der galvanischen Vernickelung der Wertstoff Nickel per Verschleppung in das Spülwasser. Diesen kann man mit drei unterschiedlichen Verfahren aus dem Spülwasser (s. Abb. 5.2) zurückgewinnen.

a) Als Nickelmonoschlamm. Dies ist sicherlich die am weitesten verbreitete Methode des Recyclings. Bei der konventionellen hydroxidischen Fällung entsteht ein sogenannter Monoschlamm, der sich bis auf einen Trockensubstanzgehalt bis zu 35 % entwässern lässt. Der Nickelanteil liegt bei lediglich 5–8 % bezogen auf den gepressten Schlamm. Entsprechend gering ist die Wertstoffrückvergütung.
b) Als metallisches Nickel, insbesondere bei sog. kalbenden Bädern. Hierbei wird Nickel mittels Ionenaustauschern aufkonzentriert und per Regeneration gereinigt. Durch die Schwefelsäureregeneration entsteht eine hoch reine, praktisch chloridfreie Nickelsulfatlösung, aus welcher durch ein Standardelektrolyseverfahren mit Streckmetall – oder Schaumkathoden – sehr reines Nickel abgeschieden werden kann. Beim Einsatz einer **ReTrom** Trommelelektrolysezelle werden Pellets aufgenickelt, die dann in den Anodenkörben direkt wiederverwendet werden können.

Der Payback richtet sich im Wesentlichen nach dem Nickeltagespreis und unterliegt erheblichen Schwankungen. So variierte die Notierung an den Metallbörsen in den letzten fünf Jahren zwischen 7 und 20 € pro Kilo.

c) Als hoch konzentrierter Nickelelektrolyt zur direkten Rückführung in „nichtkalbende" Nickelbäder zum Ausgleich der Verschleppungsverluste. Hier bietet das Recyclingverfahren durch die unmittelbare Verwendung des Produkts den höchsten Payback für das investierende Unternehmen.

Nach intensiven Vorgesprächen mit der Firma ANTECH-GÜTLING WASSERTECHNOLOGIE entschied sich ein renommierter, mittelständischer Betrieb aus dem Bodenseeraum für eine Nickelrecyclinganlage „turnkey". Die Anforderung an ANTECH-GÜTLING war, eine hochkonzentrierte chloridische Nickellösung aus Spülwasser zu erzeugen, wobei der Zielwert mit 210 g Ni/l angegeben wurde.

Ein solcher Wert kann nur durch ein Kombinationsverfahren erreicht werden, da der Aufkonzentrierung durch Ionenaustausch relativ enge Grenzen gesetzt sind. Die Regeneratkonzentration liegt bei ca. 70 g/l Ni. Folglich muss das Regenerat durch Verdampfertechnik bis zur Zielkonzentration um den Faktor 1:3 weiter aufkonzentriert werden.

Für den Verfahrensschritt des Ionenaustauschs wurden umfangreiche Vorversuche im Technikum von ANTECH-GÜTLING durchgeführt. Für die zu erreichende Ni-Konzentration sind vier Voraussetzungen zu erfüllen:

a) Die Verwendung von Kationenaustauscherharzen mit hoher nutzbarer Volumenkapazität (NVK). In umfangreichen Vorversuchen im Antech-Gütling-Technikum wurden NVKs > 4 erzielt.
b) Die vollständige Beladung der Austauschersäulen durch Reihenschaltung von drei gleichen Austauschern. Bei 100 %igem Durchbruch der ersten Säule stehen weiterhin zwei Säulen für die praktisch vollständige Entnickelung des Spülwassers zur Verfügung. Der Betrieb der Austauscher folgt dem „merry go round"-Prinzip, d. h., der jeweils frisch regenerierte Austauscher wird der Reihe an die Schlussposition geschaltet.
c) Die fraktionierte Säureregeneration. Bei diesem Regenerierverfahren kommt eine gegenüber der Frischwasseraufbereitung deutlich höhere HCl-Frischsäurekonzentration zum Einsatz. Jedes anteilige Frischsäurevolumen wird innerhalb eines Regenerierzyklus 4fach genutzt, wobei das Volumen des jeweils vorausgegangenen Regenerierschrittes aufgefangen wird und im Folgeschritt wieder über die Säule geleitet wird. So erfolgt eine sukzessive Anreicherung an Nickel in den Regeneriersäureteilmengen und letztlich im Regenerat bis hin zur max. erreichbaren Endkonzentration. Der letzte Regenerierschritt erfolgt jeweils mit Frischsäure, um ein vollständiges Durchregenerieren des Harzbettes zu gewährleisten.
d) Vollständige Konditionierung des Harzes mit verdünnter Natronlauge. Nur in der Na-Form wird die max. mögliche NVK erreicht.

Abb. 5.3 Ionenaustauscheranlage zur Nickelanreicherung aus Spülwässern

Die für den zweiten Konzentrierungsschritt mittels Verdampfertechnik geforderte Einengung der NiCl2/HCl-Mischung ist anspruchsvoll. Dabei müssen einige Anforderungen zwingend erfüllt werden: (s. Abb. 5.3)

a) Vorneutralisation: Der Salzsäureanteil des Regenerats muss neutralisiert werden. Bekanntermaßen ist das Korrosionspotenzial von Salzsäure auf Edelstahl erheblich, insbesondere bei erhöhten Temperaturen. Die Neutralisation erfolgt mit Kalilauge, da Natriumionen im Nickelbad unerwünscht sind. Um die Kaliumkonzentration im Bad so gering wie möglich zu halten, wird einerseits die Startkonzentration der Frischsäure und ebenso der Neutralisations-pH auch geringstmöglich gehalten.
b) Verdampfertyp: Es wurde ein Vakuumverdampfer mit Schabersystem und Heizmantel für die Direktbeheizung über den Kältemittelkreislauf gewählt. Die Siedetemperatur im Vakuumverdampfer von ca. 35 °C verringert das Korrosionspotenzial bei gleichzeitiger räumlicher Trennung von siedendem Medium und Kondensat erheblich. Das Schabersystem gewährleistet die Aufkonzentrierung des Produkts auf Dichten bis 1,4, ohne einen Einbruch im Wärmeübergang auf der Siedeseite befürchten zu müssen.
c) Verdampfermaterial: Alle konzentratberührten Teile werden in Hastelloy ausgeführt, um das Korrosionsrisiko zu minimieren.

Zusammenfassend kann man erkennen, dass die Vorteile des Metall- resp. Elektrolytrecyclings (i. d. R. Cu und Ni) in der Galvanotechnik gegenüber der konventionellen chem.-phys. Abwasserbehandlung klar auf der Hand liegen: Jeder Liter an ausgeschlepptem metallhaltigem Elektrolyt erzeugt für den Betreiber 4fach Kosten durch: a) verbrauchte Fällungschemikalien (Natronlauge und/oder Kalkmilch), b) Schlammentsorgung (Sondermüll), c) Nachschärfung des Badelektrolyts, d) Personalaufwand zur Anlagenbedienung (z. B. Leeren der Filterpresse, Probenuntersuchung).

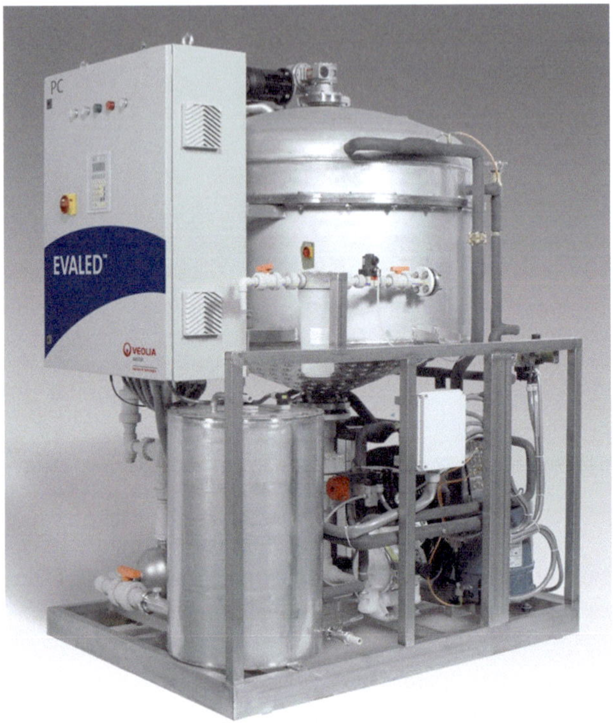

Abb. 5.4 EVALED Vakuumverdampfer zur Regeneratkonzentrierung

Insbesondere bei Anlagenneuplanungen zeigt sich der Vorzug der frühzeitigen Zusammenarbeit zwischen Anwender, Anlagenbauer Galvanotechnik, Chemikalienlieferant und Anlagenbauer Abwasser und Recycling. Diese Zusammenarbeit umfasst die Feinabstimmung der Spültechnik und des verschleppungsarmen Warentransports, der Badchemie und der möglichen Rückgewinnungstechniken.

Verfasser:
Günter Unfried

ANTECH-GÜTLING WASSERTECHNOLOGIE GmbH
Merowingerstr. 7
70736 Fellbach
Tel.: 0711 518 550-0
Fax: 0711 518 550-100
info@agw.de
www.agw.de

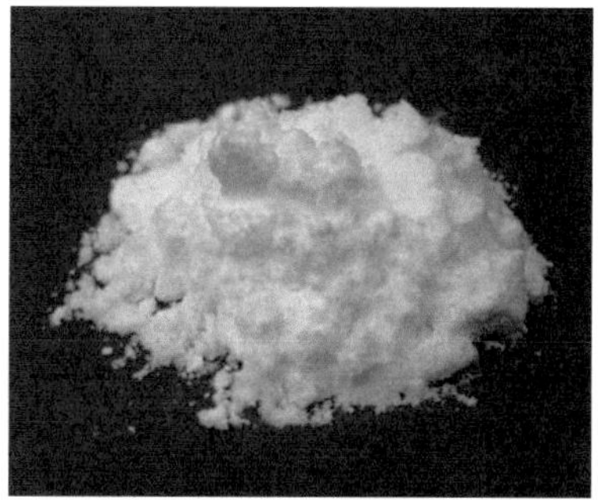

Abb. 5.5 Aus Abwasser zurückgewonnenes Struvit kann als langsam N und P freisetzender Dünger eingesetzt werden

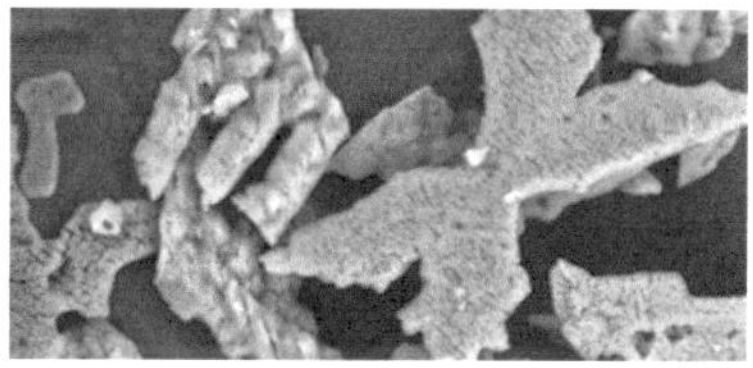

Abb. 5.6 Gefällte Struvitkristalle, REM-Aufnahme

Beispiel: Elektrochemisches Verfahren zur Rückgewinnung von Phosphor (aus [84])

Um P und N aus einer Flüssigphase (Prozess- oder Abwasser) zurückzugewinnen, bietet sich die Kristallisation von P, N und Magnesium (Mg) als Struvit (Magnesium-Ammonium-Phosphat: $MgNH_4\,PO_4 * 6\,H_2O$) an. Struvit (s. Abb. 5.5 und 5.6) ist in der Landwirtschaft direkt und hochwertig als langsam nährstofffreisetzendes Düngemittel einsetzbar.

Bei der herkömmlichen Fällung von Struvit muss Magnesium als limitierender Reaktant in Form einer Lösung von $MgCl_2$, $Mg(OH)_2$ oder MgO zudosiert werden. Zudem wird der pH-Wert mit Natronlauge angehoben. Die Zugabe dieser Chemikalien treibt die Kosten in die Höhe.

Neuer Prozess zum Phosphorrecycling: Zur Rückgewinnung von Ammonium (NH_4^+) und Phosphat (PO_4^{3-}) aus Abwasser hat das Fraunhofer IGB einen neuartigen elektrochemischen Prozess entwickelt und patentiert. Hierbei werden NH_4^+ und PO_4^{3-} mit einer Magnesiumelektrode als Struvit ausgefällt. Unser Verfahren hat die Vorteile, dass keine Chemikalien wie $MgCl_2$ oder NaOH zugesetzt werden müssen und nur wenig Energie (70 Wh/m^3 Abwasser) verbraucht wird.

Verfahrensprinzip der elektrochemischen Struvitfällung (vgl. Abb. 5.7)**:** Das elektrochemische Verfahren wurde mit einer Elektrolysezelle in verschiedenen Versuchsansätzen (Batch und kontinuierlich) und für unterschiedliche Ionenkonzentrationen (20–500 mg/L PO_4-P und 100–1500 mg/L NH_4-N) entwickelt. Die Elektrolysezelle besteht aus einer inerten Kathode und einer Opferanode aus Magnesium.

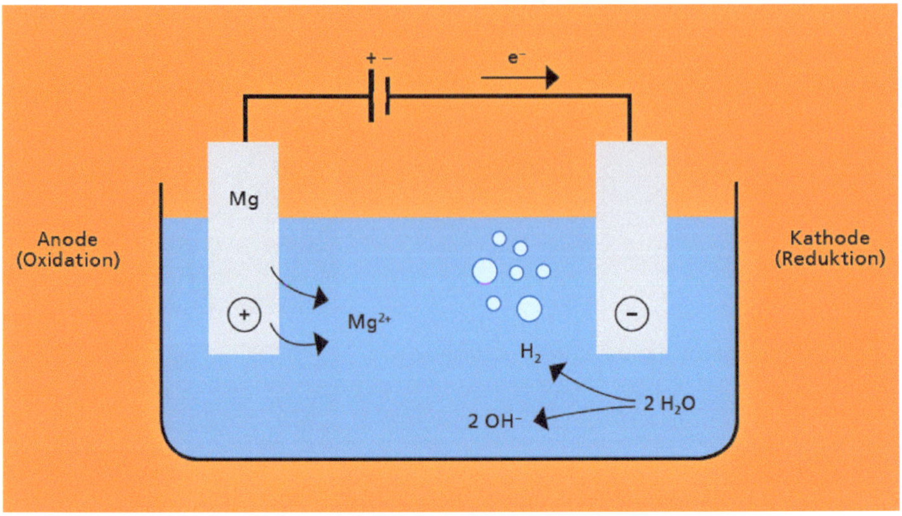

Abb. 5.7 Verfahrensprinzip

Durch die kathodische Reduktion findet eine Wasserspaltung statt: OH^--Ionen werden gebildet, während Wasserstoff (H_2) frei wird. An der Anode findet eine Oxidation statt: Magnesiumionen gehen in Lösung und reagieren mit dem im Wasser enthaltenen P und N zu Struvit. Durch die elektrolytische Wasserspaltung in den Fällungsreaktoren steigt der pH-Wert des Abwassers und bleibt bei pH 9 konstant. Dies hat den Vorteil, dass keine Lauge für den Fällungsprozess des Struvits zugeführt werden muss.

Je höher die Konzentration an Ionen im Abwasser ist, desto weniger Strom ist für die elektrochemische Fällung erforderlich. Bei allen bisher untersuchten Abwässern lag die erforderliche Leistung im Bereich unter 70 Wh/m^3 Abwasser und war damit extrem niedrig.

Entfernung von Phosphor: Langzeitversuche in einer Technikumanlage zeigten vielversprechende Ergebnisse. Es war möglich, die Phosphorkonzentrationen im Ablauf des Prozessreaktors um 99,7 % auf unter 2 mg/L zu senken. Damit wurde der Grenzwert der Abwasserverordnung (AbwV) für Anlagen bis 100.000 Einwohnergleichwerte (2 mg/L) gesichert unterschritten.

Hochwertiger Dünger Struvit: Das Produkt Struvit ist in der Landwirtschaft direkt und als hochwertiges, langsam Nährstoffe freisetzendes Düngemittel einsetzbar. Das gewonnene Produkt (Struvit) wurde in Topfexperimenten mit Pflanzen getestet. Ertrag und Nährstoffaufnahme der Pflanzen waren beim Einsatz von Struvit bis zu viermal höher als mit kommerziell erhältlichen Mineraldüngern (Ammoniumnitrat und Tripelsuperphosphat). Die Ergebnisse verdeutlichen, dass Struvit gut pflanzenverfügbar ist und das Wachstum der Pflanzen fördert.

Abb. 5.8 Mobile Versuchsanlage zur Struvitfällung

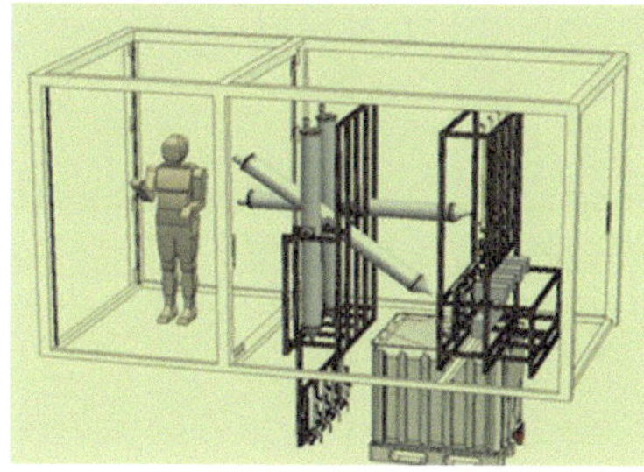

Pilotanlage für mobilen Einsatz: Eine Pilotanlage mit einem Durchflussvolumen von 1 m^3/h Abwasser wird momentan erprobt. Nach Abschluss dieser Testphase steht die Anlage für Untersuchungen an verschiedenen Standorten mit unterschiedlichen Zulaufströmen, beispielsweise auf Kläranlagen, zur Verfügung (s. Abb. 5.8).

Anhand dieser Ergebnisse soll in Zusammenarbeit mit einem Konsortium aus Industriepartnern eine Anlage für die Serienproduktion konzipiert werden. Kläranlagenbetreiber wären dann in der Lage, die Abwasserreinigung mit der wertschöpfenden Düngemittelproduktion zu verbinden. Das Verfahren ist auch für die Lebensmittelindustrie und die landwirtschaftliche Biogasproduktion geeignet, deren Abwässer reich an Ammonium und Phosphat sind.

Regenwassernutzung im Prozesswasserkreislauf 6

6.1 Wasserkreisläufe durch Regenwassernutzung schließen

Bei der Produktion stellt sich vielfach ein Wasserverlust durch verschiedene Ursachen (z. B. Verdampfung, Wasseraustrag über das Produkt) ein, um diesen Wasserverlust auszugleichen, muss Frischwasser dem Prozesswasser zugeführt werden. In der Regel ist dies Stadtwasser oder Wasser aus anderen Quellen (z. B. eigene Brunnen). Abhängig von den Anforderungen an die Qualität des Prozesswassers (z. B. VE-Wasser) wird auch Stadtwasser (Trinkwasser) einer betriebsinternen Aufbereitung (Enthärtung/Entsalzung) unterworfen. Der Bezug dieses Wassers ist mit Kosten verbunden. Das Regenwasser als kostenlose Quelle wurde über Jahrzehnte vernachlässigt. Diese Sichtweise hat sich in den letzten zehn Jahren verändert. Regenwasser ist eine Rohstoffquelle, die man nutzen kann. Denn der Einsatz von Regenwasser bietet der gewerblichen Wirtschaft eine reiche Palette von Nutzungsmöglichkeiten. Regenwassernutzung ist eine der Säulen der betrieblichen Wasserwirtschaft, die in Kombination mit anderen Maßnahmen einem Betrieb eine sichere und eigenständige Wasserversorgung (Prozesswasserautarkie) gewährleisten kann.

6.1.1 Regenwassernutzung hilft den betrieblichen Wasserkreislauf zu schließen

Mit steigenden Gebühren für die betrieblichen Abwässer und anfallenden Niederschlagswässer rückt die Regenwassernutzung auch in der gewerblichen Wirtschaft in den Fokus als effiziente Maßnahme, um Abwassergebühren zu sparen. Regenwasser kann innerbetrieblich überall dort Verwendung finden, wo keine Trinkwasserqualität notwendig ist, z. B. als

- Prozesswasser,
- Bewässerung und Befeuchtung,

R. Stiefel, *Abwasserrecycling: Technologien und Prozesswassermanagement*,
DOI 10.1007/978-3-658-13992-6_6

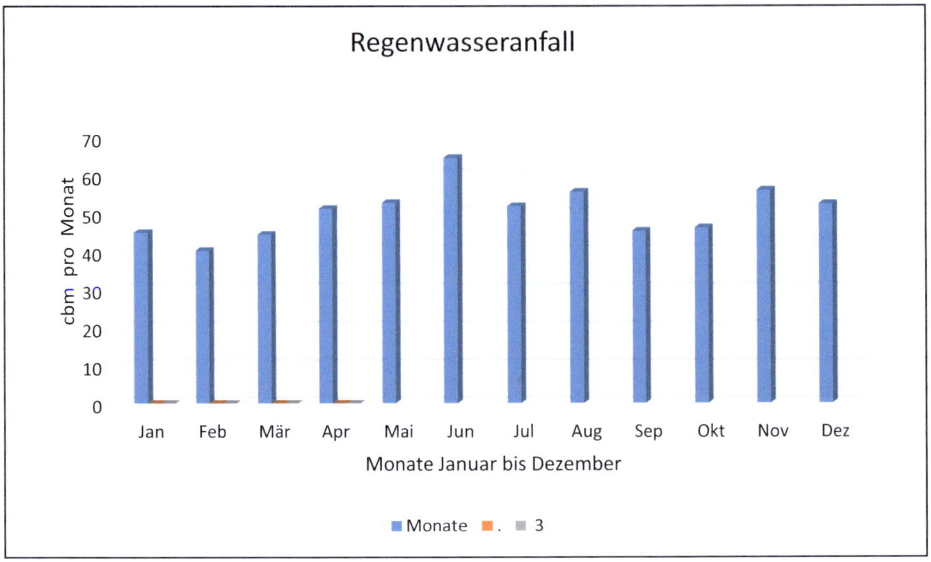

Abb. 6.1 Regenwasseranfall

- Löschwasser,
- Toilettenspülung.

Für den Einsatz im Prozesswasserkreislauf – um die Wasserverluste, die zwangsläufig durch Verdunstung, Wasseraustrag bei der Produktion und Abwasseraufbereitung entstehen – ist Regenwasser aufgrund seiner geringen Härte in vielen Fällen bestens geeignet. Die Fachvereinigung Betriebs- und Regenwassernutzung e. V. (www.fbr.de) bietet Firmen aller Branchen in vielfältiger Weise durch Seminare, Fachbroschüren etc. Hilfestellung bei der Einführung der Regenwassernutzung [194].

6.1.2 Regenwasseranfall und Nutzung im industriellen Bereich

In Abb. 6.1 ist der Regenwasseranfall am Beispiel einer Werkshalle mit einem Dach von 1000 m^2 in der Region Lahnstein mit der Postleitzahl 56112 dargestellt. Die Berechnung wurde mit dem Regenwasserrechner (unter www.dach.de [103]) durchgeführt. Mit diesem oder ähnlichen Rechnern kann jeder Betrieb bei Eingabe einiger Grundwerte, z. B. Dachfläche, Neigung des Daches und Postleitzahl, eine Abschätzung der Regenwassermenge vornehmen. In unserem Beispiel sieht man außer den monatlichen Regenmengen auch eine Jahresmenge sowie den summarischen Regenwasseranfall über ein Jahr in Abb. 6.2. Reicht die zu gewinnende Regenwassermenge nicht aus, um etwaige Wasserverluste auszugleichen, weil die geeigneten Flächen des Betriebes zu gering sind, bestehen folgende Möglichkeiten, die Wasserverluste auszugleichen:

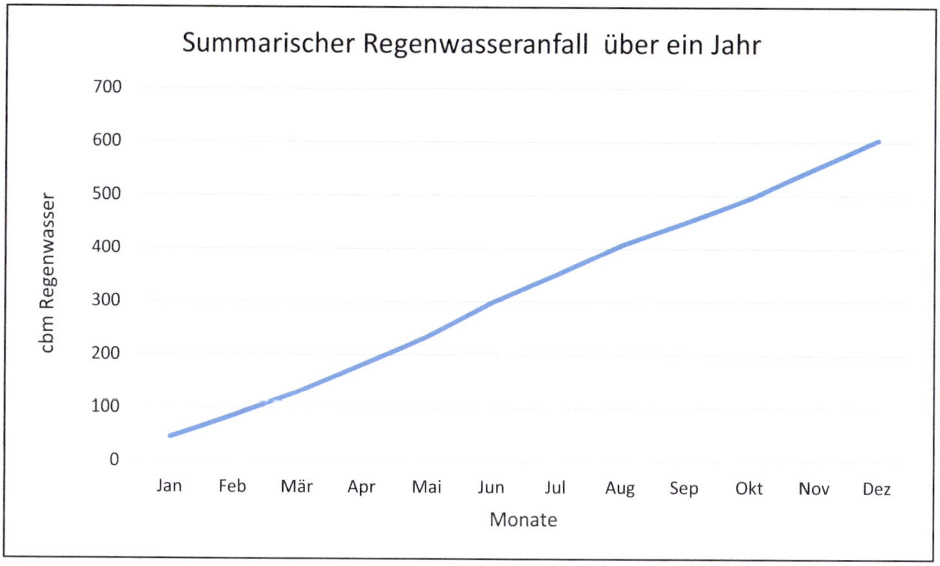

Abb. 6.2 Summarischer Regenwasseranfall

- Regenwassernutzungscluster mit Nachbarschaftsbetrieben,
- Nutzung von Brunnenwasser,
- Frischwasserbezug.

Bei der Nutzung von Brunnenwasser oder dem Frischwasserbezug von öffentlichen Wasserwerken handelt es sich um konventionelle Methoden der Wassereinspeisung, auf diese sollte erst nach Ausschöpfung aller nachhaltigen Verfahren zugegriffen werden. Im Nachbarschaftsverbund zu angrenzenden Betrieben bietet sich eine Alternative, um Regenwasser trotz geringer Eigengewinnung in ausreichendem Maße zu erhalten.

6.2 Regenwassererfassung

Im folgenden Beispiel wird die Regenwassererfassung für eine Dachfläche von 1000 m^2 erläutert. Die Regenwassermenge, die über ein Jahr von einer Dachfläche gewonnen werden kann, ist abhängig von der Größe der Dachfläche, der Dachform und der örtlichen Niederschlagsmenge. In unserem Beispiel bezieht sich die Regenwassermenge auf den Ort 56112 Lahnstein in Deutschland.

In Abb. 6.1 wird deutlich, dass der Regenwasseranteil, über das Jahr verteilt, Schwankungen unterworfen ist. Bei einer Sammlung über das ganze Jahr würden diese Schwankungen durch eine entsprechende Vorratshaltung teilweise ausgeglichen. Abb. 6.2 zeigt den summarischen Regenwasseranfall über das ganze Jahr.

6.3 Regenwassernutzungscluster in Industriegebieten

Ein Regenwassernutzungscluster besteht aus mindestens zwei Betrieben, die sich in mittelbarer Nachbarschaft befinden. Das Regenwassernutzungscluster ist daher eine Vernetzung mehrerer Industriebetriebe unterschiedlicher Branchen innerhalb eines Industriegebietes oder eines Industrieparks. So kann z. B. ein Unternehmen aus dem Bereich Logistik mit großen flächendeckenden Hallen, das selbst kaum Bedarf für die Nutzung von Regenwasser besitzt, zum Regenwassersammler und anschließend zum Regenwasserexporteur werden. Dies kann etwa der Fall sein, wenn in der Nachbarschaft eine Chemiefirma mit zu geringen Eigenflächen den Regenwasserbedarf nicht selbst decken kann. Die Regenwassernutzungscluster sind eine Umkehr von der reinen Regenwasserentsorgung hin zur effektiven Regenwassernutzung.

In Industriegebieten oder Industrieparks hebt sich der Vorteil dieser Cluster besonders hervor. Firmen unterschiedlicher Branchen mit unterschiedlichem Wasserbedarf (Prozesswasser) und unterschiedlichen Niederschlagsmengen stehen über das Cluster in einem Verbund in Bezug auf die Gewinnung und Speicherung von Regenwasser als auch deren Nutzung.

Bei einem Regenwassernutzungsverbund würden alle geeigneten Flächen der einzelnen Betriebe zur Regenwassergewinnung genutzt. Diese einzelnen Regenwassermengen könnten z. B. in einem gemeinsamen Speicherbecken gesammelt werden und das Regenwasser bei Bedarf den einzelnen Betrieben zugeleitet werden. Diese hier bewusst sehr einfach gehaltene Sicht der Regenwasserbewirtschaftung eines Industriegebietes oder Industrieparks hätte folgende Vorteile für alle angeschlossenen Firmen:

Vorteile gemeinsamer Regenwassernutzung in Industriegebieten

- Firmen mit großen Flächen und wenig Eigenbedarf an Regenwasser werden finanziell (Gebühren) entlastet.
- Firmen mit zu geringer Flächengröße zur Regenwassergewinnung und hohem Eigenbedarf werden ausreichend mit Regenwasser versorgt.
- Gemeinsame Regenwassernutzung bringt für alle Beteiligten ökologische Vorteile.

Sowohl die Regenwasserexporteure als auch die Regenwasserimporteure haben einen Nutzen von diesem Regenwassernutzungsverbund. Der Aufbau eines lokalen Regenwassernutzungsverbundes bedarf natürlich einer bestimmten Logistik und eines entsprechenden Managements, um rechtliche Fragen, Qualitätsüberwachung des guten Regenwassers usw. zu bewerkstelligen. Lokale Regenwassernutzungsverbände können wertvolle Dienste leisten. Unabhängig von der sicheren Wasserversorgung für die einzelnen Firmen, würde diese Form der Regenwassernutzung einen sehr wichtigen ökologischen Beitrag zum Hochwasserschutz leisten.

Wie in Abb. 6.3 illustriert, beruht die Prozesswasserautarkie auf den vier Säulen:

- *Wassersparen* durch effiziente Wassernutzung in der Produktion führt zur Verringerung des primären Wasserverbrauches, was sich in den nachfolgenden Schritten der Prozesswasserbehandlung kostenmindernd auswirkt.

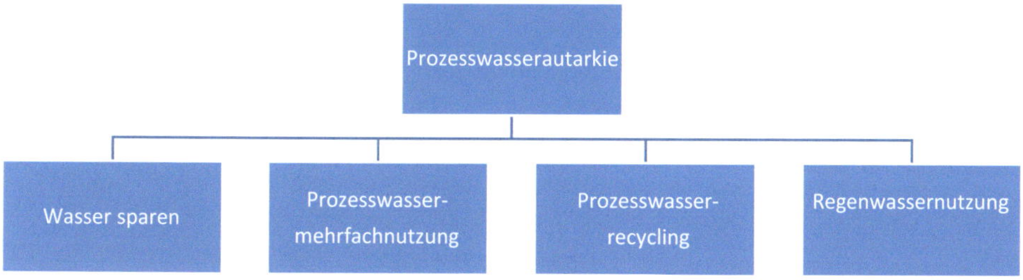

Abb. 6.3 Säulen der Prozesswasserautarkie – Regenwassernutzung im betrieblichen Wasserkreislauf

- Die *Mehrfachnutzung des Prozesswassers* verringert die Abwassermenge erheblich, was sich wiederum im Abwasserrecycling kostenreduzierend niederschlägt.
- *Recycling der Prozessabwässer.*
- *Regenwassernutzung* als Ersatz etwaiger Wasserverluste durch Verdunstung und Ausschleppung.

Welche Randbedingungen müssen bei der betrieblichen Regenwassernutzung beachtet werden? Es sind vor allem die örtlichen Niederschlagsmengen als Quellen für die Regenwassernutzung sowie die nutzbaren Dachflächenareale. Regenwasser ist ein weiches Wasser, während die örtliche Wasserhärte der Stadtwässer, die vom lokalen Wasserversorger geliefert oder über eigene Brunnen gewonnen werden (s. Abb. 6.5) gemäß den örtlichen hydrologischen Bedingungen in Deutschland sehr unterschiedlich ausfallen. Eine hohe Wasserhärte kann sich auch in den Kosten für eine Aufbereitung von Stadtwasser zu VE-Wasser niederschlagen.

6.4 Trinkwasserverordnung (TVO) beachten

Bei einer Einführung der Regenwassernutzung sind rechtliche Aspekte zu beachten. Die Informationsschrift „Versickerung und Nutzung von Regenwasser – Vorteile, Risiken, Anforderungen" des Umweltbundesamts [216] erläutert sehr übersichtlich eine Reihe von wichtigen Themen, wie z. B.:

- rechtliche Rahmenbedingungen für Regenwassernutzungsanlagen,
- Verwendung von Regenwassernutzungsanlagen im privaten und öffentlichen Bereich,
- Anforderungen nach der Trinkwasserverordnung,
- Anzeigepflicht gegenüber dem Gesundheitsamt,
- Überwachung durch das Gesundheitsamt,
- Verhältnis zu den Wasserversorgungsunternehmen,
- Baugenehmigung.

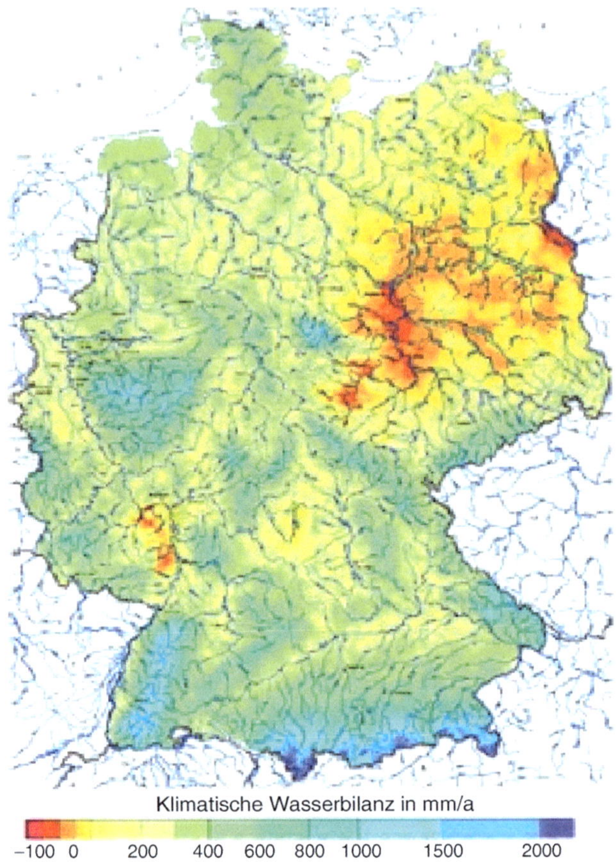

Abb. 6.4 Klimatische Wasserbilanz von Deutschland [231]

▸ Die Publikation kann beim UBA als Schrift (43 Seiten) angefordert oder als Langfassung (0,95 MB) kostenlos heruntergeladen werden.

Die Regenwassernutzung (s. Abb. 6.4) findet Eingang in den betrieblichen Umweltschutz. Hierzu wird von der Informationsplattform des Wirtschaftsministeriums Baden-Württemberg ausgeführt, dass Niederschlagswässer an den Anfallquellen (z. B. Betriebsflächen) direkt einer ökologischen Nutzung zugeführt wird.

„Der Reiz der Regenwasserbewirtschaftung

Seit 1. März 2010 ändert Regenwasser seine Richtung. Anstatt über Gullys in den Kanal soll es zukünftig auf den Grundstücken bereits per Sickerpflaster oder Sickermulde dem natürlichen Wasserkreislauf direkt zugeführt, über Gründächer verdunstet oder in Zisternen als Rohstoff gesammelt und genutzt werden. Mit dem neuen *Wasserhaushaltsgesetz* darf seit 1. März 2010 Regenwasser vom Grundsatz her nicht mehr mit Schmutzwasser vermischt werden. Priorität hat die ortsnahe Bewirtschaftung des Niederschlages. Eine entsprechende Rechtsverordnung ist in Vorbereitung. Die frühere Zuständigkeit der Bun-

Wasserhärte in °dH

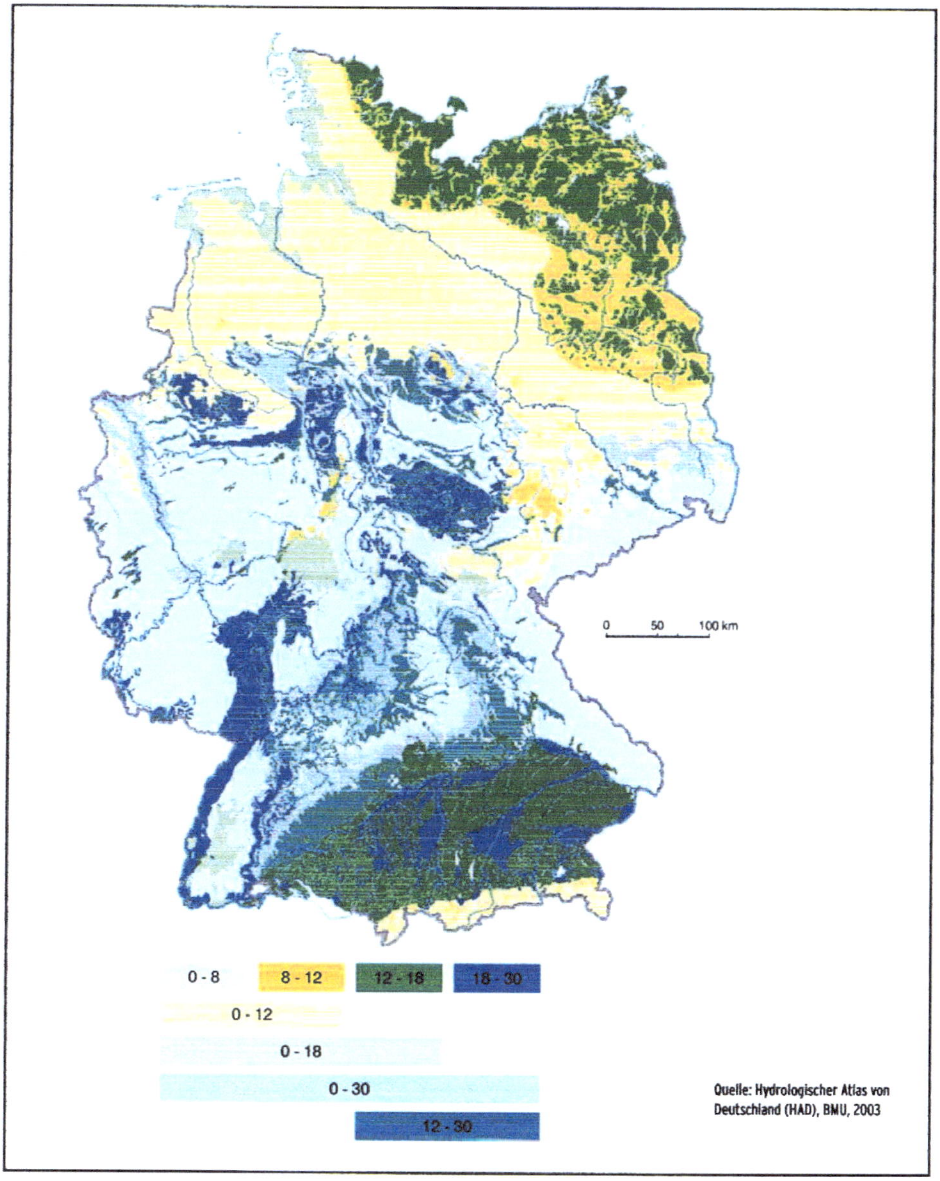

Abb. 6.5 Wasserhärte. (Aus [127])

desländer in dieser Sache geht damit an den Bund über, der eine deutschlandweit einheitliche Regelung schaffen wird. Das Ziel von Gesetzgebung und Normen ist, dass künftig bei der Oberflächenentwässerung nicht mehr als 10 % von der natürlichen Entwässerungs-Situation, wie sie vor der Bebauung war, abgewichen wird." [140]

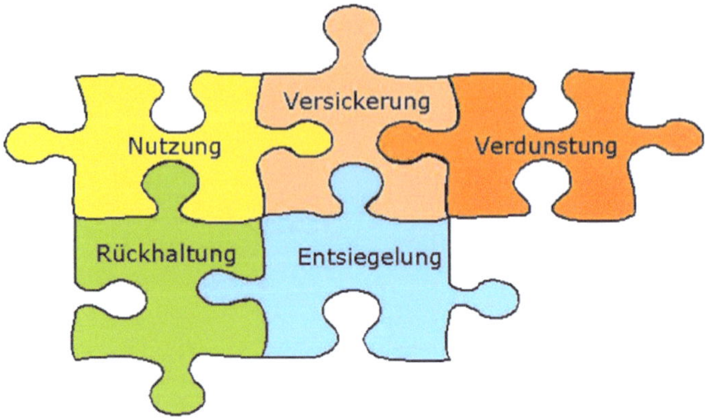

Abb. 6.6 Puzzle der Regenwasserbewirtschaftung. (Aus [140])

Abb. 6.6 versinnbildlicht die Vernetzung der einzelnen Bereiche, die sich beim Wasseranfall tangieren und gegenseitig beeinflussen können. Wie in einem Puzzle bringt erst die Kombination der einzelnen Felder (etwa die Rückhaltung des Niederschlagswassers mit einer neuen Nutzung) ein fertiges Bild.

Die Einführung der Regenwassernutzung in einem Betrieb ist zunächst ein Eingriff in seine betriebliche Wasserwirtschaft. Er muss daher prüfen, welche Auswirkungen die Regenwassernutzung nach sich ziehen können.

Eine oft gestellte Frage beinhaltet das Gesundheitsrisiko, das mit der Nutzung von Regenwasser möglicherweise verbunden ist.

Fragen zum Gesundheitsrisiko
Hierzu beantwortete der Fachverband Betriebs- und Regenwassernutzung e. V. in seinem Letter „fbr-top2" [196] oft gestellte Fragen aus dem häuslichen Bereich, die auch bei der Einführung der Regenwassernutzung im gewerblichen Bereich wertvolle und praxisrelevante Hinweise geben. Dieser Letter ist erhältlich unter dem Namen: „Regenwassernutzung im häuslichen Bereich – kein Gesundheitsrisiko" vgl. [196].

6.5 Checklisten und Hinweise bei der Einführung der Regenwassernutzung

Die nachfolgende Checkliste soll Betrieben bei der Einführung der Regenwassernutzung helfen. Sie gibt in tabellarischer Form einen Überblick über wichtige Kriterien dieses Prozesses. Es wird allerdings den Betrieben empfohlen, sich der Fachkunde externer Berater zu bedienen. Hierbei wird auf die fbr (Die Fachvereinigung Betriebs- und Regenwassernutzung e. V.) verwiesen.

Die Nutzung von Regenwasser in der gewerblichen Wirtschaft unterscheidet sich vom privaten Gebrauch z. B. durch ihre Vielfältigkeit. Es sollte daher vor den Baumaßnahmen eine Machbarkeitsstudie durchgeführt werden, um die nachfolgenden Themenkomplexe im Vorfeld abzuklären.

Wichtige Kenngrößen bei der Regenwassernutzung

- Wasserbedarf des Betriebes
- Regenwasseraufkommen des Betriebsgeländes
- Nutzungsmöglichkeiten des Regenwassers
- Möglichkeiten der Regenwassernutzung von Nachbarbetrieben
- Behördenmanagement, Auflagen, Verträge etc.
- Handling des Regenwassers (Anlagen zur Speicherung, Überwachung)
- Eigenanalytik
- Wirtschaftlichkeit

6.6 Checkliste für die Regenwassernutzung

Die Checkliste dient zur Erfassung wichtiger Daten für die Einführung der Regenwassernutzung in Betrieben als Brauchwasser. Vielfach sind Werkshallen und Gebäude mit großen Dachflächen oder andere Flächen vorhanden, die für die Regenwassergewinnung genutzt werden können. Bei der Konzeption der Regenwassernutzung sind jedoch für jeden einzelnen Betrieb bestimmte Kriterien abzufragen, um eine Bewertung hinsichtlich der Einführung der Regenwassernutzung durchführen zu können.

1. **Wasserbedarf des Betriebes.**
2. Prozesswasser für Anlage(n).
3. Prozesswassermengen der einzelnen Anlagen.
4. Qualitätsanforderungen an die Prozesswässer.
5. Kühlwasser für Anlage.
6. Kühlwassermenge.
7. Qualitätsanforderungen.
8. Andere Wasserarten im Betrieb.
9. Mengen.
10. Qualitätsanforderung.

11. **Regenwassererfassung.**
12. Regenwasseranfall.
13. Größe der Dachflächen (Grundflächen der Hallen und Gebäude).
14. Örtliche Niederschlagsmengen (Erfragung z. B. beim örtlichen Wetteramt).

15. **Art der Dachflächen.**
16. Flachdach, geneigte Dächer etc.

17. Art des Dachmaterials (z. B. Bitumen, Ziegel etc.).
18. Material der Dachrinnen oder Leitungen (z. B. Kupfer, Zink oder Kunststoff etc.).

19. **Mögliche Belastungen der Dachflächen und des Niederschlagswassers.**
20. Sind Belastungen der Dachflächen z. B. Vogelkot, Blätter oder Staubniederschlag sichtbar?
21. Sind Vorbelastungen des Niederschlagswassers bekannt?

22. **Untersuchung der Niederschlagswässer.**
23. Es empfiehlt sich vor Installation der entsprechenden Anlagen eine Bestandsaufnahme der abfließenden Niederschlagswässer bei den vorgesehenen Dachflächen etc. durchzuführen, um eine Übersicht über mögliche Belastungen zu erhalten. Hierbei kann mit einfachen Mitteln durch Anschluss einer Regenwassertonne an einem oder mehreren Fallrohren Regenwasser gesammelt und auf folgende Parameter analysiert werden.
24. Chemische Parameter: pH-Wert, abfiltrierbare Stoffe, Leitfähigkeit, Wasserhärte, Schwermetalle, organische Belastungen durch die Summenparameter CSB oder TOC, Nitrat, Nitrit, Phosphat, Kohlenwasserstoffe, AOX, Sulfat, Chlorid, spezielle Stoffe gemäß der Umgebung bzw. ihren Emissionen.
25. Parameter der Hygiene: Keimzahl, E-Coli, Coliforme gesamt u. a.

26. **Qualitätsanforderungen.**
27. Es sollte ein Anforderungskataloge erstellt werden, welcher Qualität das Niederschlagswasser entsprechen muss, um als Prozesswasser Verwendung zu finden.
28. Dabei steht die Frage im Vordergrund, welche Konzentrationen können bei den einzelnen Parametern toleriert werden, ohne die Produktionsabläufe negativ zu beeinflussen. Die Anforderungsliste ist daher sehr betriebsspezifisch bzw. anlagentypisch. Gemäß den Verfahrensschritten der Produktionslinie muss abgeklärt werden, welche Stoffe tangieren den Bereich des Arbeitsschutzes z. B. Bildung von Aerosolen u. s. w.
29. pH-Wert.
30. abfiltrierbare Stoffe.
31. Wasserhärte.
32. Organische Belastung durch TOC oder CSB.
33. Salzgehalt (Chloride, Sulfate, Nitrate etc.).
34. Schwermetallgehalte.
35. AOX-Stoffe z. B. chlorierte Kohlenwasserstoffe.
36. Kohlenwasserstoffe.

37. Weitere **produktionsspezifische Stoffe**.
38. Hygieneparameter z. B. E-Coli, Gesamt-Coliforme.

39. **Behandlung und Lagerung der Niederschlagswässer**.
40. Reinigung des gewonnenen Niederschlagswassers mittels Sieb, Kiesfilter oder Mykrofiltration oder anderer Filterarten, falls erforderlich. Desinfektion für spezielle Anwendungen. Wenn besondere Qualitätsanforderung gestellt werden, können auch weitere Behandlungen nötig sein.
41. Lagerung der Tanks, Zisternen etc. oberirdisch oder unterirdisch (Frostschutz).
42. Sicherung der Leitungen und Entnahmestellen vor Verwechslung mit Trinkwasser (Hinweise und Aufklärung für Mitarbeiter: Kein Trinkwasser).

43. **Überwachung der Wassergüte**.
44. Die Sicherstellung der Gütekontrolle des gefassten und zwischengelagerten Regenwassers sollte gewährleistet werden, um mögliche negative Einflüsse z. B. Verkeimung, etc. frühzeitig zu erkennen, damit geeignete Maßnahmen z. B. Reinigung der Tanks etc. durchgeführt werden können.
45. Klärung der Durchführung der Analytik. Bestimmte Grundparameter wie TOC oder CSB, pH-Wert, Leitfähigkeit, Trübung, Schwermetalle können in einem Betriebslabor oder extern vorgenommen werden.
46. Die Parameter der Hygiene werden in Fachlabors durchgeführt.
47. Kontrolle der Dachflächen oder anderer genutzter Flächen auf Verunreinigungen. Sichtkontrolle, Stichprobenuntersuchungen.

6.7 Behördenmanagement

Die Fragen der Rechtssicherheit hinsichtlich Bau und Betrieb von Regenwassernutzungsanlagen mit den örtlich zuständigen Behörden abklären. Besondere Beachtung verdienen die Landeswassergesetze der jeweiligen Bundesländer und soweit vorhanden lokale Verordnungen bezüglich der Anforderungen an Niederschlagswässer. Weiterhin sind regional begrenzte Auflagen/Anforderungen der Regenwassernutzung und etwaige Verträge zwischen dem Betrieb und der Gemeinde usw.. bezüglich der Einleitung von Niederschlagswasser zu beachten.

6.8 Wirtschaftlichkeitsprüfung

Eine Wirtschaftlichkeitsprüfung in Bezug auf die Nutzung von Regenwasser als Prozesswasser kann sich auf folgende Eckdaten stützen:

- Investitionskosten der Anlage
- Mögliche Fördergelder
- Laufende Betriebskosten (Wartung, Qualitätssicherung etc.)
- Kosten für Frischwasserbezug
- Einsparungen durch Regenwassernutzung (Frischwasserkosten, Gebühren für die Einleitung von Niederschlagswasser, mögliche Einsparung bei Chemikalien zur Wasserenthärtung)

Im folgenden Abschnitt werden Beispiele der Regenwassernutzung unterschiedlicher Art und verschiedener Industriebranchen vorgestellt. Sie soll dem Leser eine Übersicht vermitteln, welch breites Feld, das ständig expandiert, die Regenwassernutzung den Betrieben bietet.

6.9 Beispiele für Regenwassernutzung

Die Regenwassernutzung in der gewerblichen Wirtschaft hat einen breiten Teil von Industriebranchen erfasst und reicht von Kleinbetrieben bis zu Großbetrieben. In der Schriftreihe fbr 6 [194] der Fachvereinigung Betriebs- und Regenwassernutzung e. V. werden zahlreiche Projektbeispiele zur Betriebs- und Regenwassernutzung in öffentlichen und gewerblichen Anlagen vorgestellt. Die Projektbeispiele für den Bereich der gewerblichen Wirtschaft umfassen die folgenden Branchen:

Beispiele für Regenwassernutzung (nach [194])

- Bürogebäude
- Fahrzeugwaschanlagen
- Abfallwirtschaft
- Speditionen
- Autohäuser
- Wäschereien
- Lebensmittelindustrie
- Steinmetzbetriebe
- Düngemittelherstellung
- Sondermüllverarbeitung
- Dämmstoffherstellung
- Affinerie
- Holzverarbeitung
- Metallverarbeitung
- Kunststoffverarbeitung

Die Branchenvielfalt der Beispiele lässt erkennen, dass für fast jede Branche Regenwassernutzung eine Option darstellt. Aber deren Verwendung und die Anforderungen an Qualität und Menge können innerhalb der Branchen sehr unterschiedlich sein. Im folgenden Text wird anhand von Beispielen die Regenwassernutzung im industriellen Bereich aufgezeigt.

Beispiel für Regenwassernutzung in einem Betriebshof [92]

mall umweltsysteme

Projektbericht: Regenwassernutzung, Betriebshof Marl

Ausgangssituation:

Am Stadtrand von Marl im nördlichen Ruhrgebiet entstand 2009 der Neubau des Zentralen Betriebshofs auf dem Gelände einer ehemaligen Zeche. Auf einer Fläche von insgesamt 36.000 m² sind dort nun Wertstoffhof, städtischer Winterdienst, diverse Werkstätten sowie das Rechnungsprüfungsamt der Stadt untergebracht, die vorher auf verschiedene Standorte im Stadtgebiet verteilt waren. Für die Reinigung der betriebseigenen Einsatzwagen, Kehrmaschinen und Müllfahrzeuge sollte nach den Plänen der Stadt nur noch Regenwasser verwendet werden.

Problemlösung:

Das Regenwasser von den Dachflächen wird gesammelt, mit Hilfe eines Mall-Filterschachts von Feststoffen befreit und in einer Mehrbehälteranlage mit einem Fassungsvermögen von insgesamt rund 78 m³ gespeichert. Um dem Regenwasser den nötigen Druck zu geben und es den einzelnen Zapfstellen auf dem Betriebsgelände zuzuführen, arbeitet im Gebäude zusätzlich ein Regencenter Monsun XL mit Doppelpumpanlage. Waschhalle und Außenwaschplatz werden auf diesem Weg mit Regenwasser versorgt und helfen der Stadt, kostbares Trinkwasser und viel Geld zu sparen.

Projektdaten:

Bauherr:	Zentraler Betriebshof der Stadt Marl
Planung:	Pfeiffer-Ellermann-Preckel GmbH, Münster
TGA-Planer:	Winkels Behrens Pospich Ingenieure für Haustechnik GmbH, Münster
Lieferung:	Mall GmbH
Fertigstellung:	September 2009

Anlagenkomponenten:

- 1 Filterschacht Typ FS 1750
- 4 Mall-Regenspeicher Typ B mit je 19,5 m³ Fassungsvermögen
- Regencenter Monsun XL

Vorteile auf einen Blick:

- Beton-Fertigteile in B 55
- Typenstatik für Fertigteile
- Kurze Einbauzeit
- Hervorragende Vorreinigung
- Komplette einbaufertige Regenwasserzentrale mit hohem Betriebskomfort
- Normgerechte Ausführung

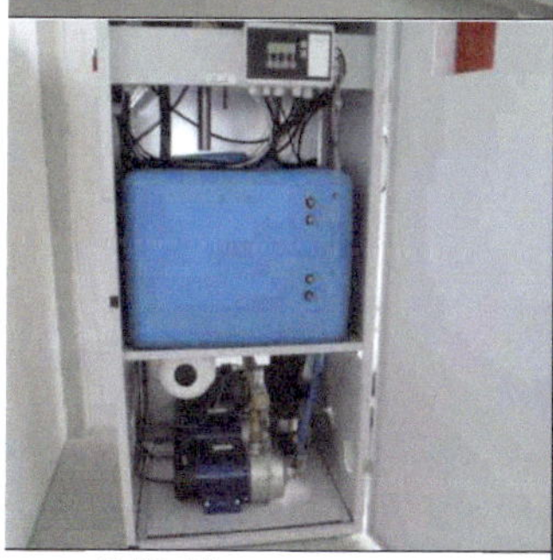

Regenwasserbewirtschaftung

Mall GmbH

Oststr. 7
48301 Nottuln
Telefon: +49 2502 22890-0
Telefax: +49 2502 22890-800

info@mall.info
www.mall.info

Beispiel Regenwassernutzung in der Verpackungsindustrie aus [92]

mall
umweltsysteme

Projektbericht: Regenwassernutzung, Josef Schulte GmbH, Delbrück

Ausgangssituation:

Die Josef Schulte GmbH stellt am Firmenstandort in Delbrück in der Nähe von Paderborn mit 106 Mitarbeitern Verpackungen aus Wellpappe her. Für Produktion, Maschinenwäsche und Toilettenspülungen benötigt das Unternehmen täglich über 6000 Liter Wasser. Im Zuge der ohnehin geplanten Erweiterung der Produktionsfläche für die Kartonagenproduktion entschloss sich die Unternehmensführung deshalb, das Regenwasser von den Dachflächen künftig zu nutzen und damit Kosten zu sparen.

Problemlösung:

Das Regenwasser von den rund 10.000 m^2 Dachfläche wird nun in zehn Regenspeichern mit einem Nutzvolumen von 140 m^3 gesammelt und für Produktion und Toiletten genutzt. Zur Rückhaltung und Versickerung von zusätzlich anfallendem Niederschlag wurden darüber hinaus in zwei Lagen insgesamt 120 Sickerkammern aus wasserdurchlässigem Porenbeton eingebaut. Aufgrund seiner großen Belastbarkeit mit Verkehrslasten (SLW 60) und seiner hohen Speicherleistung entschied sich das Unternehmen gegen Kunststoffrigolen und für eine Lösung aus Beton.

Projektdaten:

Bauherr:	Josef Schulte GmbH, Delbrück
Planung:	Architekturbüro Stefan Weinel, Büdingen
Lieferung:	Mall GmbH
Fertigstellung:	Juni 2010

Anlagenkomponenten:

- Regenwassernutzung: 10-Behälteranlage mit 140 m^3 Nutzvolumen
- Versickerung: 120 Cavi-Sickerkammern

Vorteile auf einen Blick:

- Beton-Fertigteile in B 55 mit Typenstatik
- Kurze Einbauzeit und hohe Belastbarkeit (SLW 60)
- Flächige Regenwasserversickerung bei geringer Einbautiefe mit bis zu 85% Speichervolumen
- Flexibles Baukastensystem ermöglicht Rückhaltevolumen in jeglicher Größe
- Aufgrund der Porenbetonstruktur keine Geotextilien erforderlich

Regenwasserbewirtschaftung

Mall GmbH

Oststr. 7
48301 Nottuln
Telefon: +49 2502 22890-0
Telefax: +49 2502 22890-800

info@mall.info
www.mall.info

Energierückgewinnung aus Industrieabwässern 7

7.1 Möglichkeiten der Energierückgewinnung

Eng verbunden mit der Rückgewinnung von Wertstoffen aus Abwässern ist die Energierückgewinnung daraus. Zwei wichtige Arten der Energieformen (s. Abb. 7.1) sind in vielen Industrieabwässern vorhanden, zum einen die Abwasserwärme und zum anderen die organischen Abwasserinhaltsstoffe, die in Form von CSB- und BSB_5-Frachten mitgeführt werden.

7.1.1 Potenziale der Abwasserwärmenutzung

„Zukunftsenergie Abwasser", so lautet die Überschrift eines Vorspanns zu einem Energieratgeber mit dem Titel *Heizen und Kühlen mit Abwasser* [164]. Der Ratgeber für Bauträger und Kommunen beschäftigt sich zwar überwiegend mit der Energiegewinnung aus kommunalem Abwasser, bietet jedoch auch Industriebetrieben wertvolle Hinweise zur effizienten Energiegewinnung aus Abwasser. Es werden anschaulich die Grundlagen der Wärmenutzung für Heizungszwecke erläutert.

R. Stiefel, *Abwasserrecycling: Technologien und Prozesswassermanagement*,
DOI 10.1007/978-3-658-13992-6_7

Beispiel

Grundlagen

So funktioniert die Abwasserheizung

Abwasser steckt voller Energie. Im Winter können wir daraus Wärme gewinnen, im Sommer damit kühlen.

Das kommt daher, dass Abwasser im Winter deutlich wärmer ist als die Außenluft und im Sommer kälter. Im Jahresverlauf bewegt sich die Abwassertemperatur zwischen 10 °C und 20 °C. Abwasser ist deshalb eine ideale Wärmequelle für den effizienten Betrieb von Wärmepumpen. Die Technik zur Energiegewinnung aus Abwasser ist einfach und erprobt. Herzstück bilden ein Wärmetauscher, der aus dem Abwasser Energie gewinnt, und eine Wärmepumpe, die die Energie für die Beheizung oder Kühlung von größeren Gebäuden nutzbar macht.

Effiziente Nutzung von Primärenergie

Die meisten Abwasserheizungen werden mit Elektrowärmepumpen betrieben. Weil Abwasser im Vergleich zu anderen Wärmequellen wie Luft, Grundwasser oder Geothermie wärmer ist, arbeiten diese Anlagen sehr effizient. Die Menge an erzeugter Nutzenergie (Raumwärme, Warmwasser) liegt deutlich höher als der Verbrauch an Primärenergieträgern (Kohle, Gas) zur Erzeugung des benötigten Stroms. Das Maß für die Effizienz von Wärmepumpen – die so genannte Jahresarbeitszahl – liegt klar über 3,5, was einer prozentualen CO_2-Einsparung gegenüber einer Ölheizung von über 40 % entspricht.

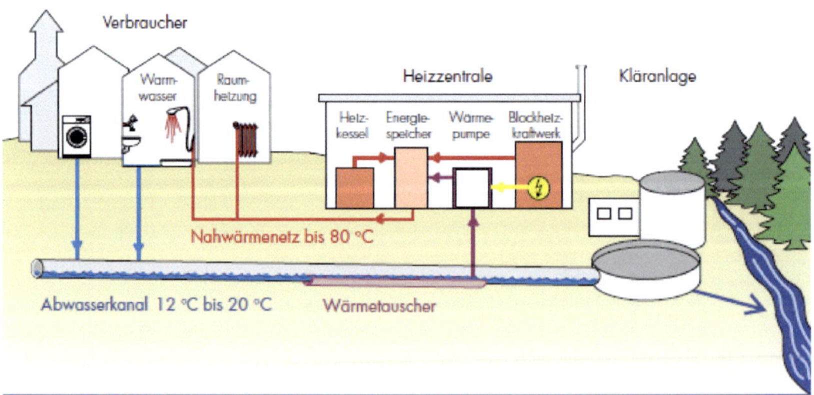

Funktionsweise der Abwasserwärmenutzung: Die Energierückgewinnung aus Abwasser ist ein sinnvoller Kreislauf. (Grafik: Staubli)

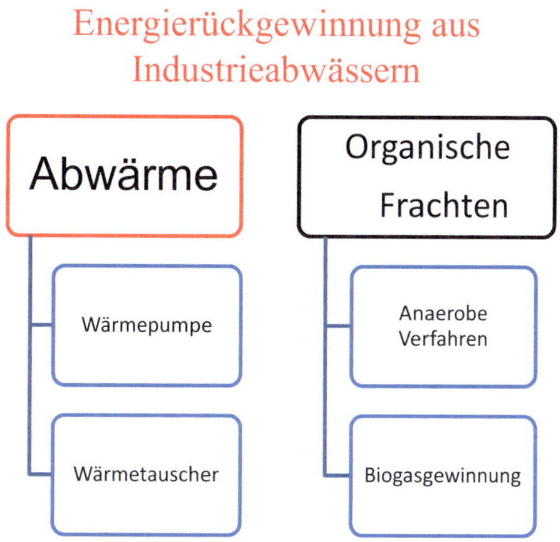

Abb. 7.1 Energierückgewinnung aus Abwasser

Speziell für Gewinnung von Energie aus industriellem Abwasser führt der Ratgeber an [163]:

Energienutzung aus industriellem Abwasser

„Abwasser aus der Industrie ist in vielen Fällen deutlich wärmer als kommunales Abwasser. Es eignet sich daher besonders gut für den Einsatz von Wärmepumpen. Ein Beispiel für Wärmenutzung aus industriellem Abwasser ist die im Jahr 2004 erstellte Heizanlage des Ludwig-Windhorst-Hauses in Lingen (Niedersachsen). Für die Raumheizung und die Wassererwärmung dieser Heimvolkshochschule der katholischen Kirche wird Energie aus dem gereinigten Abwasser der nahe gelegenen Erdölraffinerie Emsland gewonnen. Die vergleichsweise hohen Abwassertemperaturen (ganzjährig zwischen 25 und 35 °C) erlauben einen äußerst effizienten Betrieb der 20-kW-Wärmepumpe. Diese wird unterstützt durch zwei Blockheizkraftwerke und einen Spitzenlast-Heizkessel. Der Beitrag der regenerativen Abwasserenergie an der gesamten Wärmebereitstellung beträgt rund 35 %. Eine weitere Besonderheit der Anlage ist der Einsatz von umweltfreundlichem CO_2 als Kältemittel der Wärmepumpe. Aufgrund des Pilotcharakters wurde der Bau der Anlage mit einem Förderbeitrag der Deutschen Bundesstiftung Umwelt (IDBU) unterstützt."

Die Wärmerückgewinnung aus Industrieabwässern ist bisher weitgehend eine ungenutzte Ressource für viele Industriebetriebe. Auf diesem Feld bieten sich den Betrieben unverhoffte Energiepotenziale an, die auf Verwertung warten. Eine effektive Nutzung der Abwasserwärme schließt den reibungslosen Betrieb der Wärmegewinnung mit ein, dieser ist jedoch an einige Randbedingungen geknüpft. So wird empfohlen, bei der Planung und Errichtung von Wärmerückgewinnungsanlagen folgende Kriterien zu beachten:

Kriterien der Wärmerückgewinnung
- Istaufnahme aller Randbedingungen
- Enge Zusammenarbeit der einzelnen Fachrichtungen bei der Planung
- Technische Vorkehrungen bei Verschmutzungsproblemen vorsehen
- Mögliche Vorreinigung des Abwassers prüfen, um die Verschmutzung der Anlagen zu minimieren

Die Vorreinigung ist ein wichtiger Punkt, da sich für viele Industriebetriebe die Möglichkeit bietet, mit der Nutzung von behandeltem Abwasser das Verschmutzungsproblem bei den Energierückgewinnungsanlagen zu minimieren.

Ein bisher vielfach ungenutztes Potenzial zum Heizen und Kühlen wartet in unseren Abwasserkanälen auf die Nutzung. Nach Angaben einer Informationsschrift mit dem Titel *Abwasser – zum Wegwerfen zu schade* [151] könnten theoretisch zehn Prozent aller Gebäude in Deutschland mit der im Abwasserkanal schlummernden Energie beheizt werden. Eine beachtliche Menge, die, wo es möglich ist, genutzt werden sollte.

Auf der Fachtagung „Energiegewinnung aus Trinkwasser und Abwasser“ [227] mit internationalen Referenten wurde eine ähnliche Größenordnung (5–10 %) dieses Energiepotenzials genannt.

Grundsätzlich kann Wärme aus Wasser jeglicher Art (Abwasser, Oberflächenwasser etc.) zurückgewonnen werden. Über die Nutzung der Abwärme aus Kanälen wurde auf derselben Tagung berichtet, dass sie in fast 100 Anlagen in der Schweiz und an einzelnen Standorten in Deutschland erprobt wurde. Die abgegebene Wärmeleistung an Gebäude variiert von 40 KW bis 400 KW.

Abwärmepotenzial und Energierückgewinnung

Bei der Energiegewinnung aus Abwasserwärme kommt dem Abwasserpotenzial eine wichtige Funktion hinsichtlich der Wirtschaftlichkeit zu. Es wird daher im Exkurs aus der Studie *Abwärmenutzung – Potenzial, Wirtschaftlichkeit und Förderung* [160] vom Eidgenössischen Department für Umwelt, Verkehr, Energie und Kommunikation UVEK (Bundesamt für Energie BFE) die Definition der Wärmepotenziale zitiert. Für die Wärmegewinnung aus Industrieabwässern sind vor allem folgende Potenziale interessant:

Potenziale der Wärmerückgewinnung
- Theoretisches Abwasserwärmepotenzial (TP)
- Technisch nutzbares Wärmepotenzial (NP)
- Wirtschaftliches Potenzial (WP)

Beispiel

3 Abwärmepotenzial

3.1 METHODIK

Die in vorliegender Studie angewendete Methode zur Potenzialermittlung wurde für diesen Bericht durch die Dr. Eicher+Pauli AG in Absprache mit der Begleitgruppe neu entwickelt. Sie berücksichtigt das Potenzial des gereinigten Abwassers der grossen ARA's und ermöglicht erstmals, das Nutzungspotenzial aus dem Wärmeangebot im Vergleich zur möglichen Wärmenachfrage im Umkreis der Anlagen zu ermitteln. Dazu wurden zwei Methoden entwickelt, welche sich gegenseitig ergänzen resp. zur Validierung eignen.

3.1.1 Potenzialdefinitionen

Da sich in der Literatur verschiedene Definitionen für (Abwasserwärme)potenziale finden (s. z.B. Energieperspektiven [1], S. 59 ff.), sollen zunächst die für die vorliegende Untersuchung geltenden Definitionen beschrieben werden. Für alle Definitionen handelt es sich immer um das Wärmepotenzial allein des Abwassers; bei einer realen Nutzung der Abwärme in einer bivalenten Anlage mit Wärmepumpe und Spitzenkessel erhöht sich das totale Wärmepotenzial entsprechend der zugeführten Endenergie (Strom und beispielsweise Erdgas, siehe dunkelrote Fläche in Abbildung 14).

Theoretisches Abwasserwärmepotenzial (TP): Abkühlung des gesamten Abwasserabflusses nach der Reinigung in der ARA von durchschnittlich 13.5°C auf 5°C. Das gesamte warme Abwasser wird dabei aus dem gemessenen durchschnittlichen ARA-Tagesabfluss der Monate Oktober bis Juni jeder einzelnen ARA der Grössenklasse 1 bis 3 (grösser als 10'000 Einwohnergleichwerte, 296 Anlagen) auf 365 Tagen pro Jahr hochgerechnet. Die durchschnittliche Abwassertemperatur von 13.5°C wird für vier Monate um 2 Kelvin erhöht (Sommer) und für vier Monate um 2 Kelvin reduziert (Winter).

Technisch nutzbares Potenzial (NP): Abkühlung von 90 % des gesamten Abwasserabflusses (siehe Definition oben) auf 5°C nach der Reinigung in der ARA. Als Abwassertemperatur wird die gegenüber der mittleren Temperatur um 2 Kelvin reduzierte Wintertemperatur verwendet (Auslegung auf Tagesmittelabfluss der grossen ARA während trockener Heizperiode). Daraus ergibt sich die gerade Linie in Abbildung 14 (konstante Abwärmeleistung).

Wirtschaftliches Potenzial (WP): Im besten Fall entspricht das WP dem technisch nutzbaren Potenzial (NP). Berücksichtigt wird hier, dass das NP meist durch die Abnehmerseite eingeschränkt wird. Einschränkungsfaktoren: Zu geringe Gebäude- resp. Wärmedichte im Umkreis der ARA (< 320 MWh pro jeder betrachteten Hektar und Jahr), zu kleine Wärmeabnahmemenge für den wirtschaftlichen Betrieb einer bivalenten Wärmepumpe-Anlage (< 4'000 MWh pro Jahr bei der Annahme von 2'000 Volllaststunden[12]), Anlageauslegung auf den Winterfall (geringe Nutzung der Abwärme in den Sommermonaten, siehe Abbildung 14).

Kanalpotenzial: Die wirtschaftliche Nutzung dieses Potenzials ist nur in grossen Sammelkanälen möglich. Hier kann man davon ausgehen, dass sich die Kanal-Wassertemperatur bereits stark abgekühlt hat und etwa der ARA-Wassertemperatur entspricht. Somit ist das Kanal-Abwärmepotenzial im Einzugsgebiet einer ARA im ARA-Potenzial enthalten, d.h. die Nutzung von Kanalabwärme führt zur entsprechenden Reduktion der ARA-Abwärme. Daher wird das Kanalpotenzial nicht näher untersucht.

[12] Gemäss den Wirtschaftlichkeitskriterien in Abschnitt 2.3.4 beim Szenario der Kostenreduktion bei Abwasserwärme.

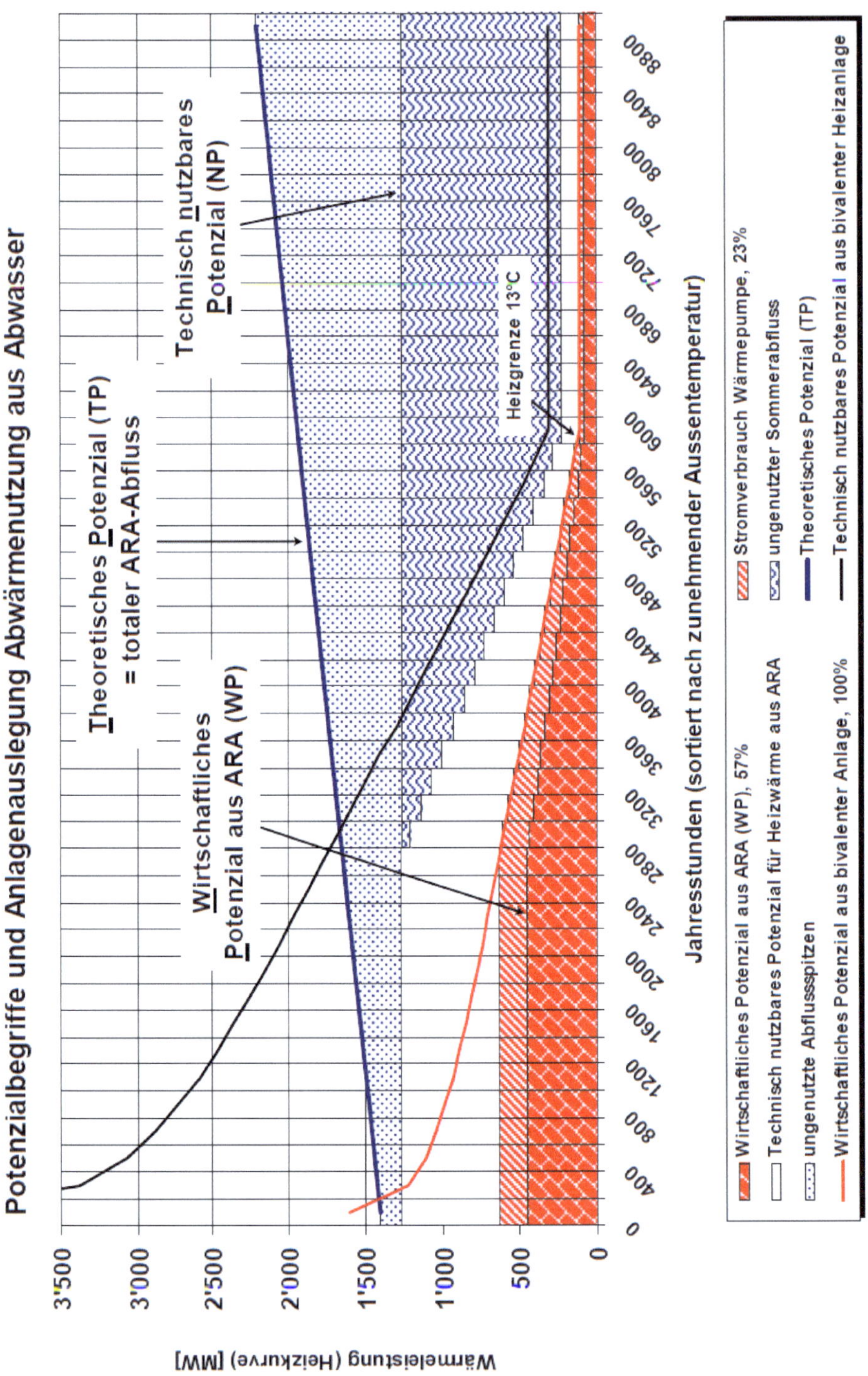
Potenzialbegriffe und Anlagenauslegung Abwärmenutzung aus Abwasser
Technisch nutzbares Potenzial (NP)
Theoretisches Potenzial (TP) = totaler ARA-Abfluss
Wirtschaftliches Potenzial aus ARA (WP)
Heizgrenze 13°C
Wärmeleistung (Heizkurve) [MW]
3'500
3'000
2'500
2'000
1'500
1'000
500
0
0
400
800
1200
1600
2000
2400
2800
3200
3600
4000
4400
4800
5200
5600
6000
6400
6800
7200
7600
8000
8400
8800
Jahresstunden (sortiert nach zunehmender Aussentemperatur)
Wirtschaftliches Potenzial aus ARA (WP), 57%
Stromverbrauch Wärmepumpe, 23%
Technisch nutzbares Potenzial für Heizwärme aus ARA
ungenutzter Sommerabfluss
ungenutzte Abflussspitzen
Theoretisches Potenzial (TP)
Wirtschaftliches Potenzial aus bivalenter Anlage, 100%
Technisch nutzbares Potenzial aus bivalenter Heizanlage

Überträgt man die im Exkurs genannten Verhältnisse auf Bedingungen, wie sie vielfach in Industriebetrieben bestehen, so sind für die einzelnen Potenziale folgende Schlüsse abzuleiten.

- **Theoretisches Abwasserwärmepotenzial in Industriebetrieben (TP)** ist die Abkühlung des gesamten Abwassers nach der Abwasserbehandlung von der Abflusstemperatur auf ein bestimmtes Temperaturniveau, das von den technischen Gegebenheiten des jeweiligen Rückgewinnungsverfahrens abhängig ist, z. B. bei kontinuierlichen Bedingungen über das gesamte Jahr von 30 auf 5 °C an 360 Tagen. Das Theoretische Abwasserwärmepotenzial ist eine physikalische Größe. Es sagt noch nichts darüber aus, wie hoch der Anteil der technisch nutzbaren Energiemenge ist. Für die Energiegewinnung im Betrieb ist das technisch nutzbare Wärmepotenzial entscheidend.
- **Technisch nutzbares Wärmepotenzial in Industriebetrieben (NP):** Das technisch nutzbare Wärmepotenzial ist abhängig von den genutzten Abwassermengen und den Wirkungsgraden der eingesetzten Rückgewinnungstechniken. Die Entwicklung und Optimierung dieser Techniken ist in vollem Gange. Es wird daher empfohlen, sich jeweils über den aktuellen Stand der Entwicklungen zu informieren.
- **Wirtschaftlich nutzbares Wärmepotenzial in Industriebetrieben (WP):** Die Abkühlung kann sich auf Teilmengen des gesamten Abwassers beschränken. Weiterhin bieten sich unterschiedliche Möglichkeiten der Abwärmeverwertung im Sommer und im Winter. Die sehr unterschiedlichen Möglichkeiten hinsichtlich der Nutzung der Abwärme in den einzelnen Betrieben bedingen zahlreiche Varianten. Die Verwertungsmöglichkeiten bestimmen den Grad des wirtschaftlich nutzbaren Wärmepotenzials.

Die Wirtschaftlichkeit der Abwärmenutzung hängt stark von den innerbetrieblichen wie auch externen Verwertungsmöglichkeiten ab. Welche Möglichkeiten der Verwertung eröffnen sich einzelnen Betrieben?

7.1.2 Nutzung der Abwasserwärme in Industriebetrieben

Einen grundlegenden Unterschied zur Nutzung der Abwärme aus Abwässern zwischen dem kommunalen Bereich und Industriebetrieben besteht in der Verwertung der gewonnenen Energie. Industriebetriebe haben oft einen weitgespannten Bogen beim Energiebedarf hinsichtlich einzelner Energiearten. Es stellt sich daher die Frage nach der sinnvollen Verwertung rückgewonnener Energie. Die Verwertung der gewonnenen Energie kann grundlegend in zwei Bereiche unterteilt werden (s. Abb. 7.2).

Die Nutzung von Abwasserwärme im betrieblichen Bereich wirft folgende Fragen auf:

1. Welche Wärmepotenziale besitzen die eigenen Abwässer?
2. Sind diese technisch nutzbar?

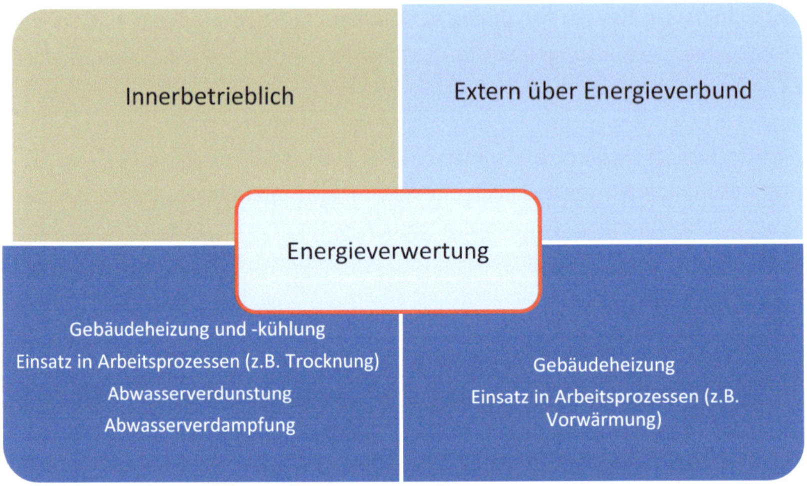

Abb. 7.2 Formen der Energieverwertung bei der Abwasserwärmenutzung

3. Wie groß ist das technisch nutzbare Wärmepotenzial?
4. Wie groß ist das wirtschaftlich nutzbare Wärmepotenzial?

Fällt die Antwort zur wirtschaftlich nutzbaren Energie eines Abwassers positiv aus, folgen zwangsläufig weitere Fragen:

- Wer sind die Abnehmer für die Energie?
- Welche Energieart verlangen die Abnehmer?
- Über welche Zeiträume brauchen sie die Energie?
- Welche Energiemengen werden verlangt?

Elektrische Energie wäre eine ideale Energiequelle, da sie sehr vielseitig verwendbar ist, doch fällt bei der Abwärmenutzung zunächst einmal Wärme an, für die ein Abnehmer gesucht wird. Abb. 7.2 stellt verschiedene Formen der Energieverwertung dar, die sich aus der Abwasserwärmerückgewinnung ergeben können.

Innerbetriebliche Verwertung Eine rein innerbetriebliche Verwertung der Wärme reicht von dem Einsatz als Heizungsenergie bis zu den vielfältigen Möglichkeiten bei der Verwertung in Arbeitsprozessen, was über die Trocknung von Waren bis zur Vorwärmung von Arbeitsmitteln reicht oder eine direkte Rückführung in die Arbeitsprozesse beinhalten kann, wie z. B. die Beheizung von Waschlaugen. Ob die Abwärme für einzelne Arbeitsprozesse genutzt werden kann, hängt von den Anforderungen der Arbeitsprozesse ab. Die Nutzungsmöglichkeiten sind sehr vielfältig und natürlich branchenspezifisch.

Nutzung der Abwasserwärme zur Abwasseraufbereitung Eine vielversprechende Möglichkeit, die Abwärme innerbetrieblich zu verwerten, bietet die Niederdruckverdampfung von Industrieabwässern. Das Fraunhofer-Institut für Grenzflächen- und Bioverfahrenstechnik IGB hat zusammen mit der Firma Maschinenbau Lohse GmbH ein Entwicklungsprojekt nach dem Prinzip der Vakuumverdampfung durchgeführt. Durch den Einsatz des Vakuums lassen sich Temperaturen im Bereich von 40 bis 50 °C nutzen, wobei auch Solarenergie eine mögliche Energiequelle darstellt [232]. Darüber hinaus bieten sich weitere Möglichkeiten, Abwärme innerbetrieblich zu verwerten. Dafür bieten sich Anlagen zur Abwasserverdampfung bzw. -verdunstung an.

Innerbetriebliche und externe Verwertung Bestehen innerbetrieblich keine ausreichenden Möglichkeiten, die gesamte rückgewonnene Abwärme zu nutzen, kann in einer Mischform ein Teil der Energie innerbetrieblich genutzt werden, soweit dies wirtschaftlich sinnvoll ist, und der restliche Teil einer externen Verwertung überlassen werden. In einfachen Fällen kann dies die Wärmeabgabe an einen Nachbarbetrieb bedeuten oder die Einspeisung in einen Wärmeverbund, z. B. in einem Industriepark.

Externe Verwertung im Wärmeverbund Die externe Verwertung der Abwärme aus den Abwässern bietet sich dann an, wenn intern keine Möglichkeit für die Eigennutzung besteht oder die gewinnbare Abwasserwärme nach technischen und wirtschaftlichen Bedingungen eine externe Nutzung favorisiert. Möglichkeiten der rein externen Verwertung können sich z. B. in Nachbarbetrieben anbieten oder eine Abgabe an Gemeinden, z. B. für Gebäudeheizung, Schwimmbäder. Abwärme ist Energie, die vermarktet werden muss. Ist ein Betrieb gezwungen das Abwasser vor der Einleitung in einen Kanal oder ein Fließgewässer abzukühlen, um bestimmte Einleitungsanforderungen zu erfüllen, kann es aus rein wirtschaftlichen Gründen interessant sein, eine Abwasserwärmerückgewinnung zu betreiben. Die Abwärmenutzung bietet vielseitige Möglichkeiten, teure Prozessenergie zum Teil wiederzugewinnen.

7.2 Beispiele für Wärmerückgewinnung aus Abwasser

Im folgenden Abschnitt werden einige Beispiele der Wärmerückgewinnung aus Abwässern vorgestellt, sie verdeutlichen die Entwicklung der letzten Jahre auf einem sich rasant entwickelnden Feld der Energierückgewinnung.

Beispiel: Wärmerückgewinnung bei der Flaschenspülanlage

Da das Abwasser aus einer Flaschenspülanlage mit einer Temperatur von 55 °C direkt in die Kanalisation geführt wird und damit erhebliche Wärmeverluste auftreten, wurden die Möglichkeiten einer Wärmerückgewinnung untersucht. Über einen Wärmetauscher kann Wärme aus dem Abwasser zur Vorwärmung des Frischwassers verwendet werden. Dadurch muss weniger Energie zur Erwärmung des Spülwassers und zur Speisewasservorwärmung (für den Dampfkessel) eingesetzt werden. Es lassen sich erhebliche Brennstoffeinsparungen erzielen.

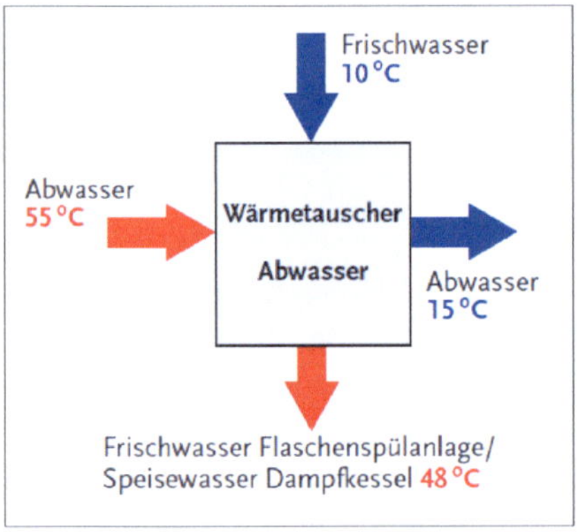

Schema der Wärmerückgewinnung,

Aus [141]

Die Abwasser- bzw. Frischwassermenge beläuft sich auf 1 835 000 l/a. Das Abwasser wird von 55 °C auf 15 °C abgekühlt, während das Frischwasser von 10 °C auf 48 °C erwärmt wird. Durch die Wärmerückgewinnung lassen sich ca. 809 500 kWh_{th}/a an Wärme einsparen. Bei einem Jahresnutzungsgrad des Dampfkessels von 90 % ergibt sich eine Brennstoffeinsparung von knapp 900 000 kWh/a bzw. 128 500 Liter Flüssiggas pro Jahr.

Investition	15.700 €
Jahreskosten	
Kapitalkosten	1.600 €/a
Betriebskosten	200 €/a
Einsparung an Verbrauchskosten	22.850 €/a
Einsparung an Jahreskosten	21.050 €/a
Statische Amortisationszeit	**0,75 Jahre**

Durch die Wärmerückgewinnung ergeben sich Brennstoffeinsparungen von 21 050 €/a. Die Investition amortisiert sich nach weniger als einem Jahr.

Beispiel: Abwasser erwärmt Fernwärmenetz

Informationen aus der Fördertätigkeit der Deutschen Bundesstiftung Umwelt

Die Stadt Aurich geht neue Wege in der Abwärmenutzung. Während für Wärmepumpen bislang überwiegend Erdwärme oder die Umgebungsluft als Wärmequelle genutzt wurde, kommt in der ostfriesischen Stadt die Abwärme aus dem Abwasser eines Molkereibetriebes zum Einsatz. Das vorgereinigte, 30 °C warme Abwasser des Milchveredelungsbetriebs heizt das Wasser des Fernwärmenetzes der Stadt über Wärmetauscher bis zu 25 °C auf. Bevor es die Grundlast einer Multifunktionshalle decken kann, wird es von Wärmepumpen auf maximal 60 °C erwärmt und auf das Heizungssystem und die Warmwasserversorgung verteilt. Künftig soll auch das geplante Allwetterbad der Stadt an dieses System angeschlossen werden. Das Wärmepotenzial reiche sogar noch aus, um weitere Gebäude an der rund einen Kilometer langen Fernwärmestrecke anzuschließen oder es für sinnvolle Maßnahmen auf dem Klärwerk, beispielsweise zur Klärschlammtrocknung, zu nutzen, erläutert Mimke Schulz, Betriebsleiter des Nettoregiebetriebes Stadtentwässerung

Abb. 7.3 Biomar AFB anaerobe Abwasserbehandlungsanlage mit Misch- und Ausgleichsbehälter, Technikraum und Anaerobreaktor

der Stadtverwaltung. Das Projekt könne damit auch zum anvisierten Ziel einer energieautarken Kläranlage beitragen. Auf jeden Fall sieht die Stadt Aurich in der Nutzung dieser regenerativen Energiequelle eine umweltfreundliche Alternative zur herkömmlichen Technologie mit guten Aussichten auf einen wirtschaftlichen Betrieb [141].

Beispiel: Energierückgewinnung aus Kaffeeabwasser [145,148]

Energie aus Kaffeeabwasser

veröffentlicht in „LVT Lebensmittel Industrie" 03/07

Stephanie von Selchow, Medienbüro

Biologische Abwasserreinigung mit Biogaserzeugung

Für Kaffeeabwässer aus dem Herstellungsprozess für gefriergetrockneten Kaffee wurde eine anaerobe Abwasserbehandlungsanlage gebaut, die das Kaffeeabwasser sicher auf die geforderten Einleitparameter reinigt. Kritische Parameter des Abwassers sind die Braunfärbung und dessen Neigung zu schäumen. Gleichzeitig wird das entstehende Biogas für die Energieerzeugung verwendet. Das Verfahren wird beschrieben und der verantwortliche Abteilungsleiter berichtet über seine Erfahrung mit der Anlage.

Die Dr. Suwelack Nachf. GmbH & Co KG in Billerbeck steht seit mehr als 120 Jahren für hohe Qualität bei der Verarbeitung von Lebensmitteln. Eine Vielfalt an Produktinnovationen und hohe Investitionen stellen sicher, dass die Anforderungen der Kunden erfüllt werden.

Die Aufgabenstellung

Für den Bereich der Gefriertrocknung von Kaffee suchte das Unternehmen eine ökonomisch und ökologisch sinnvolle Lösung für die Abwasserbehandlung: Die Betriebskläranlage musste dringend entlastet werden. Sobald Kaffeeabwasser in das belüftete Klärbecken gepumpt wurde, schäumte es sehr stark. Ziel war es, ein Überschäumen zu verhindern, das zusätzliche Reinigungsarbeiten verursacht hätte. Außerdem wollte das Unternehmen die Umwelt sauber halten und nicht belasten.

Modellversuche, die im kleinen Maßstab mit Kaffeeabwasser an der Universität Hannover gemacht wurden, verliefen positiv. Ziel einer biologischen Abwasserreinigungsanlage sollte es sein, sowohl den CSB- als auch den BSB_5-Wert sowie den Überschussschlammausstoß, der bislang aus dem braun gefärbten Abwasser anfiel, drastisch zu reduzieren. Außerdem sollte Biogas gewonnen werden. Denn das konnte in Wärme und Strom umgesetzt werden.

Anaerobtechnik erfüllt die Anforderungen

EnviroChemie bot mit seiner Biomar-Technologie (s. Abb. 7.3) eine Lösung an, die genau den Anforderungen entsprach. Kernstück der Anlage ist der Anaerobreaktor. Für Dr. Suwelack wurde ein Festbettreaktor gebaut, der Füllkörpermaterial aus Kunststoff enthält. Das Material erfüllt die Rolle eines Bewuchsmaterials für die anaerobe Mikroflora, die so im Methanreaktor zurückgehalten wird. Der Bioschlamm erreicht eine sehr hohe Konzentration und große biologische Aktivität, wodurch organische Stoffe, wie z. B. Carbonsäuren und Kohlenhydrate, größtenteils biologisch in Biogas (2/3 Methan, 1/3 Kohlendioxid) umgesetzt werden.

Das Biogas, ein wertvoller Energieträger, wird im integrierten Gasspeicher des Methanreaktors aufgefangen. Es wird entfeuchtet und dann über ein BHKW verstromt.

Gut abgestimmte Prozesse

Damit alles optimal lief, hatte Diplom-Ingenieur Frank Hengstermann, der im Hause für Konzeption und technische Planung zuständig war, die Schnittstellen der Leistungen und Lieferungen zwischen den Vertragspartnern Dr. Otto Suwelack und EnviroChemie genau definiert. Und Martin Krälemann, der behördliche Genehmigungen für Dr. Suwelack einholte, konnte dies für den Bau der Biomar-Anlage problemlos realisieren.

Die Zusammenarbeit und Koordination mit EnviroChemie waren von Anfang an gut. Zuerst war der Edelstahlreaktor entsprechend den hohen Qualitätsanforderungen des Auftraggebers zusammengeschweißt, dann die einzelnen Anlagenteile verrohrt worden. Daraufhin installierte das Montageteam die Chemikalienstationen. Die Elektroabteilung hatte Pumpen, Sieb und Aggregate verkabelt. Das Prozessleitsystem (PLS) wurde programmiert. Die Steuergrößen, Regelkreise und Zeitintervalle wurden festgelegt, damit die automatische Steuerung in Gang kommen konnte. Die verfahrenstechnischen Parameter konnten so über ein modernes Überwachungssystem visualisiert und von jedem Arbeitsplatz überwacht werden. Schließlich wurde die Anlage isoliert, um die Wärmeverluste gering zu halten. Wie versprochen dauerte die Bauzeit nicht länger als 10 Wochen. Keinen Tag länger als die geplanten acht Monate waren von der Auftragserteilung bis zur Fertigstellung der Anlage vergangen.

Ausgelegt war die neue biologische Abwasserbehandlungsanlage für täglich bis zu 360 m^3 aggressives Kaffeeabwasser. Schließlich produzierte Dr. Suwelack jeden Tag 20 t gefriergetrockneten Kaffee – neben Trockenfrüchten, Trockenmilcherzeugnissen sowie medizinischen und kosmetischen Produkten.

Josef Ibing, Abteilungsleiter Energie und Umwelt bei Dr. Suwelack, war gespannt. Würden sich die Modellversuche auch im großen Maßstab bestätigen? Würde sich die Biomar-AFB-Anlage auch bei Kaffeeabwasser bewähren?

Januar 2007. Fragen an Josef Ibing und seinen Stellvertreter Daniel Pohl

2001 wurde die Biomar-Abwasseranlage bei Dr. Suwelack (s. Abb. 7.4) in Betrieb genommen. Sie läuft jetzt also seit 6 Jahren. Sind Sie zufrieden mit dem Ergebnis?

Ibing: Ja, wirklich sehr. Trotz der großen Mengen an Abwasser, die wir jeden Tag hindurchschleusen, läuft die Anlage störungsfrei (s. Abb. 7.5).

War das von Anfang an so?

Ibing: Kaffeeabwasser ist sehr aggressiv. Es kann deshalb leicht Korrosionsschäden verursachen. Auf unsere diesbezüglichen Hinweise ist der Projektleiter von EnviroChemie, Willi Götz, sofort eingegangen, sodass diese Schäden gar nicht erst entstanden. Wenn man zum ersten Mal zusammenarbeitet, ist es wichtig, dass man sich austauscht und voneinander lernt. Ich kann nur sagen, dass das Back-up aus Rossdorf immer sehr gut war.

Was müssen Sie täglich tun, um die Anlage in Gang zu halten?

Ibing: Nicht viel. pH-Wert und Temperatur stellen sich automatisch ein. Ein täglicher Kontrollgang genügt – das sind drei Stunden in der Woche. Hinzu kommen im Schnitt

Abb. 7.4 Luftbildaufnahme des Werkes Dr. Suwelack Nachf. GmbH & Co KG in Billerbeck

Abb. 7.5 Interviewpartner: Josef Ibing, Abteilungsleiter Energie und Umwelt bei Dr. Suwelack, Stephanie von Selchow, Journalistin, Daniel Pohl, Stellvertreter von Josef Ibing (von rechts nach links)

noch drei Arbeitsstunden für das Wechseln der Chemikalien oder die Kalibrierung der Messsonden und Ähnliches.

Dieser geringe Wartungsaufwand war ein wichtiger Grund für uns, die Anlage zu kaufen. Wir müssen hier jeden Tag viele Anlagen im Auge behalten können.

Die Anlage setzt Biogas frei. Was geschieht damit?

Ibing: Wir leiten es einem BHKW (Blockheizkraftwerk) zu, das den Strom dann beim örtlichen Energieversorger einspeist.

So wird aus Abfall, in diesem Fall Abwasser, wieder Energie. Ein Kreislauf, der jedem, der sich für die Umwelt interessiert, nur gefallen kann. Das ist ein großer Pluspunkt der Biomar-Anlage.

Was ist die besondere Herausforderung bei der Reinigung von Kaffeeabwasser?

Pohl: Der entstehende Schaum und die braune Färbung durch Huminstoffe. Hersteller und Kunden mögen es natürlich, wenn der Kaffee schäumt, aber als Klärtechniker ist man nicht so begeistert davon. Die beiden Phänomene sind mit einer herkömmlichen aeroben Biologie nur schwer in den Griff zu bekommen.

Selbst wenn die chemischen Parameter stimmen, das Abwasser durch die aerobe Kläranlage also schon wieder ganz sauber ist, bleibt die braune Färbung. Erst in der Fällungs- und Flotationsstufe kann die Braunfärbung entfernt werden. Diese Vorgehensweise haben wir übrigens selbst entwickelt.

Um wie viel wird die Verschmutzung, also vor allem der chemische Sauerstoffbedarf, durch das Biomar-Verfahren gesenkt?

Ibing: Der CSB-Wert wird um ca. 75 % gesenkt. CSB-Frachten von 20.000–25.000 mg/l werden in dieser Anlage auf 3000–5000 mg/l reduziert.

Als Direkteinleiter in die Berkel, die in die Issel (Niederlande) fließt, haben Sie sicher hohe Auflagen?

Ibing: Allerdings. Der CSB-Wert-Ablaufwert darf nur 65 mg/l betragen, der BSB_5-Wert sogar nur 10 mg/l. Zum Vergleich: Die allgemeine Norm für Direkteinleiter liegt bei einem CSB-Wert von 125 mg/l, beim BSB_5 bei 25 mg/l. Nicht zuletzt wegen der neuen biologischen Abwasserbehandlungsanlage können wir die hohen Auflagen des Umweltamtes erfüllen. Wenn unser Wasser in die Berkel fließt, ist es sauber und klar. Alle Grenzwertparameter werden eingehalten.

Sie meinen, schaumfrei und kein bisschen braun?

Pohl: Genau!

Dank Biomar entsteht bei der Abwasserbehandlung von Kaffeeabwässern weniger Klärschlamm. Dennoch fällt eine gewisse Menge an Überschussschlamm aus Abwässern von anderen Produktionsabläufen des Werks an. Was geschieht damit?

Pohl: Dieser Überschussschlamm der aeroben Kläranlage enthält weder Schwermetalle noch andere umweltkritische Stoffe, kann also problemlos zum Düngen in der Landwirtschaft verwendet werden.

Und Ihr Fazit nach sechs Jahren Biomar-AFB-Anlage?

Ibing: Ich würde die Anlage genau so wieder bauen. Sie ist optimal in den Gesamtablauf bei uns eingebunden, läuft störungsfrei und wir haben kaum Arbeit damit. Und vor allem können wir die hohen ökologischen Auflagen, die wir einhalten müssen, weil die Berkel als länderübergreifender Fluss von der EU zum Naturschutzgebiet erklärt worden ist, wirtschaftlich überschaubar einhalten.

Dr. Otto Suwelack Nachf. GmbH & Co. KG Josef-Suwelack-Straße

49727 Billerbeck

Tel.: 02543/72 0

Fax: 02543/72 483

sales.coffee@suwelack.de

www.suwelack.de

Dr. Suwelack

www.envirochemie.com

Beispiel: Wirtschaftliche Wärmerückgewinnung aus Abwasser [228]

Die Wärme aus Abwasser für die Beheizung von Gebäuden zu verwenden, ist eine innovative, CO_2-einsparende und wirtschaftliche Alternative zu konventionellen Heizmethoden. In Zeiten immer geringer werdender Energiereserven wird der Ruf hiernach immer lauter. Die Abwasserwärme ist in Deutschland jedoch ein noch relativ unbekannter und selten genutzter Energielieferant.

Bei allen Argumenten bezüglich Umweltschutz und Zukunftsmarkt steht immer noch der Aspekt der Wirtschaftlichkeit im Raum, denn letztendlich muss eine neue und innovative Technik auch wirtschaftlich vertretbar sein. Die Abwasserwärmenutzung ist auf diesem Gebiet sehr gut aufgestellt. Durch den Einsatz von Niedrigtemperaturen im Heizkreislauf der Wärmepumpe werden ökonomische Wirkungsgrade erreicht. Die Leistungszahl einer Wärmepumpe wird als COP (Coefficient of Performance) bezeichnet und spiegelt das Verhältnis der Nutzenergie zur eingesetzten elektrischen Energie wider. Dieses liegt in der Regel zwischen 3 und 6. So bedeutet zum Beispiel ein COP von 4,5, dass von 4,5 Teilen Nutzenergie ein Teil mit elektrischer Energie durch den Verdichter der Wärmepumpe eingespeist wird und 3,5 Teile der nutzbaren Energie aus dem Abwasser entzogen werden. Umgerechnet haben somit ca. 77,8 % der Wärmeenergie ihren Ursprung im Schmutzwasser unserer Kanalisation.

Beim Einsatz herkömmlicher Wärmeerzeuger wie Öl oder Erdgas kann eine kWh mit ca. 5–6 ct beziffert werden. Bei der Erzeugung einer kWh durch Strom werden die Kosten mit ca. dem dreifachen Wert angegeben. Ökonomisch betrachtet wäre damit eine Wärmeerzeugung mittels elektrischen Stroms als sinnlos zu betrachten. Wird der Strom aus der Steckdose allerdings zum Betrieb einer Wärmepumpe genutzt, stellt sich die Sache anders dar. Zwar betragen die Kosten für eine elektrisch erzeugte kWh immer noch ein Vielfaches der einer ölgefeuerten, eine Wärmepumpe benötigt jedoch zur

Erzeugung von ca. 100 kWh nur einen Anteil von ca. 20–25 % an Primärenergie. Somit werden Kosten bzgl. Verbrauch und Wartung merklich reduziert.

Der Energieverbrauch der Wärmepumpe hängt also direkt mit der Leistungszahl zusammen. Diese wiederum ergibt sich aus der Temperaturdifferenz des Abwassers und der benötigten Vorlauftemperatur (VLT) des Heizkreislaufes. Vereinfacht kann bei einer benötigten VLT von ca. 30–50 °C ein COP zwischen 4 und 6 (o. E.) erwartet werden. Dadurch ergibt sich ein Stromverbrauch von 16–25 % der Nutzenergie. Setzt man nun wiederum Faktor 3 für das Verhältnis Strom/Öl an, ergibt sich eine finanzielle Belastung von ca. 50–75 % gegenüber einer konventionellen Anlage. Die Ersparnis kann somit mit 25–50 % der Kosten für eine Gas- oder Ölheizung beziffert werden.

Beispielrechnung:

Energiebedarf: 250 kW × 24 h/d × 30 d/mon → 180.000 kWh

bei 5 ct/kWh (Öl): 9000 €/mon

COP = 5 (o. E.): 1/5 × 250 kW = 50 kW (elektrisch)

50 kW × 24 h/d × 30 d/mon → 36.000 kWh

bei 15 ct/kWh (Strom): 5400 €/mon

Somit ergibt sich eine Ersparnis von 3600 € pro Monat.

Bei einem Invest von ca. 160.000 € ergibt sich eine Laufzeit von ca. 45 Monaten bis zur Rückerstattung der Invest-Kosten. Bei einer Annahme von ca. 7,5 Heizmonaten/Jahr errechnet sich eine Amortisationszeit von ca. 6 Jahren.

Folgendes Diagramm stellt die Abhängigkeit der Amortisationszeit von der Vorlauftemperatur dar. Da sich die VLT direkt auf die Leistungszahl (COP) der Wärmepumpe auswirkt, wird bei einem höheren Temperaturhub eine höhere elektrische Leistung benötigt. Da hierdurch die laufenden Kosten steigen und die Ersparnisse geringer werden, steigt die Amortisationszeit an. Dies macht die rote Kurve des Diagramms deutlich.

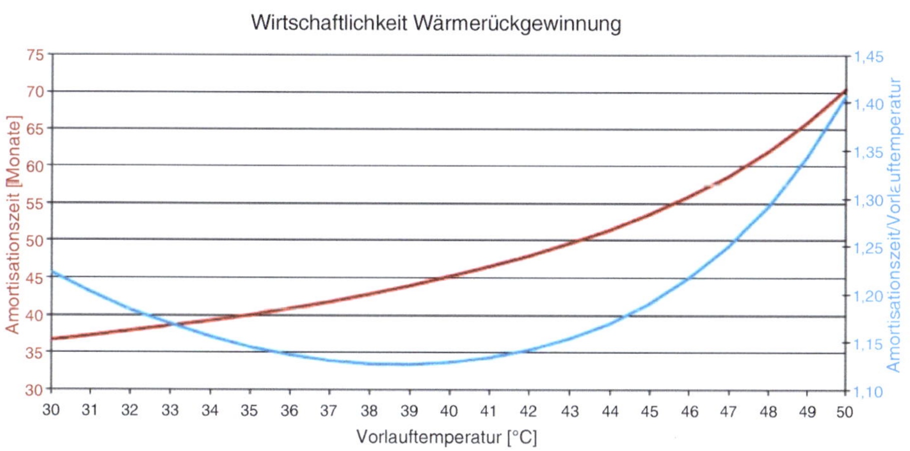

Die blaue Kurve spiegelt das Verhältnis von Amortisationszeit zu VLT wider. Der optimale Betriebspunkt liegt bei möglichst geringer Amortisationszeit und hoher Temperatur im Heizkreislauf. Der Quotient der beiden Werte hat deswegen im Optimum seinen minimalen Wert. Wie aus dem Diagramm ersichtlich liegt dieser Wert bei ca. 39 °C. Die optimale Temperatur für eine Wärmepumpenheizanlage liegt zwischen 35 und 45 °C. Diese Tatsache bestätigt die aus dem Diagramm ermittelte Erkenntnis.

Eine Erklärung hierzu liefert einerseits der höhere Verbrauch an elektrischer Energie bei Bedarf an höherer VLT. Das Paradoxon, dass bei einer Nutztemperatur von kleiner 39 °C das Verhältnis von Amortisationszeit zu VLT schlechter wird, lässt sich dadurch erklären, dass auch bei der Bereitstellung von niedrigen Temperaturen ein gewisser Grundstock an Hardware notwendig ist. Diesem Invest steht allerdings aufgrund des niedrigeren Temperaturniveaus ein geringerer Energieertrag gegenüber.

Die gesamte Anlage lässt sich ohne gravierende Umbauten/Erweiterungen im Sommer zu Kühlzwecken nutzen. Dadurch lässt sich die Anlage in noch kürzerer Zeit amortisieren. Diese Tatsachen machen die Wärmerückgewinnung aus Abwasser zu einem wirtschaftlichen System, welches in Zeiten immer geringer werdender Energiereserven zweifellos eine willkommene Alternative zu konventionellen Heizsystemen darstellt.

7.3 Abwasserwärmecheck

<table>
<tr><th colspan="4">Abwasserwärmecheck</th></tr>
<tr><td colspan="4">Abwassermengen in cbm pro Jahr
unbehandelt ( ) behandelt ( )</td></tr>
<tr><td>Anfallstellen</td><td>Minimum</td><td>Durchschnitt</td><td>Maximum</td></tr>
<tr><td></td><td></td><td></td><td></td></tr>
<tr><td colspan="4">Abwassertemperaturen der Abwässer in °C</td></tr>
<tr><td>Anfallstellen</td><td>Minimum</td><td>Durchschnitt</td><td>Maximum</td></tr>
<tr><td colspan="4">Zurückgewinnbare Energie in kWH pro Jahr</td></tr>
<tr><td>Anfallstellen</td><td>Energie</td><td colspan="2">Art der Wärmerückgewinnung</td></tr>
<tr><td colspan="4">Verwendungsmöglichkeiten für die zurückgewonnene Energie</td></tr>
<tr><td colspan="4">Wirtschaftlichkeitsprüfung</td></tr>
<tr><td colspan="4">Informationen z. B.
– Energie-Agentur NRW
– Deutsche Energie Agentur GmbH</td></tr>
</table>

7.4 Energiegewinnung aus Abwasser mittels anaerober Behandlung

Eine weitere wichtige Form der Energiegewinnung aus Industrieabwasser stellt die anaerobe Behandlung dar. Es handelt sich um eine erprobte Verfahrenstechnik mit vielen Varianten, die in der einschlägigen Fachliteratur dokumentiert sind [133, 157, 169]. Zusammen mit der Kovergärung von organischen Abfällen ist die anaerobe Abwasserbehandlung ein zukunftsträchtiger Energielieferant. Verkürzt formuliert heißt das, Abwasserbehandlung und Abfallverwertung ergänzen sich beim Energiesparen [167]. „Durch Co-Vergärung kann die Eigenversorgung einer Abwasserreinigungsanlage mit thermischer und elektrischer Energie nahezu autark erfolgen" [173].

Die Deutsche Energieagentur [145] gibt zum Thema Energie aus Abfall, Abwasser und Grubengas an: „Abwässer, die über die Kanalisation ins Klärwerk gelangen, werden dort bis zu einer unschädlichen Qualitätsstufe gereinigt. Jedes Jahr fallen so Millionen Tonnen Klärschlamm in den kommunalen Klärwerken an. Dieser wird zur Mengen- und Geruchsreduzierung meist in einem Faulturm anaerob unter Luftabschluss vergärt. Bei diesem Prozess entsteht energetisch hochwertiges Klärgas, das zur Deckung des Energiebedarfs im Klärwerk wirtschaftlich genutzt und zur Strom- bzw. Wärmeerzeugung verwendet werden kann. Kläranlagen eignen sich aufgrund der Strom- und Wärmebedarfsstruktur hervorragend für den Einsatz von Blockheizkraftwerken. Der Klärgasanfall liegt bei etwa 15 bis 35 l je Einwohner, der Energieinhalt bei etwa 6 kWh/m^3 (Energieinhalt von Erdgas etwa 10 kWh/m^3 oder bei leichtem Heizöl etwa 10 kWh/l). Insgesamt kann der Strombedarf einer Kläranlage je nach Größe zu 50–90 % und der Wärmebedarf zu über 90 % durch das Klärgas gedeckt werden, insbesondere wenn die erheblichen Energiesparpotenziale genutzt werden. Auch die Stromeinspeisung aus Klärgas wird nach dem EEG vergütet."

Die Nutzung von organischen Abwasserinhaltsstoffen, die sich in den CSB-und BSB_5-Frachten widerspiegelt, dient bei der Vielzahl der anaeroben Behandlungsverfahren von industriellem Abwasser als Energiequelle für die Biogasgewinnung. Die Entwicklung der Effizienzsteigerung der anaeroben Verfahren schreitet ständig voran, was der kleine Absatz aus einem Forschungsbericht „Biogas aus Industrieabwasser" [158] der TU Berlin unterstreicht: „Bereits seit einiger Zeit bekannte Technologien, wie zum Beispiel Biogasanlagen und Membranbioreaktoren, wurden in den letzten Jahren weiterentwickelt und haben dazu beigetragen, die Wirtschaftlichkeit der Abwasserbehandlung zu verbessern. Ein Beispiel ist die Entwicklung eines anaeroben Membranbioreaktorsystems für die Behandlung von gering konzentrierten Abwässern im Rahmen eines EU-Forschungsvorhabens.

Dieses System besteht aus einem vorgeschalteten Festbett-Versäuerungsreaktor und einem Gaslift-Schlaufenreaktor mit Membranfiltration für die Methanisierung. Wesentliche Vorteile dieses Verfahrens sind, dass es 1. bei sehr geringen Konzentrationen eingesetzt werden kann (vergleichbar mit häuslichem Abwasser), 2. aus den organischen Stoffen im Abwasser energetisch nutzbares Methan gebildet wird und 3. das gereinigte Abwasser qualitativ sehr hochwertig ist. Aufgrund der Kinetik kann der Prozess nur bei Abwassertemperaturen über 20 °C eingesetzt werden, erreicht aber dann Ablaufkonzentrationen, die in vielen Fällen ausreichend für eine weitergehende Nutzung sind."

Tab. 7.1 Gasanfall verschiedener Abwässer und Rohstoffe [169]

Stoffe	Gasanfall bei 30 °C in l/kg des gesamten Trockenrückstands	Methangehalt in %
Molkereiabwasser	975	75
Presshefeabwasser	486	85
Papierabwasser	250	60
Rübenschnitzel	400	75
Brauereiabfälle (Hopfen)	426	76
Stallmist mit Stroh	286	75
Rinderkot	237	80
Kartoffelkraut	526	75
Gras	490	84
Ginster	434	76
Schilf	285	79

7.4.1 Rohstoffe mit Potenzial für Energiegewinnung im Industrieabwasser

Welches Energiepotenzial in den CSB- bzw. BSB_5-Frachten von Industrieabwässern schlummern, die sich bei einer Kovergärung von organischem Abfallstoff beträchtlich steigern lassen, lässt die Tab. 7.1 mit einer kleinen Auswahl möglicher Rohstoffe für die anaerobe Energiegewinnung erkennen.

„Anaerobe Verfahren haben den Vorteil, dass gleichzeitig zur Abwasserreinigung Energie in Form von Biogas gewonnen wird“ [142]. Die Entwicklungen der einzelnen Verfahren auch in Kombination mit anderen (z. B. Membrantechnik) zeigen das weite Einsatzspektrum der anaeroben Verfahren bei der Behandlung von Industrieabwässern. „Energieautarke ARA (Abwasserreinigungsanlagen) sind technisch möglich“ [186]. Moderne Hochleistungsanlagen bieten die Möglichkeit einer nachhaltigen Energiegewinnung. Die Vorteile dieser Art von Energiegewinnung zeichnen sich auch dadurch aus, dass Biogas gespeichert und bei Bedarf einer Verwertung (z. B. Blockheizkraftwerk) zugeführt werden kann.

Ständige Verbesserungen bei der Gasausbeute steigern die Energieeffizienz bei der anaeroben Gasgewinnung. So konnte die Faulgasausbeute einer Kläranlage durch den Einsatz einer Waschpresse bei der Aufbereitung des Rechengutes um 38.000 Nm^3/Jahr gesteigert werden. Die vom Rechengut ausgewaschenen Fäkalien bestehen zum größten Teil aus organischem Kohlenstoff, der dem Faulturm zugeleitet wird [168].

Einen weiteren, nicht zu unterschätzenden Vorteil bietet die Kovergärung als zusätzlicher Gaslieferant. Die Rohstoffe für eine Kovergärung reichen von organischen Abfall-

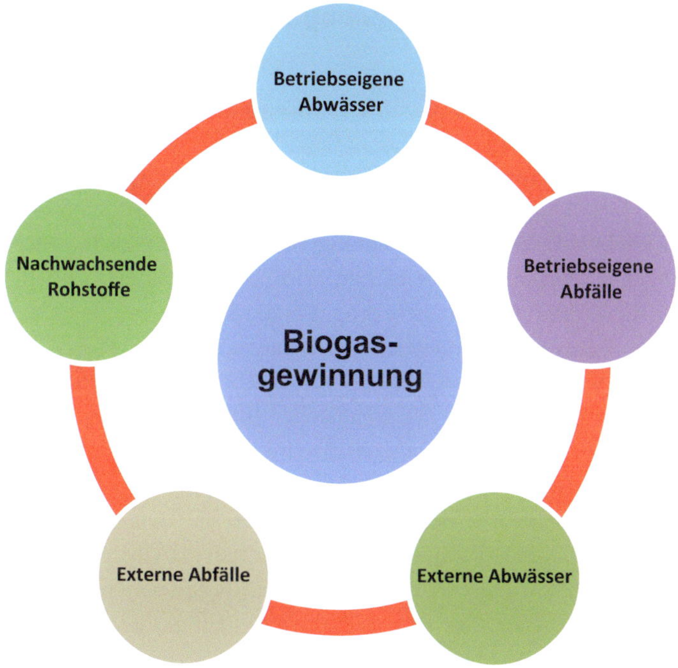

Abb. 7.6 Rohstoffe für anaerobe Energiegewinnung

stoffen aus dem eigenen Betrieb über externe Abwässer oder Abfallstoffe bis zum Einsatz von nachwachsenden Rohstoffen (NAWRO). Ein Potenzial, das für die Energiegewinnung immer mehr an Bedeutung gewinnt. In Abb. 7.6 sind die Rohstoffarten zusammengefasst, die für eine anaerobe Energiegewinnung zur Verfügung stehen. Wird die anaerobe Biogasgewinnung zur Energiesicherung des eigenen Betriebes eingeführt, werden entsprechende Gesetzes (z. B. WHG, Abfallrecht) bzw. Vorschriften und Auflagen aus diesen Bereichen tangiert, deren Einhaltung bei der Planung abgeklärt werden sollte.

Biogas (Methan) hat neben der Funktion als Energierohstoff eine zweite wichtige Aufgabe für die Industrie. Methan ist ein chemischer Rohstoff für die Petrochemie, daher bieten sich vielfältige Verwendungsmöglichkeiten dieses Rohstoffes an, der aus Industrieabwasser gewonnen werden kann. Während heute die Energiewende bei der Nutzung von Biogas im Vordergrund steht, könnte bald die Rohstoffsicherung hinzukommen. Die Kombination Biogasgewinnung mittels anaerober Abwasserbehandlung mit Kofermentation fügt sich in den Trend vieler Betriebe, bei der Energieversorgung einen bestimmten Grad an Autarkie zu gewinnen. So wird in dem Fachartikel „Wirtschaft: Unternehmen treiben ihre eigene Energiewende voran" [200] ausgeführt: „In der deutschen Wirtschaft ist es gerade ein Megatrend: Immer mehr große Unternehmen setzen auf ihre private Energieversorgung und treiben damit ihre eigene Energiewende voran". Das Abwasser als Energiequelle kann dazu seinen Beitrag leisten.

Der folgende Abschnitt bietet einige Praxisbeispiele zur Vertiefung an.

7.4.2 Beispiele für Energiegewinnung aus Industrieabwasser mittels anaerober Verfahren

Beispiel 1: Industriepark

„Biogas aus Industrieabwasser – Moderne Energiegewinnung im Industriepark Höchst" [185]. So lautet die Überschrift eines Fachartikels, in dem die Kombination der Biogasgewinnung und der Behandlung von Klärschlamm aus einer biologischen Abwasserbehandlungsanlage beschrieben wird, wobei mittels der Co-Fermentation von organischen Abfällen zusätzlich Biogas erzeugt wird. Die Basisdaten der Anlage weisen die im Folgenden angeführten Zahlen aus.

„Infraserv Höchst investiert 15 Mio. € in eine Anlage, die künftig täglich 30.000 m^3 Biogas durch die Umwandlung der organischen Inhaltsstoffe von Klärschlämmen sowie von organischen Abfällen produzieren wird. Mit der Inbetriebnahme der Anlage wird die Nutzung industrieller Klärschlämme für die Biogas-Erzeugung ermöglicht.

(25.07.07) Im Sommer letzten Jahres begannen die Bauarbeiten im Westteil des 4,6 km^2 großen Industrieparks, in dem rund 90 Firmen der Chemie-, Pharma- und Biotechnologiebranche sowie der Prozessindustrie ansässig sind und in dem täglich rund 22.000 Menschen arbeiten. Die Biogas-Anlage besteht aus zwei Fermentationsbehältern, die ein Volumen von jeweils rund 11.000 m^3 aufweisen und etwa 30 m hoch sind. Zudem werden ein Maschinenhaus, Blockheizkraftwerke, zwei Nitrifikationsbecken sowie zwei weitere Becken, so genannte Nacheindicker, gebaut. Die Kapazität der Anlage beläuft sich zunächst auf ca. 90.000 t Co-Substrate pro Jahr, wobei die modulare Konzeption Erweiterungsmöglichkeiten beinhaltet. Zunächst werden pro Tag 30.000 m^3 Biogas produziert und in einem Blockheizkraftwerk in jeweils ca. 4 MW Strom und Wärme umgewandelt" [185].

Hier werden sowohl Klärschlämme der eigenen Kläranlage als auch organische Abfälle (Abfälle aus Großküchen und überlagerte Lebensmittel etc.) als Grundstoff für die Biogasproduktion benutzt. Dies ist ein Beispiel für eine gute Kombination der betrieblichen Ver- und Entsorgung zur Verwertung der eigenen Abfälle aus der Abwasserbehandlung unter Einbeziehung einer externen Logistik (Zulieferung von organischen Abfällen). Das Produkt ist Biogas, das werksintern verwendet wird.

Beispiel 2: Biogasgewinnung aus Brauereiwasser (aus [228])

Unentdeckte Ressourcen anzapfen Energie aus Abwasser

Dass Bier ein gehaltvoller Energielieferant ist, haben bereits braukundige Mönche im Mittelalter erkannt. Dass aber das weltweit beliebte Getränk schon im Verlauf des Herstellungsprozesses – genauer gesagt bei der Behandlung der Brauereiabwässer – zum Energiespender für das Unternehmen und die Umwelt werden kann, ist angesichts der jahrhundertealten Braugeschichte fast noch ein Novum.

Tab. 7.2 Vergleich anaerobe und aerobe Abwasserbehandlungsverfahren

Anaerobes Verfahren	Aerobes Verfahren
Nur bei hoch konzentrierten Abwässern einsetzbar (CSB > 1500 mg/l)	Bei geringer Schmutzkonzentration
Vorneutralisation erforderlich für alkalische Abwässer	Alkalische Abwässer ohne Vorneutralisation behandelbar
Diskontinuierlicher Betrieb möglich (Kampagnen)	Nur kontinuierlicher Betrieb
Keine bedeutende N- und P-Entfernung	Integrierte N- und P-Entfernung möglich
Sehr wenig Überschussschlamm	Viel Überschussschlamm, dadurch Schlammentwässerung
Wenig Wartung erforderlich	Wartungsaufwand für Belüftung
Investitionskosten etwas höher	Geringe Investitionskosten
– Geringe Betriebskosten durch niedrigen Stromverbrauch – Biogasnutzung möglich	– Höhere Betriebskosten durch Stromverbrauch für Belüftung
– Positive Energiebilanz	– Negative Energiebilanz

Große Überschussschlammmengen aus der Abwasserbehandlung müssen bei ständig steigenden Kosten entsorgt werden, was empfindlich auf die Gewinnmargen drückt. Hinzu kommen immer strengere Anforderungen an die Abwassereinleitparameter. Auf der Suche nach einem modernen und wirtschaftlichen Abwassermanagement haben bereits einige Brauereien betriebseigene biologische Abwasservorbehandlungsstufen installiert. Eine langfristig lukrative Lösung, denn zum einen entsteht beispielsweise bei der anaeroben, d. h. unter Ausschluss von Sauerstoff ablaufenden Überschussschlamm, zum anderen ist die weitgehende Unabhängigkeit von der künftigen Entwicklung der Abwassergebühren heute ein entscheidendes Kriterium. Der überzeugende ökologische Aspekt: Biogas als *kostenloses Nebenprodukt* der Abwasserbehandlung kann wieder in den Energiekreislauf der Brauerei eingespeist werden (s. Tab. 7.2).

Zusammensetzung und Abwasserqualität von Brauereiabwässern

Während des Herstellungsprozesses fallen aus den verschiedenen Teilströmen (Würzeherstellung, Vergärung, Lagerung, Filtration, Abfüllung) Abwässer an. Im gemischten Abwasser liegen die CSB-Konzentrationen zwischen 1400–6000 mg/l (CSB ist die Kenngröße für die Abwasserbelastung und bezeichnet den chemischen Sauerstoffbedarf). Der Stickstoffgehalt (N) von 50–100 mg/l resultiert größtenteils aus organischem Stickstoff (Eiweiß, Hefe) und nur zum Teil aus Ammonium und Nitrat. Für eine biologische Abwasserreinigung reichen die Stickstoff- und Phosphor-

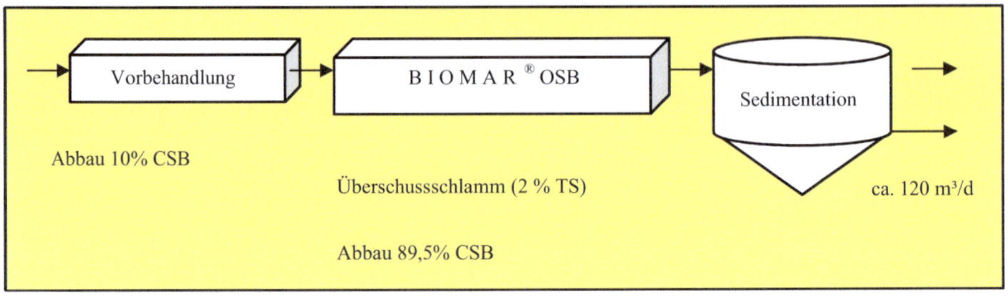

Abb. 7.7 Darstellung aerobe Behandlung

konzentrationen ohne zusätzliche Chemikaliendosierung aus. Bei der Effizienzbestimmung einer biologischen Anlage muss bedacht werden, dass im Brauereibetrieb nicht kontinuierlich Abwasser anfällt: Es treten erhebliche Mengen- und Konzentrationsschwankungen auf. Der pH-Wert variiert ebenfalls sehr stark, wobei er meist im alkalischen Bereich liegt. Es kann zu Spitzenbelastungen kommen, z. B. bei der Verwendung von Reinigungs- und Desinfektionsmitteln (Natronlauge), die Abwässer mit hohen pH-Werten erzeugen.

Die verschiedenen Verfahren zur Reinigung von Brauereiabwässern

Welches Verfahren oder welche Verfahrenskombination für die Abwasserreinigung geeignet ist, hängt im Wesentlichen davon ab, ob direkt in einen Vorfluter oder indirekt in eine öffentliche Kläranlage eingeleitet werden soll. Generell stehen folgende Methoden zur Verfügung:

- mechanische (Vor-)Behandlung mit Grobstoffentfernung durch Rechen, Siebung, Sandfang und Vorklärung,
- chemisch-physikalische (Vor-)Behandlung mit Neutralisation und Chemikaliendosierung,
- biologische Abwasserbehandlung:
  - anaerobe Vorbehandlung,
  - anaerob-aerobe Behandlung,
  - aerobe Behandlung.

Der Vergleich bringt es ans Tageslicht (vgl. Abb. 7.7 und 7.8): Insbesondere für Indirekteinleiter bringt die anaerobe Abwasservorbehandlung bedeutende Vorteile: Biogasgewinn, wenig Überschussschlamm, Verbesserung des CO_2-Footprints durch Biogasnutzung. Direkteinleiter dagegen profitieren von der Kombination aus anaerober Vorbehandlung und nachgeschalteter aerober Endreinigung. Dadurch werden gegenüber einer ausschließlich aeroben Reinigung die Überschussschlammmengen und Betriebskosten erheblich reduziert.

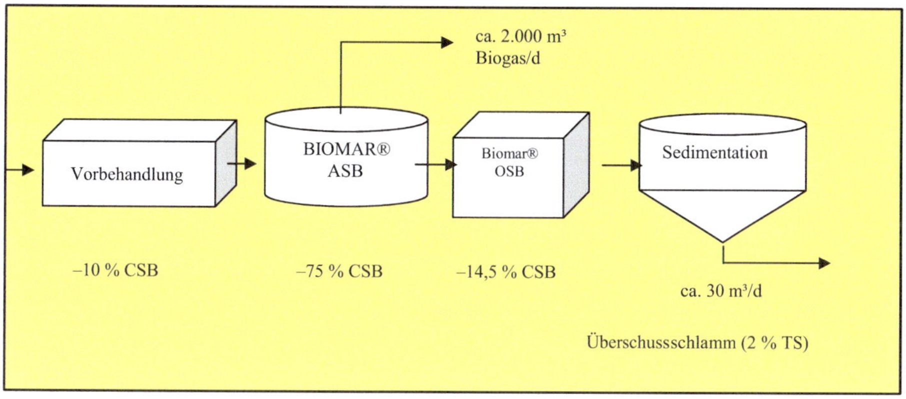

Abb. 7.8 Darstellung anaerob-aerobe Behandlung

Exemplarischer Verfahrensvergleich: Brauerei mit 2 Mio. Hektoliter Verkaufsbier

Ein Vergleich anaerober und aerober Behandlungsverfahren bringt transparentes Zahlenmaterial und verlässliche Kenngrößen auf den Tisch. Bei einer angenommenen Abwassermenge von 2000 bis 2500 m^3/d sieht die Abwasserbelastung wie folgt aus:

CSB-Fracht: 6000 kg O_2/d

$BSB_{5\text{-Fracht:}}$ 3000 kg O_2/d

Kombination anaerob-aerobe Behandlung: niedrige Betriebskosten und nachhaltige Energierückgewinnung

Anaerobe Prozesse benötigen keine Sauerstoffbelüftung und leben genau dann, wenn kein Sauerstoff vorhanden ist. Die Besonderheit der Anaerobtechnik liegt in der Versäuerung und Vergärung ungewollter oder störender organischer Kohlenstoffverbindungen (Abwasserverschmutzung, ausgedrückt als CSB) durch mikrobiologische Abbauprozesse.

Mikroorganismen – kleine Helfer für große Aufgaben: Bakterien gewinnen die für ihren Stoffwechsel erforderliche Energie aus der Umsetzung der organischen Kohlenstoffverbindungen zu organischen Säuren und in weiterer Folge zu den Endprodukten Methan und Kohlendioxid (vgl. Abb. 7.9), was im Klartext heißt: Pro Kubikmeter Abwasser kann Biogas einen Energieinhalt von mehr als 10 kWh erzielen. Zum anderen kann Biogas in einem betriebseigenen BHKW (Blockheizkraftwerk) zur Stromerzeugung verbrannt werden. Auch die Wärme aus dem ablaufenden Abwasser wird über einen Gegenstromwärmetauscher zurückgeführt, um so wieder die Temperatur im Misch- und Ausgleichstank für den anaeroben Abbau vorzubereiten.

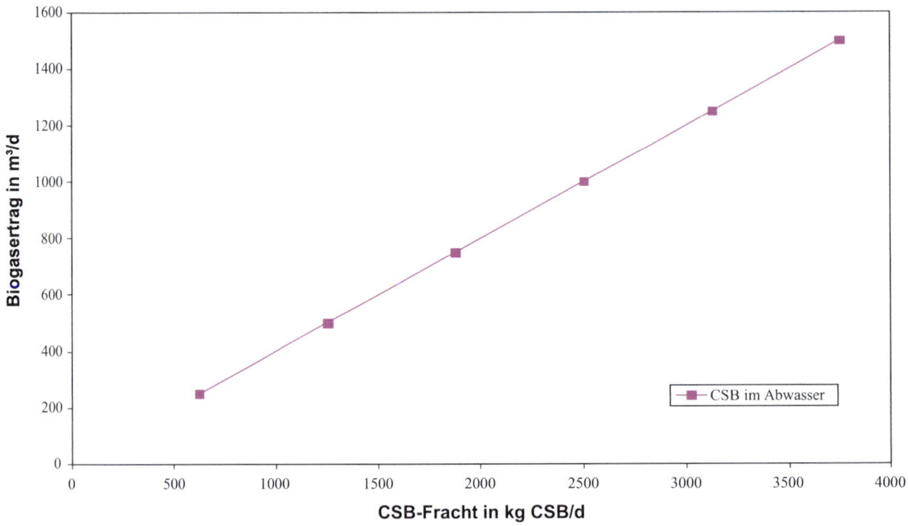

Abb. 7.9 Biogasertrag aus Abwasserbelastung (CSB)

Mit der Gewinnung von Biogas geht eine Reduzierung des Treibhausgases Kohlendioxid einher, denn durch die Verwertung von Biogas werden andere teure fossile Energieträger wie Erdgas, Heizöl oder Kohle eingespart. Abwasserreinigungstechnologien, die auf anaeroben Prozessen basieren, leisten somit einen nicht unerheblichen Beitrag zur CO_2-Reduzierung. Ein mikrobiologisches, mehrstufiges Abwasserreinigungsverfahren mit Mehrfachnutzen stellt das sogenannte Biomar-Verfahren dar. Das hoch technologische Verfahren punktet neben der Wartungs- und Anwenderfreundlichkeit durch sein ökologisches Plus: die Umwandlung von Abwasser in Energie.

Fazit

Die vorgestellten Verfahren zur biologischen Abwasserbehandlung bei Brauereien überzeugen durch ihre ökonomische und ökologische Performance: Die wartungsfreundlichen Anlagen laufen bei niedrigen Betriebskosten, Abwassergrenzwerte und behördliche Auflagen können sicher erfüllt werden. Die Verfahrenskombination aus anaerober und aerober Abwasserbehandlung reduziert die Menge an Überschussschlamm um 75 % gegenüber der rein aeroben Behandlung. Zudem entsteht energetisch verwertbares Biogas, das wieder in den Energiekreislauf der Brauereien eingeschleust wird. Die vollautomatischen Anlagen können vom Personal einfach zentral überwacht und gesteuert werden. Derartige Hochleistungssysteme zur Abwasserreinigung werden weltweit von namhaften Brauereien erfolgreich betrieben.

7.5 Checkliste anaerobe Abwasserbehandlung

Anaerobe Abwasserbehandlung
1. Abwassermengen **cbm/d**
2. Abwasserfrachten **CSB:** **BSB5:** **Ng:** **Pg:**
3.a Abwassertoxizität z. B. anaerober Hemmtest ISO 13641
3.b Labortest Anaerobe Abbaubarkeit mit Faulschlamm EN ISO 11734
4. Pilotversuche Gasgewinnung, Abbaurate unter Praxisbedingungen
5. Prüfung der Co-Vergärung von Abfallstoffen
6. Gesamtkonzept Abwasserbehandlung und Energiegewinnung
7. Informationen **Fachinstitute, Anlagenbauer, Fachverbände** **– Deutsche Energie-Agentur, www.dena.de** **– Energie-Agentur NRW, www.energieagentur.nrw.de**

Eigenanalytik des betrieblichen Wasserkreislaufes (EABW) 8

8.1 Eigenanalytik als Tachometer der Qualitätssicherung

Qualitätssicherung ist ein wichtiger Aspekt, insbesondere beim Prozesswasser, das sich im ständigen Wechsel befindet vom Frischwasser zum Abwasser und vom aufbereiteten Abwasser wieder zum Frischwasser. Das Konzept der Prozesswasserautarkie mit dem Kreislaufmedium Wasser unter Einbeziehung von Regenwasser zur Ergänzung von Wasserverlusten sowie einer möglichen Wertstoff- und Energierückgewinnung aus dem Abwasser der einzelnen Kreislaufphasen erfordert daher eine analytische Qualitätskontrolle.

Das Frischwasser muss bestimmten Qualitätskriterien (z. B. VE-Wasser oder CSB-Gehalt < 10 mg/l etc.) genügen, die Kriterien richten sich nach den Bedürfnissen der einzelnen Produktionsverfahren und werden betriebsintern festgelegt. Mehrfach genutztes Prozesswasser darf bestimmte Qualitätskriterien ebenfalls nicht verletzen, um seine Gebrauchsfähigkeit nicht zu verlieren. Kenntnisse über das Abwasser sind notwendig, um die Aufbereitung optimal durchzuführen. Schließlich unterliegt auch die Zufuhr von Regenwasser in den betrieblichen Wasserkreislauf bestimmten betriebsinternen Kriterien. Für alle diese Kontrollaufgaben sind analytische Überwachungen nötig. Diese werden hier unter dem Begriff der Eigenanalytik des betrieblichen Wasserkreislaufes (EABW) zusammengefasst.

Der Tachometer des Prozesswasserkreislaufes ist die Eigenanalytik, sie beinhaltet die Überwachung von selbst gesetzten Qualitätsstandards ebenso wie die Information über den Zustand der einzelnen Wasserphasen, um eine effiziente Abwassernutzung zu gewährleisten.

Die EABW unterscheidet sich deutlich von anderen Abwasserüberwachungen (z. B. Abwassereigenverordnungen, behördlichen Überwachungen von Direkt- und Indirekteinleitern). Denn die EABW ist ein firmenseitiges Instrumentarium der inneren Qualitätskontrolle im betrachteten Fall der betrieblichen Wasserkreisläufe. Die Regularien (Probenahme, Analytik, Qualitätssicherung usw.) der EABW werden firmenintern nach den jeweiligen Bedürfnissen des Betriebes festgelegt und, falls Bedarf besteht, modifiziert. Bei der Eigenanalytik stellt sich zunächst die Frage nach den relevanten Parametern, die sowohl den Zu-

R. Stiefel, *Abwasserrecycling: Technologien und Prozesswassermanagement*,
DOI 10.1007/978-3-658-13992-6_8

stand des belasteten Abwassers als auch die Qualität des Frischwassers (Recyclingwasser) nach der Abwasseraufbereitung wiedergeben. Hierzu dienen folgende Basiserhebungen.

Vom Parameterkataster zur Wertschöpfung über die Stoffrückgewinnung
Falls über die Abwasserbelastung keine Erkenntnisse vorliegen, hilft zunächst ein Blick auf die Datenbank im Abwasserpass der eingesetzten Roh-, Hilfs- und Betriebsstoffe, die ins Abwasser gelangen. Aus den einzelnen Stoffdaten ist zu entnehmen, welche Stoffe oder Stoffgruppen für die Analytik wichtig sind. Weiterhin werden die Eigenschaften (z. B. pH-Wert, CSB, Toxizität) der einzelnen relevanten Stoffe sichtbar. Aus diesen Vorinformationen kann ein Parameterkataster für eine Basisuntersuchung erstellt werden.

Diese Basisuntersuchung dient der Abschätzung, welche Parameter für die Eigenanalytik von Interesse sind, wobei beim Recyclingwasser (Frischwasser) noch die Qualitätsanforderungen an das Frischwasser berücksichtigt werden müssen. Die Werte in der Tab. 8.1 stellen ein mögliches Beispiel dar. Gemäß den Stoffen der Branche wird ein Branchenkataster für die Basisuntersuchungen erstellt. Hierbei sollte der Lieferant der Geräte für die Eigenanalytik oder ein externes Untersuchungslabor mit eingebunden sein. Aufbauend auf den Ergebnissen der Basisuntersuchungen und den Anforderungen an die Qualitätsforderungen für das Frischwasser (Recyclingwasser) wird dann ein Parameterplan für die Eigenanalytik erstellt. Hierbei ist es ratsam, sich sowohl mit dem Lieferanten der Abwasserbehandlungsanlagen als auch dem Lieferanten der Geräte für die Eigenanalytik abzusprechen. Oftmals liegen bei diesen Fachfirmen Erfahrungen von ähnlichen Abwasserverhältnissen vor.

Die Ergebnisse der Eigenanalytik sind für den internen Gebrauch. Zuvorderst jedoch steht die Probenahme, ehe die einzelnen Analysenarten erläutert und anschließend Hinweise zur Erstellung eines Analysenplans vorgestellt werden.

8.2 Probenahme in der Eigenanalytik

Die Probenahme zur Kontrolle der internen Prozesswasserqualität ist ein sehr wichtiger Bestandteil der Qualitätssicherung. Fehlerhafte Probenahme kann auch durch übergenaue Analytik nicht korrigiert werden. Analytik beginnt mit der Planung der Probenahme. Die Qualitätssicherung ist ein Aspekt bei der Wahl der Probenahme, ein zweiter ist die Rückgewinnung von Wertstoffen aus dem Abwasser. Hierfür müssen außer den Konzentrationen der einzelnen Parameter Daten von ihren Mengen vorliegen, um eine Abschätzung der Wirtschaftlichkeit durchführen zu können.

8.2.1 Allgemeine Anforderungen an die Probenahme

Folgende Teilaspekte sind bei der Probenahme zu beachten:

- Aufgabenstellung der Untersuchung,
- örtliche Verhältnisse (z. B. Chargenverfahren, Durchlaufverfahren),
- repräsentative Teilmenge vom Abwasser,

Tab. 8.1 Parameterkataster zur Abwasseruntersuchung

Abwassermenge:	cbm/h=	cbm/Tag=	
Parameter	Probe(n)	g/h	g/Tag
pH-Wert			
Abfiltrierbare Stoffe mg/l			
Absetzbare Stoffe ml/l			
CSB mg/l			
TOC mg/l			
BSB_5 mg/l			
Leitfähigkeit			
Cu mg/l			
Ni mg/l			
Zn mg/l			
Cr mg/l			
Ammonium mg/l			
Nitrit mg/l			
Nitrat mg/l			
Phosphat mg/l			
$P_{ges.}$/mg/l			
Sonstige			

- Probenahmeart (Stabilität des Parametes beachten),
- Bestimmungen vor Ort,
- Probenahmeprotokoll,
- Abstimmung mit der Analytik bezüglich Stabilisierung der Proben etc.,
- interne Qualitätskontrolle.

8.2.2 Probenahmearten

Gemäß dem Aufgabenbereich und der Stabilität der einzelnen Abwasserparameter existieren folgende Probenahmearten, die in Abwasseruntersuchungen Anwendung finden.

- *Einfache Stichprobe*
  Einmalige Entnahme einer Probe mit dem Schöpfbecher etc.

- *Qualifizierte Stichprobe*
  Fünf Einzelschöpfproben gleicher Volumina.
  Im Mindestabstand von zwei Minuten bei einer Gesamtprobenahmezeit von acht Minuten bzw.
  im maximalen Zeitabstand von 30 min bei einer Gesamtprobenahmezeit von zwei Stunden.
- *Mischproben*
  Sie können unterteilt werden in:
  - *Zeitproportionale Probenahme*
    Mehrere Einzelproben werden bei konstantem Zeitintervall und konstanter Probemenge genommen. (Dient der Erfassung der durchschnittlichen Konzentration eines Parameters).
  - *Mengenproportionale (volumenproportionale) Probenahme*
    Mehrere Einzelproben von konstanter Probemenge mit durchflussabhängigem Zeitintervall. (Dient der Erfassung von Konzentration und Fracht eines Parameters).
  - *Durchflussproportionale Probenahme*
    Mehrere Einzelproben werden bei konstantem Zeitintervall unterschiedlicher Probenmengen gemäß der momentanen Durchflussmenge des Abwasserstroms genommen. (Dient der Erfassung von Frachtmengen einzelner Parameter).

Welche möglichen Fehler und Fehlerquellen bei der Probenahme zu beachten sind, zeigt eine Zusammenfassung in der folgenden Übersicht (nach [79]):

Fehler und Fehlerquellen bei der Probenahme

- Falsch gewählte *Probenahmestelle* (nicht repräsentativ, d. h. für das Untersuchungsziel ungeeignet)
- *Pegelstand* für repräsentative Probenahme zu gering
- Fehlende *Durchmischung* des Abwassers bei der Probenahme (keine homogene, repräsentative Probe)
- Falsche *Probenahmeart*
- *Kontamination der Probe* durch ungeeignetes Material von Schöpfgeräten und Probenflaschen (z. B. kein Kunststoff bei KW-Bestimmung)
- *Kontamination von Schöpfgeräten* oder Probengefäßen (Kontakt des Schöpfgerätes mit Becken- oder Schachtwand, unzureichende Reinigung)
- Probenflasche nicht bis zum *Überlaufen* gefüllt
- Keine oder falsche *Konservierung* der Probe
- Unnötig häufiges *Umfüllen* oder Teilen der Probe
- Unzureichende *Beschriftung* der Probe

In der Tab. 8.2 sind die CSB-Konzentrationen von 24 durchflussproportionalen Proben aus drei Schichten eines Werkes aufgelistet. Die einzelnen CSB-Konzentrationen sind Schwankungen unterworfen, die jedoch keine signifikanten Hinweise auf Besonderheiten

Tab. 8.2 CSB-Konzentrationen und CSB-Frachten über 24-Stunden

Zeit	CSB (mg/l)	Abwassermenge (cbm)	CSB-Fracht in kg
0–1	887	120	106
1–2	786	145	114
2–3	843	123	104
3–4	789	120	95
4–5	824	119	98
5–6	798	132	105
6–7	1276	654	835
7–8	1098	876	962
8–9	765	110	84
9–10	344	122	42
10–11	245	112	27
11–12	543	115	62
12–13	543	143	78
13–14	454	128	58
14–15	397	143	57
15–16	987	347	342
16–17	987	543	536
17–18	987	156	154
18–19	1065	165	176
19–20	1124	124	139
20–21	1234	127	157
21–22	1210	120	145
22–23	1765	765	1350
23–24	1876	880	1651

in der Produktion geben. Beim Hinzufügen der jeweils anfallenden Abwassermengen und den daraus errechneten CSB-Frachten erkennen wir jeweils am Ende der Schichten, z. B. im Zeitraum 6–8 h oder 22–24 h, Spitzen mit deutlichen Anstiegen sowohl bei den Abwassermengen als auch den CSB-Frachten (s. Abb. 8.1). Das Beispiel lässt die Vorteile einer mengenproportionalen Probenahme erkennen, wenn die Suche von Frachtspitzen einzelner Parameter im Vordergrund der Abwasseruntersuchung steht.

Die Frage der Probenahmeart richtet sich wesentlich nach der Aufgabenstellung. Die einfache Schöpfprobe und die qualifizierte Mischprobe erfüllen mit einfachen Mitteln bei der Überwachung der Einhaltung von Höchstwerten (z. B. CSB-Werte von mehrfach genutztem Prozesswasser) ihre Aufgaben. Anders verhält sich die Art der Probenahme etwa bei der Suche nach Frachtspitzen. So kann z. B. bei der Einspeisung von Abwässern

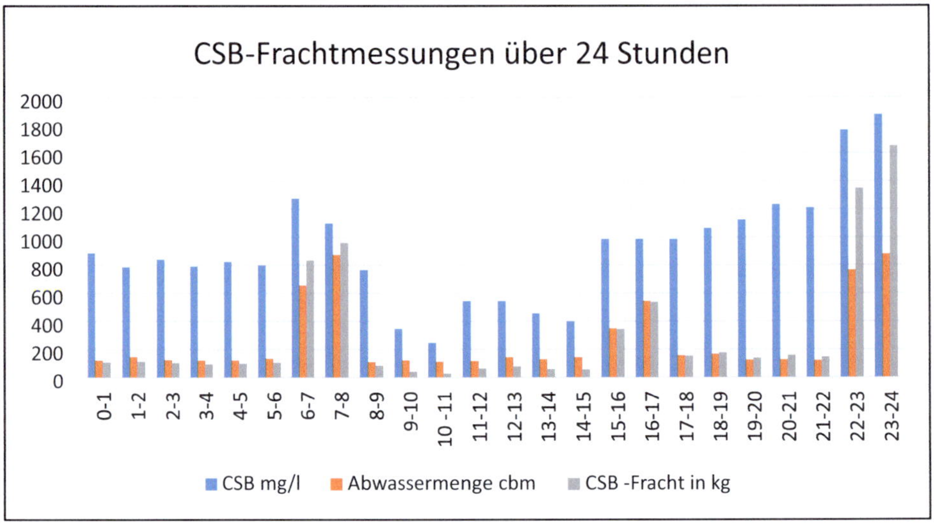

Abb. 8.1 CSB-Frachtmessungen über 24 h

aus verschiedenen Produktionsschichten in eine biologische Werkskläranlage die durchflussproportionale Probenahme einzelner Abwasserstränge helfen, Frachtspitzen einzelner Parameter zu orten. Stationäre Geräte werden installiert, wenn sich der Ort der Probenahme (z. B. Ablaufverdampferanlage) nicht ändert, mobile Probenahmegeräte sind flexibler und können an verschiedenen, geeigneten Stellen innerhalb des Werkes eingesetzt werden, um z. B. Abwasserfrachten einzelner Parameter zu messen.

8.3 Parameter der Prozesswasseranalytik

Die einzelnen Prozesswässer eines Betriebes werden gemäß ihren Prozessphasen

- Frischwasser – mehrfachgenutztes Prozesswasser – Abwasser

analytisch untersucht, wobei der Verwendungszweck über die Auswahl der zu untersuchenden Parameter des Wassers entscheidet. Für das Frischwasser und das mehrfachgenutzte Prozesswasser können jeweils betriebsinterne Qualitätsnormen bestehen, die eingehalten müssen. So kann z. B. für ein Spülwasser eine Anforderung hinsichtlich des Salzgehaltes in Form der Leitfähigkeit, des pH-Wertes und bezüglich der organischen Stoffe in der Summe des TOC bestehen.

Dies bedeutet für die analytische Kontrolle dieser beiden Wasserarten, es müssen bestimmte Parameter überwacht werden, die diese Stoffe quantitativ repräsentieren. Das Frischwasser, um dessen Qualität nach der Abwasseraufbereitung zu prüfen, und das mehrfachgenutzte Prozesswasser, um dessen jeweiligen Gütezustand nach mehrfachem Gebrauch zu überwachen. Werden bei beiden Wasserarten interne Normen überschritten, werden Maßnahmen eingeleitet, um die Qualitätsnormen einzuhalten.

Die Vielzahl der Analysenparameter lässt sich in einzelne Gruppen unterteilen, mit Einzelparametern und Summenparametern, darunter:

- Metalle,
- Anionen,
- organische Stoffe,
- Summenparameter (CSB, LHKW etc.).

In der Tab. 8.3 sind beispielhaft wichtige Parameter aufgelistet, die in der Abwasseranalytik ihre Anwendung finden. Welche Parameter für die Kontrolle der einzelnen Prozesswässer ausgewählt werden, hängt von den Abwasserinhaltsstoffen und den Störstoffen in Bezug auf die jeweils nachfolgenden Verfahren ab.

8.4 Instrumentarien für die Eigenanalytik

Die auszuführenden Überwachungsparameter bestimmen die Auswahl der analytischen Gerätschaften. Dies fängt mit einer einfachen Schöpfkelle zur Probenahme an und reicht bis zu einem Gaschromatografen (GC) für die Bestimmung von chlorierten Kohlenwasserstoffen.

Der Anspruch an die Instrumente kann sich an folgenden Kriterien orientieren:

- Nachweisgrenze für einzelne Parameter,
- Schnelligkeit des Analyseverfahrens,
- Handhabung,
- Qualitätsstandard,
- Kosten.

8.4.1 Basisgerätschaften

Als Basisgerätschaften werden in diesem Zusammenhang Geräte verstanden, die vielfältig und sehr häufige Anwendung finden. Hierzu zählen z. B.:

- Leitfähigkeitsanalyse (z. B. Handgeräte),
- pH-Meter,
- Imhof-Trichter,
- Probenehmer,
- Standzylinder,
- Temperaturmessgeräte,
- Waage.

Die Art der Geräte und ihre Anzahl richten sich nach den analytischen Anforderungen.

Tab. 8.3 Beispiele für Prozesswasserparameter

Metalle
Arsen
Blei
Cadmium
Calcium
Chrom
Kalium
Kupfer
Magnesium
Natrium
Nickel
Quecksilber
Vanadium
Zink
Zinn
Anionen
Chlorid
Chromat
Nitrat
Nitrit
Phosphat
Sulfid
Sulfat
Organische Parameter
BSB_5
CSB
Kohlenwasserstoffe
Öle und Fette
TOC
Einzelstoffe, z. B. Tenside, Phenole
Summenparameter
Abfiltrierbare Stoffe
Absetzbare Stoffe

Tab. 8.3 (*Fortsetzung*)

Akute Bakterientoxizität
AOX
BSB_5
CSB
Geruch
Kohlenwasserstoffe
Leitfähigkeit
LHKW
Öle und Fette
pH-Wert
Redoxwert
TOC
Trübung
Nitrifikationshemmung
Wasserhärte

8.4.2 Fotometer

Die Generation der Fotometer, die mittels Kit-Programmen bedient werden, sind Multiparameteranalysatoren. Dies bedeutet, dass mit nur einem Gerät (Fotometer) und einigen Zusatzgeräten (z. B. Aufschlussapparaturen) eine große Bandbreite jener Parameter analysiert werden kann, die in der Eigenanalytik der Abwässer wichtig sein können. Der Vorteil dieser Geräte liegt in ihrer Handhabung, Schnelligkeit und Wirtschaftlichkeit. Dem Analytiker wird für jeden einzelnen Parameter ein spezielles Kit-Set geliefert, das ihn befähigt, schnell und zeitsparend einen Abwasserparameter zu bestimmen (s. [79]). Welche Vielzahl von Parametern mit solch einem multiplen Gerät bestimmt werden kann, veranschaulicht das Beispiel des Fotometers DR 6000 der Firma Hach Lange.

Beispiel UV-VIS Spektralfotometer DR 6000 [79]

Wenn wir einen Blick auf die große Vielfalt der Parameter werfen, die mittels der modernen Fotometrie analysiert werden können, erkennt man die Stärke dieser Systeme. Mit diesem System lassen sich sowohl anorganische als auch organische Parameter analysieren, die für die Überwachung der Prozesswässer relevant sind. Ein großer Vorteil liegt in der Schnelligkeit der Analysenabwicklung. Fertige Kits vom Hersteller erleichtern den täglichen Analysenablauf [79].

Abb. 8.2 Beispiel UV-VIS Spektralfotometer DR 6000 [79]

Tab. 8.4 Parameter des Fotometers DR 6000 UV-VIS Spektralphotometer. (Nach [79])

Anorganische Stoffe	Organische Stoffe
Kationen (z.B. Metalle)	Organische Einzelstoffe (z.B. Phenol)
Anionen (z.B. Phosphat, Sulfat)	Summenparameter (TOC, CSB)

Der Vergleich der Tab. 8.3 mit den typischen Parametern der Abwasseranalytik mit der Tab. 8.4, die ein Spektrum von Parametern wiedergibt, die mittels Küvettentests (Abb. 8.2) analysiert werden können, offenbart die Vielfältigkeit der Anwendungsmöglichkeiten, die die heutige fotometrische Analytik anbietet.

Die meisten gängigen Abwasserparameter können heute in der Eigenanalytik mittels der Küvettentests durchgeführt werden.

Der Vergleich der Beispiele aus der Tab. 8.3, die wichtige Parameter der analytischen Überwachung von Prozesswässern beinhaltet, mit der Vielzahl von Testverfahren nach dem LCK-Küvettentest (s. Tab. 8.5) zeigt, dass eine sehr große Schnittmenge besteht. Was für die Praxis der Eigenanalytik bedeutet, dass in fast allen Branchen wichtige Basisparameter mit diesem Verfahren abgedeckt werden. In Kombination mit der Onlineüberwachung (z. B. pH-Wert, Leitfähigkeit, Trübung) ist die Küvettentestanalytik ein wichtiges Standbein der Eigenanalytik, wobei diese beiden Säulen im Einzelfall durch spezielle Verfahren (z. B. Leuchtbakterientest, Kohlenwasserstoffbestimmung mittels IR-Geräte) ergänzt werden können.

8.4.3 Organische Summenparameter

In der Überwachung der Prozesswässer haben die organischen Summenparameter CSB (chemischer Sauerstoffbedarf), BSB_5 (biologischer Sauerstoffbedarf in fünf Tagen) und TOC (Total Organic Carbon) eine wichtige Funktion. Der CSB und der TOC summie-

Tab. 8.5 Auswahl von Parametern mittels Küvettentests. (Nach [234])

Alkohol
Aluminium
Ammonium
Anionische Tenside
AOX
Blei
Bor
BSB_5
Cadmium
Chlor
Chlorid
Chrom
Chromat
CSB
Cyanid
Eisen
Fluorid
Formaldehyd
Freies Chlor
Gesamtstickstoff
Kalium
Kationische Tenside
Kupfer
Magnesium
Menthol
Molybdän
Nichtionische Tenside
Nickel
Nitrat
Nitrit
Organische Säuren
Phenole
Phosphat
Resthärte
Säurekapazität

Tab. 8.5 (*Fortsetzung*)

Schlammaktivität
Silber
Stärke
Sulfat
Sulfid
Sulfit
TOC
Wasserhärte
Zink
Zinn
Zirkonium

ren die organischen Verbindungen eines Abwassers auf eine genormte Nenngröße (Total Organic Carbon oder chemischer Sauerstoffbedarf), diese erlaubt eine Abschätzung der Quantität der organischen Verbindungen innerhalb eines Abwassers. Der BSB_5 weist als Summenparameter diejenige Menge aus, die unter den genormten Bedingungen biologisch abbaubar ist. Aus dem Verhältnis vom CSB zum BSB_5 eines Abwassers lässt sich der Grad der biologischen Abbaubarkeit seiner organischen Abwasserinhaltsstoffe abschätzen. Der CSB wie auch der TOC können fotometrisch bestimmt werden.

Beispiel für TOC-Onlinebestimmungen (nach [79])

Einfache TOC-Überwachung im Abwasser

Durch den nur einmal jährlich stattfindenden Austausch der Reagenzien und die nahtlose Anbindung des Hach-Probenhomogenisierers SIGMATAX 2 ist der B3500s die einfachste Lösung für die Überwachung des TOC-Gehalts in kommunalem Abwasser. Ausgelegt für die Kommunikation mit dem Hach-Ultraschallhomogenisierer SIGMATAX 2 zur Probenvorbereitung ermöglicht der B3500s die Überwachung nach TOC-Norm ISO-CEN EN 1484.

Der BIOTECTOR B3500s arbeitet mit der patentierten Zwei-Stufen-Oxidationstechnologie (TSAO) für maximale Zuverlässigkeit und Laufzeit, ohne die Genauigkeit zu beeinträchtigen. Es müssen nur halbjährlich vorbeugende Wartungs- und Instandhaltungsmaßnahmen am Analysator durchgeführt werden.

Einfache Integration des Probenhomogenisierers:

- Verlängerte Intervalle für den Reagenzienwechsel und kleinere Wartungsarbeiten,
- Zuverlässiger TOC,
- Minimale Reagenzienkosten.

8.4.4 Biologische Abbaubarkeit in fünf Tagen – BSB_5

Der biochemische Sauerstoffbedarf gibt die Menge an Sauerstoff an, die zum biologischen Abbau im Wasser vorhandener organischer Stoffe bei bestimmten Bedingungen in einer bestimmten Zeitspanne verbraucht wird. In der Abwassertechnik wird in der Regel eine Zeit von fünf Tagen angesetzt, daher der Begriff BSB_5.

Der BSB_5-Gehalt einer Abwasserprobe sollte in Relation zum CSB (chemischer Sauerstoffbedarf) dieser Probe betrachtet werden. Je enger die Werte von BSB_5 und CSB sich angleichen, desto besser ist die biologische Abbaubarkeit. Ein CSB-BSB_5-Verhältnis von 2:1 zeigt eine gute Abbaubarkeit, während ein Verhältnis von 5:1 auf schlechte Abbaubarkeit hinweist.

Für die Eigenanalytik werden vielfach Geräte zur BSB_5-Messung verwendet, die nach dem respirometrischen Verfahren arbeiten. Hierzu wird ein bestimmtes Volumen der Abwasserprobe in eine Flasche gefüllt und der verbrauchte Sauerstoff wird über eine Druckminderung in der geschlossenen Flasche erfasst und daraus der BSB-Wert berechnet. Der Vorteil dieser Verfahren liegt in der Handhabung der Geräte und der Möglichkeit, mehrere Proben gleichzeitig zu messen.

8.5 Akute Abwassertoxizität

Die Reinigung von Industrieabwasser in biologischen Kläranlagen wird mittels Mikroorganismen verschiedenster Art durchgeführt. Werden die Mikroorganismen durch toxische Stoffe in ihrer Funktion negativ beeinträchtigt, kann dies Auswirkungen auf die Reinigungsleistung der Kläranlage haben, was sich z. B. in einem verringerten CSB-Abbau niederschlagen kann. Zufließende Abwässer sollten daher auf ihre Toxizität, z. B. gegenüber dem Belebtschlamm einer Industriekläranlage, überwacht werden. Hierfür gibt es eine Reihe von Untersuchungsmethoden, um die schädliche Wirkung von Abwasserinhaltsstoffen zu messen. Diese Methoden können sehr spezifisch in Bezug auf die einzelnen Organismenarten sein und reichen vom Belebtschlamm über Algen und Daphnien bis zum Nitrifikationshemm- und Fischeitest, um nur einige zu erwähnen. Für ihre Durchführung sind Fachlaboratorien notwendig. Für die Überwachung der Abwassertoxizität hat sich in der Eigenanalytik der Leuchtbakterientest bewährt.

Mit ihm können Gefahrenpotenziale, die von einzelnen Abwasserinhaltsstoffen, Abwasserarten usw. ausgehen, gemessen und ihre Wirkung auf die biologische Industriekläranlage in Bezug auf die Einsatzmengen bewertet werden. Bei Störungen in der Kläranlage können einzelne Zuläufe zur Kläranlage auf ihre toxische Wirkung untersucht werden, um Gegenmaßnahmen zu ergreifen.

Leuchtbakterientest: „Die akute Toxizität wird bei diesem Testverfahren durch die Hemmung der Lichtemission von Leuchtbakterien (Vibrio fischeri) bestimmt. Die lumineszierende Bakteriensuspension kann entweder frisch gezüchtet oder aus konservierten Präparaten hergestellt werden. Bei diesem sehr schnellen Toxizitätstest kann bereits nach

Abb. 8.3 Luminometer mit automatischer Küvettenabsenkung

einer Wirkungszeit von 30 min eine Hemmwirkung durch Schadstoffe festgestellt werden. Da es sich um marine Bakterien handelt, müssen die Testansätze vor der Messung mit Kochsalz auf Meerwasserkonzentration aufgesalzen werden" (aus [73]).

Beispiel für Bestimmungen nach dem Leuchtbakterientest (nach [75])

Für Leuchtbakterientests nach DIN EN ISO 11348-1, -2, -3.

Mit testintegriertem Qualitätssicherungssystem für die patentierte Farb- und Trübungskompensation und die Vitalitätskontrolle der Leuchtbakterien (Abb. 8.3).

Geeignet für:

- Kläranlagen: Überwachung der Schwellenwerte von kontinuierlichen Teilströmen von Indirekteinleitern und bei Chargenanlieferung, Bilanzierung der Reinigungsleistung. Kühlwasser: Überwachung der gesetzlichen Anforderungen, Einsparung von Bioziden.
- Deponiesickerwasser: Überwachung der gesetzlichen Anforderungen.
- Spülwasser von Mehrwegbehältern: Kontrolle auf Reinigungsmittel und fremde Verunreinigungen.
- Löschwasser: Schnelle Gefährdungsabschätzung im Katastrophenfall.
- Bestimmung von ökotoxikologischen Kenndaten.
- Wassergefährdungsklassen: Ermittlung der Bakterientoxizität.
- Altlasten: An wässrigen Probeneluaten Erkennung belasteter Flächen, Definition eines Sanierungszieles, Dokumentation der Sanierungsmaßnahme.

8.6 Keimzahl

Prozesswässer können durch Keime (Mikroorganismen) belastet sein. Die Bildung von Keimen kann durch Temperaturerhöhungen und organische Stoffe sowie andere Faktoren begünstigt werden. Je nach Anforderungen an die Qualität des Prozesswassers, was wiederum sehr branchenabhängig ist, können gewisse Keimzahlen toleriert werden. Mikrobielle Aktivitäten im Prozesswasser können Schäden an Leitungen etc., Geruchsemissionen und andere Beeinträchtigungen hervorrufen, sie sind daher zu überwachen, um gegebenenfalls Maßnahmen zur Eindämmung der mikrobiologischen Aktivität (z. B. Ozonierung, Dosierung von Bioziden) zu ergreifen. „Als Keimgehalt oder auch Keimzahl bezeichnet man in der Mikrobiologie den Gehalt eines Materials an Mikroorganismen, und zwar ihre Anzahl im Verhältnis zum Volumen oder zur Masse des Materials, die Maßeinheit ist meistens

ml^{-1} bzw. g^{-1} (Bezugsgröße 1 ml bzw. 1 g). Dabei sind Mikroorganismen im aktiven oder ruhenden Stadium gemeint, nicht nur Mikroorganismen-Keime (wie die Bezeichnung vermuten lassen kann).

Die Bezeichnung Keimgehalt und Keimzahl haben ihre Ursache vermutlich darin, dass sie meistens durch die Koloniezahl bestimmt werden, das bedeutet, dass man eine bestimmte Menge des Materials möglichst so in einem gelförmigen Nährboden verteilt, dass alle Mikroorganismen einzeln liegen, dann unter geeigneten Bedingungen bebrütet und die dabei gebildeten Mikroorganismen-Kolonien zählt“ [74].

Bei der Installierung einer Eigenanalytik hinsichtlich der Keimzahlbestimmung ist es ratsam, sich von Experten (Fachfirmen etc.) bezüglich der Messtechnik beraten zu lassen. Im folgenden Text wird von einer Fachfirma erläutert, welche Grundsätze bei einfachen Messungen der Keimzahl zu beachten sind bzw. welche Geräte sich dafür eignen.

Beispiel für Keimzahlbestimmung in Eigenregie (nach [89])

HARTMANN

BODE Dip Slides Combi und Zubehör

Praktische Nährböden zum kostengünstigen, hausinternen Nachweis von aeroben Bakterien, Pilzen und Hefen.

Mit umfassenden Wirksamkeitsnachweisen und einer wissenschaftsbasierten Forschung und Entwicklung gewährleisten wir bei unseren Produkten zur Hygiene und Desinfektion einen bestmöglichen Qualitätsstandard.
Wir forschen für den Infektionsschutz.

SCIENCE CENTER BODE

Geräte und Zubehör

BODE Dip Slides Combi

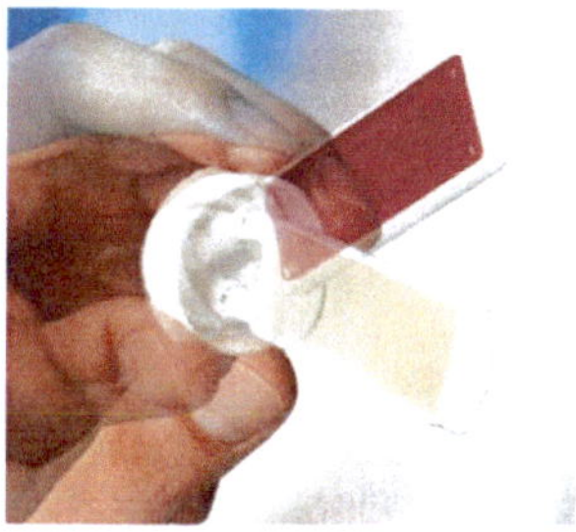

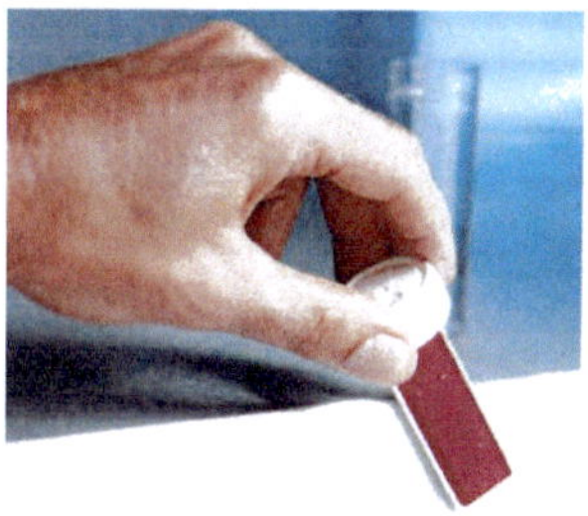

BODE Dip Slides Combi bieten eine kostengünstige Möglichkeit, den Hygienestatus im Rahmen von GMP (Good Manufacturing Practices) und HACCP (Hazard Analysis of Critical Control Points) hausintern zu überwachen. Die Inanspruchnahme von externen Laboren und der Aufwand für die Herstellung eigener Nährböden können in vielen Fällen wegfallen.

BODE Dip Slides sind geeignet für die kostengünstige, hausinterne Überwachung des Hygienestatus in folgenden Bereichen:

1. Industrieller Bereich

- Lebensmittelbetriebe wie
  - Fleisch- und Fischverarbeitung
  - Bäckereien, Süßwarenhersteller
  - Getränkeindustrie
  - milchverarbeitende Industrie
  - Feinkost, Großküchen und Catering-Service
- Kosmetikindustrie
- Pharmaindustrie
- Metallverarbeitende Industrie

2. Gesundheitswesen

- Medizinischer Bereich
  - z.B. Endoskopie zur Routineüberprüfung aufbereiteter Endoskope
- Überprüfung der Wasserqualität

Eigenschaften

Der Nährbodenträger ist auf der einen Seite mit hellgelbem TTC-Agar, auf der anderen mit rosafarbenem Rose-Bengal-Agar gefüllt. Dieses 2-Kammer-System ermöglicht in einem Arbeitsschritt den getrennten Nachweis von aeroben Bakterien sowie Hefen und Pilzen. Aerobe Bakterien wachsen auf dem hellgelben TTC-Agar; Hefen und Pilze auf dem rosafarbenen Rose-Bengal-Agar.

- Die Auswertung erfolgt durch direkten Vergleich der Koloniendichte auf den Agarflächen mit Musterbildern (siehe Anwendung).
- Aufgrund der einfachen Handhabung ist der Test auch für mikrobiologisch nur wenig geschultes Personal geeignet.

Anwendungsgebiete

BODE Dip Slides Combi werden eingesetzt zur Bestimmung der Gesamtkeimzahl in flüssigen Medien und auf Flächen für:

- Milch, Fruchtsäfte, Limonaden, Suppen, Saucen, Eier
- Rohstoffe (Mehl, Gewürze, Stärke)
- Shampoos, Lotionen
- Innenflächen von Transportbehältern, Produktionskesseln, Lagertanks etc.
- Arbeitsflächen, Hackbretter, Cutterschneiden, Beile, Messer, sonstige Geräte
- Waschbecken
- Verpackungsmaterial
- industrielle Flüssigkeiten (Kühlschmierstoffemulsionen, Dispersionsfarben, Reinigungsmittel, Emulsionen)
- Schneideöle
- Kühlwasserkreisläufe

Anwendung

- Den Deckel des Behälters abschrauben und den Nährbodenträger entnehmen. Die Agarflächen dabei nicht berühren.
- Probenauftrag

Bei Flüssigkeiten:
Nährbodenträger 5-10 Sek. in das Prüfmedium eintauchen; überschüssige Flüssigkeit gut abtropfen lassen und den unteren Trägerrand auf ein sauberes Filterpapier oder Tuch tupfen.

Bei hochviskosen Proben, Pulvern und Flächen:
Mit Hilfe eines sterilen Wattetupfers wird ein Abstrich genommen und auf der Agarfläche gleichmäßig verteilt. Für jede Agarfläche ist ein eigener Abstrich notwendig.
Bei leicht zugänglichen Flächen kann auch eine Abklatschprobe genommen werden. Hierzu beide Agarflächen 5-10 Sek. auf die zu prüfende Fläche drücken. Nährbodenträger in das Röhrchen zurückstellen und verschrauben. Das Röhrchen mit Datum, Prüfort und Prüfmedium beschriften (Etiketten sind in der Packung).

Wärmeschrank und Dekontaminationszubehör

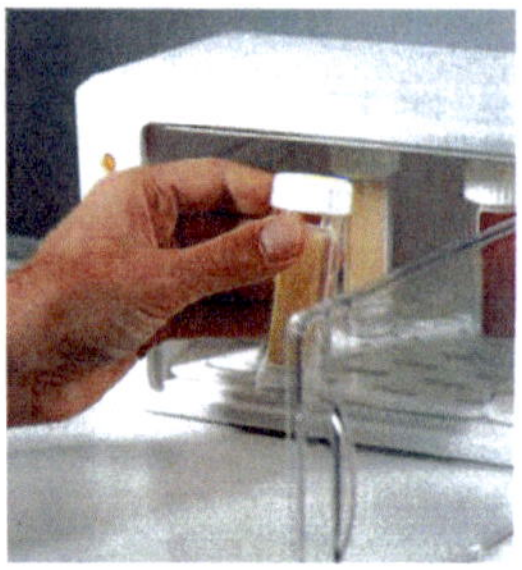

Zubehör

Wärmeschrank

Der Einsatz eines Wärmeschranks führt zu einer beträchtlichen Verkürzung der Inkubationszeiten bei Eintauchnährböden zum Nachweis mikrobieller Kontamination. Für den Anwender bedeutet dies: Die Ergebnisse seiner Untersuchungen stehen schneller zur Verfügung und sind damit aktueller.

Der Wärmeschrank bietet eine besonders praktische und preisgünstige Möglichkeit zur Inkubation von Nährböden. Bedienungsfreundlichkeit und Temperaturkonstanz sorgen für hohe Betriebssicherheit.

Der Wärmeschrank lässt sich sowohl in waagerechter als auch in senkrechter Stellung betreiben.

Technische Daten

Temperaturbereich	25 – 45 °C
Temperaturkonstanz	+/- 1 °C
Thermometer	bis 60 °C, im spez. Röhrchen
Netzspannung	230/110 V~, 50 HZ
Anschlusswert	26 W/0,2 A
Außenmaße in mm (BxHxT)	310x155x168
Innenmaße in mm (BxHxT)	220x120x150
Gewicht	1,1 kg

Dekontaminationsmittel

Zur Dekontamination empfehlen wir die Dip Slides nach der Anwendung über Nacht geöffnet in eine 1 %ige Kohrsolin® extra Lösung einzulegen. Alternativ können die Nährböden auch autoklaviert oder verbrannt werden.

Anwendungskonzentration

1 % Kohrsolin® extra in Wasser (10 ml/l), 24 Std. Einwirkzeit.
Kohrsolin® extra-Gebrauchslösungen können mit dem üblichen betrieblichen Abwasser entsorgt werden. Desinfektionsmittel sicher verwenden. Vor Gebrauch stets Kennzeichnung und Produktinformation lesen.

Dekontaminationswanne

Die 3 Liter-Wanne eignet sich speziell für die Aufnahme der kontaminierten Keimträger.

Die Wanne bietet dem Anwender einen sicheren Schutz. Mit dem praktischen Siebeinsatz ist das Herausnehmen der eingelegten Nährbodenträger und Röhrchen ohne Berührung der Desinfektionsmittellösung mit den Händen möglich. Dazu wird das Sieb links oder rechts in die Wanne gesetzt, die Desinfektionsmittellösung kann in die Wanne zurück abtropfen.

Technische Daten

Ausführung	Wanne mit Deckel und Siebeinsatz aus PVC
Farbe	weiß
Deckel	weiß, mit Schlitz
Nutzinhalt	3 Liter mit Strichmarkierung
Abmessungen	LxBxH in mm: 300x200x110

Haltbarkeit / Lagerung

Das Haltbarkeitsdatum der BODE Dip Slides Combi ist der Verpackung aufgedruckt. Die Nährbodenträger werden bei Raumtemperatur (ca. 20 °C) vor Zug und Licht geschützt aufbewahrt.
Bei Temperaturschwankungen kann eine Kondenswasserbildung auftreten. Diese beeinträchtigt die Qualität der BODE Dip Slides Combi Nährbodenträger jedoch nicht.

Inkubation

- Während der Inkubationszeit sollen die Nährbodenträger aufrecht stehen.

Bebrütung im Wärmeschrank (27° C - 30° C)

für Bakterien:	1 - 2 Tage
für Hefen und Pilze:	3 Tage

Bebrütung bei Raumtemperatur (ca. 20° C)

für Bakterien:	2 - 3 Tage
für Hefen und Pilze:	4 - 5 Tage

Auswertung der Ergebnisse

- Die Auswertung von flüssigen Proben erfolgt nach der Inkubationszeit durch Vergleich der Koloniendichte auf den Agarflächen mit den Musterbildern (siehe Rückseite).
- Die Auswertung von Abklatsch-Proben erfolgt durch Auszählen der Kolonien.

Hinweis:
Sollten nur sehr kleine Kolonien wachsen, so wird eine Verlängerung der angegebenen Inkubationszeit um 1-2 Tage empfohlen.

Zur Bestimmung der Gesamtkeimzahl vergleichen Sie die Nährböden mit den Musterbildern:

Bakterien

Bakterien wachsen auf dem hellgelben TTC-Agar zu roten Kolonien.

Bestimmung der Bakterienzahl:

bis 10^4	sehr schwache bis schwache Kontamination
10^5 - 10^6	mäßige bis starke Kontamination
über 10^6	starke bis sehr starke Kontamination

Bitte beachten:
Farblose Kolonien sind bei der Bestimmung der Bakterienzahl mit zu berücksichtigen.
In seltenen Fällen kann es auch zu völlig farblosem Bewuchs oder zu einem konfluenten Bakterienbewuchs kommen, der als gleichmäßig farblose oder rote Oberfläche erscheint. Vergleichen Sie in Zweifelsfällen den bebrüteten Nährbodenträger immer mit einem unbenutzten BODE Dip Slides Combi. Bei der Beurteilung des Bakterienwuchses kommt es auf die Dichte der Kolonien an.

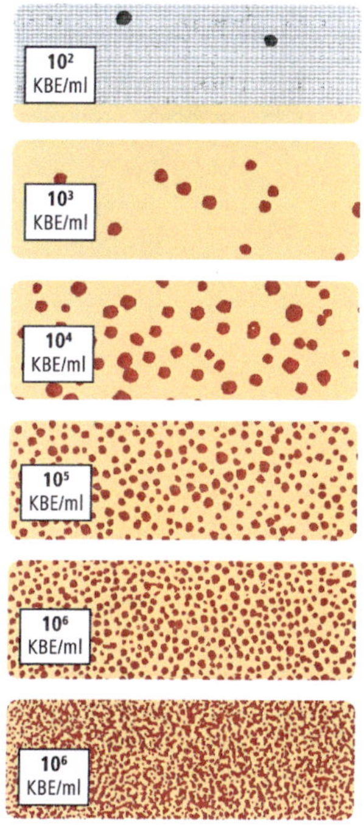

KBE: koloniebildende Einheiten

Fadenpilze / Hefen

Fadenpilze und Hefen wachsen auf dem rosafarbenen Rose-Bengal-Agar.
Das Wachstum kann reines Fadenpilz-, Hefewachstum oder Mischbewuchs sein.

Fadenpilze:
Wollige Kolonien, gebildet aus einzelnen Sporen, Fadenteilen oder -aggregaten

Beurteilung:

+ schwache Kontamination
++ mäßige Kontamination
+++ starke Kontamination

Hefen:
Runde, bucklige und glanzlose Kolonien, teilweise mit Ausläufern

Bestimmung der Bakterienzahl:

bis 10^3 sehr schwache bis schwache Kontamination
10^4-10^5 mäßige bis starke Kontamination
über 10^5 starke bis sehr starke Kontamination

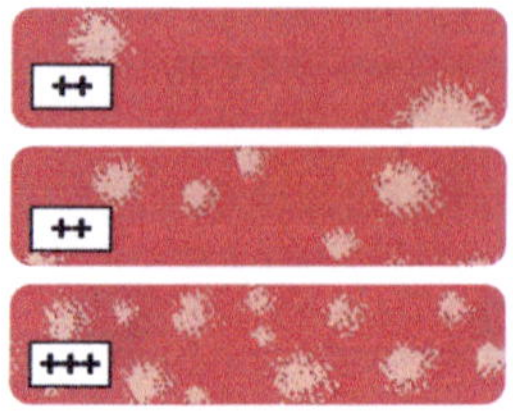

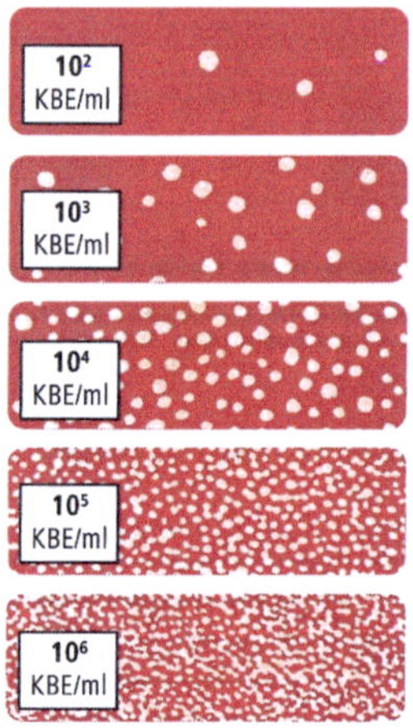

KBE: koloniebildende Einheiten

Entsorgung

- Zur sachgerechten Entsorgung empfehlen wir, kontaminierte Nährbodenträger über Nacht in eine 1%ige Kohrsolin® extra-Lösung einzulegen. Alternativ können die Nährbodenträger auch verbrannt werden.

Zur Bestimmung der Gesamtkeimzahl vergleichen Sie die Nährböden mit den Musterbildern:

8.7 Onlinemessungen im Abwasser

Moderne Onlinemessgeräte bieten bei der Prozesswasser- und Abwasseranalytik einen entscheidenden Vorteil gegenüber der herkömmlichen Analytik. Es ist die Zeitspanne zwischen Probenahme und Messergebnis. Die Onlinemessungen erlauben es, aufgrund ihrer schnellen Reaktionszeit Abwasserbehandlungsanlagen zu steuern und zu regeln. Das heißt, beim Abweichen von Normbedingungen (z. B. erhöhte CSB-Konzentration im Zulauf) können verfahrenstechnische Änderungen eingeleitet werden, weil die Abweichung von der Norm schnell erfasst und angezeigt wird. Die Spanne der Parameter, die im Abwasser online gemessen werden können, hat sich in den letzten zehn Jahren stark entwickelt, sodass für viele Branchenabwässer relevante Abwasserparameter über die Onlinemessungen analysiert werden können. In der Praxis der Abwasseranalytik finden sich sowohl Geräte mit Einzelparametern (z. B. Sauerstoff) als auch Multiparametergeräte (z. B. pH-Wert, Leitfähigkeit, Trübung, Temperatur), die mehrere Bereiche in der Abwasseranalytik abdecken. So können heute Summenparameter, wie der CSB, TOC oder BSB, ebenso online erfasst werden, ebenso relativ komplexe Parameter wie die Abwassertoxizität oder die Gruppe der Schwermetalle.

In Tab. 8.6 sind wichtige Abwasserparameter [91] zusammengefasst, die mittels Onlinegeräte überwacht werden können. Welche Parameter sich für die Eigenanalytik in einem Betrieb anbieten, hängt von den relevanten Konzentrationen einzelner Abwasserinhaltsstoffe sowie von der jeweiligen Abwassertechnik ab. In der Regel werden Leitparameter ausgewählt. Bei der Auswahl der Parameter für die Eigenanalytik sollten diese mit dem jeweiligen Anlagenbauer abgesprochen werden.

Wichtige Abwasserparameter der Onlinemesstechnik

Die Auswahl der Parameter hinsichtlich der Onlineüberwachung von Prozesswässern orientiert sich an folgenden Kriterien:

- Abwasserinhaltsstoffe nach Art und Konzentration,
- Qualitätsanforderungen an die einzelnen Wasserphasen (mehrfachgenutztes Prozesswasser und Frischwasser nach der Aufbereitung),
- Relevanz der einzelnen Stoffe oder Stoffgruppen hinsichtlich der Qualität (z. B. Aufsalzung (Leitfähigkeit) oder Anreicherung von organischen Stoffen (TOC), Suspensionen; Färbung (Trübungsmessungen)).

Die Art und Zahl der Parameter gemäß der Vielseitigkeit der einzelnen Abwasserarten ist sehr branchenspezifisch. Es folgt eine Liste (Tab. 8.6), in der einige wichtige Basisparameter der Onlinemesstechnik zusammengefasst sind. Sie kann als Anhaltspunkt dienen. Eine weitere Möglichkeit besteht in der Kombination der Onlinemesstechnik, die sich auf Basisparameter beschränkt, mit speziellen Einzelparametern (z. B. Tenside und Gesamt-

Tab. 8.6 Wichtige Abwasserparameter in der Onlinemesstechnik

Abwassertoxizität
BSB (biologischer Sauerstoffbedarf)
CSB (chemischer Sauerstoffbedarf)
Farbstoffe
Leitfähigkeit
Nitrat
Nitrit
Phosphat
pH-Wert
Redoxwert
Sauerstoffgehalt
Schwermetalle
Stickstoff ges.
Temperatur
Trübung

keimzahl im Waschwasser) mittels herkömmlicher Fotometrie bzw. spezieller Testbestecke. So könnte z. B. die Überwachung der Eigenanalytik folgende Parameterauswahl haben.

- *Onlineüberwachung:*
  pH-Wert – Leitfähigkeit – Trübung – Temperatur – TOC

- *Einzelbestimmungen:*
  Tenside – Gesamtkeimzahl

Wissensmanagement für die betriebliche Wasserwirtschaft 9

Das Wissensmanagement der betrieblichen Wasserwirtschaft ist als integratives Informationssystem zu verstehen, das auf folgenden drei Hauptfeldern basiert:

- Wissensbasis,
- Wissenstransformation,
- Wissenspflege.

Das gesammelte und strukturierte Wissen dient der sicheren und effektiven Handhabung der operativen und administrativen Tätigkeiten innerhalb der betrieblichen Wasserwirtschaft. In Abb. 9.1 sind die einzelnen Hauptkriterien und die zugehörigen Quellen zusammengefasst. Es demonstriert: Im Fokus der Informationsbeschaffung stehen die Mitarbeiter. Sie besitzen die Kenntnisse und Erfahrungen im Umgang mit den technischen und administrativen Tätigkeiten und sind gleichzeitig die Quellen für Informationen.

Umgekehrt sind die Mitarbeiter auf Informationen angewiesen, um ihre Arbeit optimal auszuführen. Der langfristige Vorteil eines Wissensmanagements zeigt sich beim Ausscheiden oder bei langfristigem Ausfall von Mitarbeitern. Wissen bleibt präsent und geht nicht verloren. Es vererbt sich auf andere Mitarbeiter.

Einen weiteren Vorteil bietet die systematische Erfassung von Problemen und ihren Problemlösungen durch das Anwachsen von Wissen. Ein modernes Wissensmanagement zeichnet sich dadurch aus, dass es für alle Mitarbeitervorschläge offensteht und sich in seiner Dynamik den jeweiligen Veränderungen innerhalb des Betriebes flexibel gestaltet. Die vielen einzelnen Informationen oder Verbesserungshinweise summieren sich in einer positiven Wirkungsgröße, wobei ihre Spannweite von der Vermeidung von doppelten Arbeiten bis zur direkten Effektivitätssteigerung reichen kann.

„Als ein Ergebnis des heutigen wissens- und innovationsorientierten Kommunikationszeitalters wird das im Unternehmen vorhandene Wissenskapital immer mehr zum entscheidenden Produktionsfaktor. Das Wissen innerhalb eines Unternehmens wird somit als

R. Stiefel, *Abwasserrecycling: Technologien und Prozesswassermanagement*,
DOI 10.1007/978-3-658-13992-6_9

Abb. 9.1 Strukturaufbau Wissensmanagement der betrieblichen Wasserwirtschaft

Produktionsfaktor verstanden, der neben Kapital, Arbeit und Boden tritt. Die strategische Grundlage für das Wissensmanagement bietet vor allem der Knowledge-based-View of the Firm. Dieser stellt eine Erweiterung der Auffassung dar, Information (z. B. im Rahmen der Marktgestaltung und -beeinflussung) als betriebliche Ressource bzw. als Produktionsfaktor zu sehen" [23].

Das Wissensmanagement kann sich zur „lernenden Organisation" entwickeln. „Eine lernende Organisation ist idealerweise ein System, welches sich ständig in Bewegung befindet. Ergebnisse werden als Anregung aufgefasst und für Entwicklungsprozesse genutzt, um die Wissensbasis und Handlungsräume an die Erfordernisse anzupassen" [86].

In der Anwendung auf die betriebliche Wasserwirtschaft bedeutet dies, ständige Optimierung der Effizienz der Wasserwirtschaft sowohl durch den Zufluss von Wissen als auch durch die offene Zugänglichkeit und Nutzbarkeit des Wissens für die Mitarbeiter.

Die Erfahrungen der einzelnen Mitarbeiter, die in eine betriebliche Wissensbasis einfließen, sind wie veredelte Rohstoffe. Abb. 9.1 zeigt den Strukturaufbau eines betrieblichen Wissensmanagements.

Der Aufbau eines Wissensmanagements für die Wasserwirtschaft innerhalb eines Betriebes bedarf zunächst der Festlegung von Zielen, die mit diesem System erreicht werden sollen.

9.1 Die Ziele des Wissensmanagements

Wenn die Ziele des Wissensmanagements firmenintern festgelegt werden sollen, so kann ein Blick auf die Abläufe des betrieblichen Wasserkreislaufes helfen. Sehr vereinfacht kann der Ablauf in Einzelabläufe unterteilt werden.

Die Unterteilung der einzelnen Abläufe in Wissensanforderungen weist den Weg zu den spezifischen Sachgebieten, die in einer Wissensbasis dokumentiert, bearbeitet und als Präsentwissen den zuständigen Mitarbeitern zur Verfügung stehen sollen. Die folgende Liste zeigt Beispiele für Wissenstools auf, die für die einzelnen Sachgebiete von Interesse sein können.

Wissensbausteine für eine Wissensbasis der betrieblichen Wasserwirtschaft

Wasserhaushalt des Betriebes
- Wasserzufuhrquellen nach Art und Menge
- Abwasseranfall nach Art und Menge
- Wasser im Kreislauf
- Energieverbrauch
- Kosten

Produktion
- Einzelne Verfahren (Produktionsablauf)
- Eingesetzte Roh-, Hilfs- und Betriebsstoffe
- Frischwasserbedarf nach Art und Menge
- Wasserverluste
- Mehrfachgenutztes Prozesswasser
- Aufbereitung des mehrfachgenutzten Prozesswassers
- Abwasseranfall nach Art und Menge

Nutzung der Abwässer
- Stoffliche Nutzung
- Energetische Nutzung

Abwasseraufbereitung
- Abwässer nach Art und Menge
- Aufbereitungsverfahren
- Recyclingwasser nach Art und Menge
- Abwasseranalytik
- Abfallüberwachung
- Wertstoffrückgewinnung
- Energierückgewinnung
- Energieverbrauch
- Kosten

Regenwassernutzung
- Regenwasseranfall
- Regenwassernutzung nach Art und Menge
- Regenwasserspeicherung
- Regenwasseranalytik
- Kostenersparnis

Der Ziele und der Aufbau der Wissensbasis können an dieser Stelle nur beispielhaft erläutert werden, grundsätzlich richten sich sowohl ihre Ziele als auch ihr Aufbau nach den betrieblichen Verhältnissen und Ansprüchen. Bei sehr komplexen Betriebsverhältnissen

(z. B. Industriepark oder Kombinaten) empfiehlt es sich, die Wissensbasis in verschiedene Sektoren zu unterteilen.

9.2 Aufbau der Wissensbasis für die betriebliche Wasserwirtschaft

Für die Dokumentation der Wissensbasis und ihre nachfolgende Verwendung als Teil des Wissensmanagements empfiehlt sich die Nutzung einer Datenbank mit den entsprechenden Abfragesegmenten.

Das Wissen, als Basis für dieses Managementsystem, unterteilen wir in strukturelles Wissen und Erfahrungswissen der Mitarbeiter. Das strukturelle Wissen ist weitgehend externes Wissen, das von Fachfirmen, Beratern usw. geliefert wird. So z. B. Anweisungen für die Dosierung von Chemikalien für eine Neutralisationsanlage oder auch Analysevorschriften für die Eigenanalytik. Das Erfahrungswissen der Mitarbeiter basiert auf dem jeweiligen Fachwissen und den gewonnenen Erfahrungen innerhalb der betrieblichen Wasserwirtschaft. Das Erfahrungswissen beinhaltet sowohl spezielle Betriebsanweisungen für bestimmte Aufgabengebiete (z. B. Probenahme der Abwässer oder Speicherung von Regenwasser) als auch Verbesserungsvorschläge zur Optimierung in den einzelnen Teilbereichen. Das Erfahrungswissen wird nach betriebsinternen Kriterien geprüft und beurteilt.

Die Wissensbasis kann für die Nutzer in zwei Teile untergliedert werden: in den störungsfreien Routinebetrieb und in Störfälle bzw. Probleme in den einzelnen Bereichen. Unter die Wissensbasis des störungsfreien Routinebetriebes fallen z. B. Anweisungen bezüglich der Dosierung von Chemikalien oder die Zufuhr von Regenwasser zum Ausgleich produktionsbedingter Wasserverluste, das heißt, kurz gesagt, Betriebsanweisungen für den Routinebetrieb.

Kritisch können Situationen werden, wenn einzelne Prozesse (z. B. Bildung von Blähschlamm in einer biologischen Werkskläranlage) starken Störungen unterliegen. Hier gelten natürlich auch die Betriebsanweisungen, die z. B. von externen Quellen (Fachfirmen; Beratern etc.) übernommen worden sind, aber auch wichtiges Insiderwissen in Form von Erfahrungen der Mitarbeiter mit solchen Problemen. Die Erkennung, Bewertung und Problemlösung von vorausgegangenen Fällen können sehr oft eine wertvolle Hilfestellung bieten. Es ist daher ratsam, alle Stör- bzw. Problemfälle zu dokumentieren. Wobei für jeden einzelnen Fall die Reihe von der Problemerkennung bis zur Problemlösung dokumentiert werden soll. Fehlervermeidung lernt man durch Fehler! Mitarbeiter mit wenig Betriebserfahrung lernen von den Erfahrungen ältere Mitarbeiter. Das interne Betriebswissen wird vererbt.

Wenn alle relevanten Felder dokumentiert sind und die Wissensbasis fürs Erste gefüllt ist, stellt sich die Frage: Wie wollen wir die Abfragen strukturieren? Wissen nützt nur, wenn es für unsere Problemlösungen verfügbar bzw. abrufbar ist. Hierfür wird ein Schlüssel benötigt. Da wir innerhalb der betrieblichen Wasserwirtschaft viele Teilbereiche haben,

Tab. 9.1 Wissensmanagement der betrieblichen Wasserwirtschaft

Themenbereiche	Wissensbasisthemen
Wasserhaushalt	Frischwasserbilanzen Bilanzen Wasser im Kreislauf Abwasserbilanzen Energiebilanzen Kosten
Produktion	Produktionsabläufe Betriebsanweisungen Eingesetzte Stoffe (Abwasserpass) Frischwasserbilanzen Mehrfachnutzung der Prozesswässer Abwasseranfall
Abwassernutzung	Stoffliche Nutzung Energetische Nutzung
Abwasseraufbereitung	Verfahren der Aufbereitung Anweisungen Bilanzen Stör- und Problemfälle Energie Abfälle Wertstoffe
Regenwassernutzung	Bilanzen Nutzung Kontrolle

sind viele Schlüssel nötig. Ideal wäre für jedes mögliche Problem ein fertiger Schlüssel. Dies wäre sehr aufwendig. Wir konzentrieren uns daher bei den einzelnen Szenarien – zumindest am Anfang des Wissensmanagements – auf die relevanten Möglichkeiten innerhalb der einzelnen Teilgebiete. Die Wissensbasis sowie die Abfrageschlüssel sind Teil eines dynamischen Systems. Das beinhaltet, dass sowohl das Wissen selbst in Form von Informationen als auch bei den Abfragen bezüglich Problemen ständig aktualisiert bzw. ergänzt wird. Mit der Zeit entsteht dadurch eine Anhäufung von Wissen in einem internen Managementsystem, das sich zum Großteil aus interner Vererbung von Mitarbeiterwissen speist, wobei auch externe Quellen genutzt werden. Betriebsinterne Erfahrungen bleiben erhalten und sind betriebsintern verfügbar. Das führt zu den nächsten wichtigen Fragen. Wer hat Zugang zum Wissensmanagement? Der Inhalt der Wissensbasis ist vertraulich. Er muss geschützt werden und zugleich offen sein für die Mitarbeiter.

In Tab. 9.1 sind die einzelnen Wissensbereiche und die zugehörigen Themen als Bausteine zusammengestellt. Sie geben einen Überblick über die Vielseitigkeit der Wissensbasis. Setzen Sie Ihr Vertrauen in Ihre Mitarbeiter und schaffen Sie klare Regelungen in Bezug auf die Nutzungsmöglichkeiten!

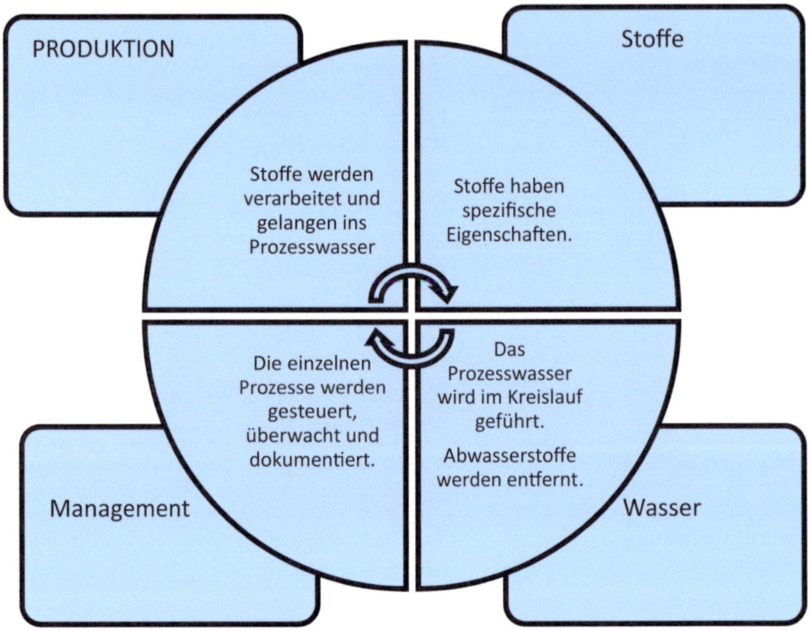

Abb. 9.2 Teilbereiche des innerbetrieblichen Wasserkreislaufes

9.3 Wissensnutzung und Wissenspflege

Die Kriterien der Wissensnutzung und der Wissensaktualisierung ergeben sich aus den vier Teilbereichen der betrieblichen Wasserwirtschaft. Zum einen wäre die Produktion mit ihren einzelnen wassernutzenden Prozessabläufen zu nennen. Hier wird Frischwasser benutzt bzw. mehrfachbenutzt und gleichzeitig entstehen Abwässer, die innerbetrieblich aufbereitet und recycelt werden. Im Zuge der Produktionsprozesse gelangen Stoffe mit unterschiedlichen Eigenschaften ins Abwasser und werden damit zu Abwasserinhaltsstoffen. Dieser Wasserkreislauf

Frischwasser – Produktion – Abwasser – recyceltes Abwasser – Dosierung von Regenwasser als Ersatz für Wasserverluste

wird von den Mitarbeitern des Betriebes gesteuert und überwacht. Diese vier Teilbereiche – die Regenwassernutzung ist zur Ergänzung von Frischwasserverlusten im Frischwasser integriert – berühren sich und bilden einen Kreislauf, wie in Abb. 9.2 zu sehen ist.

Die Mitarbeiter dieser vier Teilbereiche werden mit dem Wasserkreislauf und den einzelnen Prozessstufen tangiert. Sie benötigen Informationen daraus, um ihre Arbeit effektiv leisten zu können, und umgekehrt liefern sie aus ihrer täglichen Arbeitserfahrung Informationen zur Optimierung der Arbeitsabläufe. Welche Formen zur Abfragung von Informationen bzw. zum Input von Informationen innerbetrieblich ihre Gültigkeit haben, obliegt den

Abb. 9.3 Elemente des Wissensmanagements

jeweiligen Regeln innerhalb eines Betriebes. Die Sicherheit der Datenausspähung ist zu beachten. Die betrieblichen Regularien der Datennutzung sind sehr individuell und richten sich nach den Bedürfnissen der einzelnen Betriebe.

Abb. 9.2 zeigt Teilbereiche, die in einem Wissensmanagement integriert werden.

9.4 Elemente für die betriebliche Wasserwirtschaft

In Abb. 9.3 sind jene Elemente zusammengefasst, die die Grundpfeiler für den Aufbau eines betriebsinternen Wissensmanagements bilden. Im Einzelnen kommen ihnen folgende Aufgaben zu:

Wissenserfassung Sie beinhaltet das Sammeln aller relevanten Daten der betrieblichen Abwasserwirtschaft. Zunächst sind die Strukturdaten von besonderer Wichtigkeit, wozu jene Daten gehören, die für die Funktion der betrieblichen Wasserwirtschaft von elementarer Bedeutung sind. Dazu gehören alle Anweisungen, internen Vorschriften, Gutachten, Angaben von Anlagenherstellern oder Lieferanten von Chemikalien usw.

Der zweite Teil der Daten beinhaltet Vorschläge, Hinweise, Berichte u. a. der Mitarbeiter. Der Zugang zur Datensammlung sollte offen sein für die Hinweise und Empfehlung der Mitarbeiter – mit möglichst wenigen Einschränkungen. Zunächst sollte die Sammlung sehr extensiv sein. In weiteren nachfolgenden Schritten werden diese Daten (Hinweise) auf ihre Relevanz und Effektivität geprüft und bewertet.

Wissenssortierung Die Daten (Hinweise, Strukturdaten etc.) werden nach der Erfassung einer Sortierung unterworfen. In Korrespondenz zu der betrieblichen Wasserwirtschaft werden die Daten einzelnen Sachthemen zugeordnet. Die Sachthemen orientieren sich an den Funktionen (z. B. Abwasseraufbereitung) und Arbeitsabläufen (z. B. Überwachung der Abwasserinhaltsstoffe, Eigenanalytik). Es sollte auf die Erfahrungen der Anlagenhersteller zurückgegriffen werden.

Wissensverarbeitung Die einzelnen Daten innerhalb der Sachthemen bedürfen einer Wissensverarbeitung, um die Inhalte zu strukturieren, damit sie eine effektive Transparenz erhalten. Bei der Umsetzung der Wissensverarbeitung hilft die Fragestellung nach den Nutzungsmöglichkeiten der Wissensbasis. Welche Informationen benötigen die einzelnen Abteilungen, Mitarbeiter, um die Wasserwirtschaft effektiv zu gestalten oder im Notfall Informationen zu erhalten, um Probleme zu lösen? Hier können betriebliche Arbeitsgruppen sehr hilfreich sein.

Wissensspeicherung Die Wissensspeicherung tangiert sehr stark den IT-Bereich, es sollten daher schon beim Planungsbeginn eines Wissensmanagements entsprechende Fachabteilungen oder Fachleute für Datenbanken involviert werden.

Bei der Wissensspeicherung sollten bei der Wahl der Datenbankart bzw. dem Aufbau einer Datenbank mögliche Erweiterungen des Wissensmanagements berücksichtigt werden.

Wissensnutzung Bei der Wissensnutzung sind wir direkt beim Anwender. Dafür ist die betriebsinterne Zugangsberechtigung der einzelnen Mitarbeiter festzulegen. Dabei hilft eine einfache Frage: Wer benötigt welche Daten? Unter den Daten der betrieblichen Abwasserwirtschaft können sensible Betriebsdaten sein!

Der Aufbau der Wissensnutzung sollte sowohl die einzelnen Sachthemen der Wissensbasis als auch die Anforderungen vonseiten der Benutzer berücksichtigen. Die Abfragen sollten vom Titel her selbsterklärend sein (z. B. Obergriff Rohabwasser > Abwassertoxizität > Bakterientoxizität).

Weiterhin ist die Eingabemöglichkeit von Suchbegriffen hilfreich (z. B. Blähschlamm > Erläuterung des Begriffs > Notizen über Aufkommen in der Werkskläranlage > Hinweise zur Behebung).

Wissenspflege Ein Wissensmanagement lebt von seiner Datenpflege, was übertragen bedeutet, der Datenbestand ist ständig auf seine Aktualität zu prüfen. Neue Daten (z. B. Hinweise und Erkenntnisse) werden der Wissensbasis zugeführt und fachlich überholte Daten werden gelöscht.

▸ Die Wissenspflege sollte in Teamarbeit erfolgen.

10 Das Konzept Prozesswasserautarkie als Zukunftsinvestition

10.1 Steigende Anforderungen an die betriebliche Abwasserwirtschaft

Technische Entwicklungen sind oft von unterschiedlichen Parametern abhängig, die sich gegenseitig bestärken oder schwächen können. Eine Möglichkeit, sie vorausschauend zu bewerten, bietet der Ansatz über Szenarien, um mögliche Entwicklungen zu veranschaulichen. Entwicklungen, die die Einführung der Kreislaufwirtschaft von Prozesswässern einschließlich der Wertstoff- und Energierückgewinnung aus Abwässern sowie der Regenwassernutzung als Quelle für Frischwasser in der gewerblichen Wirtschaft miteinschließen.

Die konventionelle Abwasserentsorgung mit der End-of-pipe-Technik als Kern ihrer vielseitigen Verfahren wird mit den stetig steigenden Anforderungen vonseiten des Gewässerschutzes, der Abfallentsorgung, aber auch anderen Forderungen (Schonung der Frischwasservorräte, Niederschlagswasserentsorgung etc.) unter einem permanenten Zwang stehen, diese Forderungen bzw. Auflagen einzuhalten. Notwendige Nachrüstungen und vielfache Gebührensteigerungen führen zu einem Anstieg der Gesamtkosten. Diese Preisspirale kann sich langsam oder schnell vollziehen. Meistens nehmen solche Entwicklungen schnell zu. In der nachfolgenden Abb. 10.1 ist der Trend einzelner Teilbereiche, die in ihrer Summe die Preisgestaltung der Abwasserkosten maßgeblich beeinflussen, illustriert. Sie haben alle eine Richtung, diese zeigt nach oben, was eine Preissteigerung andeutet.

Der Pfeil als summarische Größe für die Kostenentwicklungen bei den einzelnen Teilbereichen der konventionellen Abwasserentsorgung demonstriert den stetigen Anstieg dieser Kosten, die in ihrer Summe eine immer stärkere finanzielle Belastung für die einzelnen Unternehmen bewirken. Welche Tendenzen in Zukunft von den einzelnen Einflussfaktoren zu erwarten sind, weist Abb. 10.1 aus.

R. Stiefel, *Abwasserrecycling: Technologien und Prozesswassermanagement*,
DOI 10.1007/978-3-658-13992-6_10

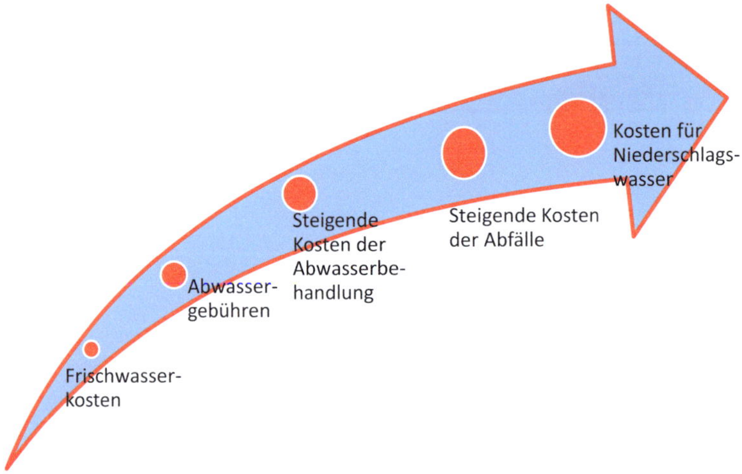

Abb. 10.1 Kostensteigerungen bei der konventionellen Abwasserentsorgung

Die Akzeptanz von höheren Abwasserkosten ist die eine Seite in diesem Szenario, die andere besteht als die Alternative in der Investition in wassereffiziente Technologien, was dieses Prozedere der steigenden Anforderungen beendet und für die Betriebe parallel dazu eine Wertsteigerung mit sich bringt.

10.2 Die Wasserwende in der betrieblichen Abwasserwirtschaft als Chance und Zukunftsperspektive

Die konventionelle Abwasserentsorgung ist ihrer Richtung nach mit dem Bezug von Frischwasser aus externen Quellen, der anschließenden Nutzung dieser Wässer einschließlich der nachgeschalteten Abwasserentsorgung eine Einbahnstraße.

Die betriebliche Abwasserwirtschaft war Jahrzehnte geprägt von der Abwasserentsorgung. Der Stand der Abwasserbehandlung entwickelte sich kontinuierlich. Sowohl der technische Fortschritt der Abwassertechnik als auch immer höhere Anforderungen an die Abwasserbehandlung von gesetzlicher Seite haben mittlerweile zu einer Situation geführt, die die Frage gestattet: Wann ist es für einen Betrieb angebracht, von der Abwasserentsorgung zur Abwassernutzung überzugehen? Nutzung im Sinne einer Kreislaufführung des Mediums Prozesswasser mit simultaner Rückgewinnung von Wertstoffen und Energie aus dem Abwasser. Beim Wechsel von der reinen Entsorgung der Abwässer zur ihrer Nutzung kann man von einer Wasserwende der Prozesswasserführung sprechen.

10.3 Der Einstieg in die Kreislaufwirtschaft der Prozesswässer

Der Einstieg in die Kreislaufwirtschaft sowie mögliche weitere Maßnahmen, wie die Wertstoffrückgewinnung, die Energienutzung des Abwassers und die Regenwassernutzung als Frischwasserersatz, bedürfen gründlicher Betriebsanalysen, Planungen und Überlegungen einschließlich externer Fachberatung. Der PIUS-Check® bietet dafür ein ideales Instrument. In ihm werden Betriebsaufnahme, Schwachstellenanalyse sowie technische und wirtschaftliche Lösungsvorschläge zur Effizienzsteigerung in unterschiedlichen Bereichen, wie Prozesswassereinsatz, Rohstoff- und Energienutzung der Betriebe, vereint. Im folgenden Text (nach [26]) sind wichtige Inhalte, Ziele und Abläufe des PIUS-Checks® dargestellt, wie er von der Effizienz-Agentur NRW angeboten wird.

Beispiel: PIUS-Check®

Mit dem PIUS-Check® werden relevante Stoffströme und der Stand der Technik in der Produktion erfasst und es wird aufgezeigt, welche Verbesserungen in der Produktion im Sinne der Ressourceneffizienz möglich sind. Der gesamte Zeitaufwand vom Initialgespräch bis zur Maßnahmenplanung beträgt erfahrungsgemäß nur sechs bis neun Monate.

Die Vorteile:

- Reduzierung des Rohstoffeinsatzes,
- Senkung der Produktionskosten,
- Minimierung von Ausschuss,
- Steigerung der Produktqualität,
- Vermeidung von Emissionen.

Der Ablauf des PIUS-Checks®

Vier Schritte zum Erfolg

Mikroanalyse:

Es erfolgen die Ermittlung einer detaillierten Datenbasis für zwei bis drei PIUS-Ansätze anhand aller wichtigen ökologischen und wirtschaftlichen Fakten sowie konkrete Lösungsansätze und deren Bewertung auf Praxistauglichkeit und Auswirkungen auf andere Betriebsbereiche mit einer detaillierten Kostenbetrachtung.

Maßnahmcnplan:

Es schließt sich die Erstellung eines Maßnahmenplans zur Steigerung der Ressourceneffizienz Ihres Unternehmens auf Basis der Ergebnisse des PIUS-Checks® an.

Vier Schritte zur Effizienzsteigerung

1. Initialgespräch,
2. Makroanalyse,

3. Mikroanalyse,
4. Maßnahmenplan.

Der PIUS-Check® der Effizienz-Agentur NRW

10.4 Möglichkeiten für Wasser-und Energieautarkie in der Produktion

Wirft man einen Blick in die Fachzeitschriften der Wirtschaft und des Investments, so sind Überschriften wie „Rohstoffe sind die Säulen der Weltwirtschaft" [212] oder „Kampf um jeden Tropfen" [223] nicht selten, wenn die Zukunft der Ressourcen – Wasser, Energie und Rohstoffe – kommentiert wird.

„Ohne Steine und Holz keine Häuser und kein Papier. Ohne Metalle keine Maschinen. Und ohne Maschinen keine Produkte und keinen Fortschritt", so lautet die Botschaft in [212]. Diese Überschrift könnte, verkürzt in Bezug auf die produzierende Wirtschaft, lauten: Ohne Wasser und Energie keine Produktion. Weltweit hat ein schleichender Verteilungskampf um fast alle Arten von Ressourcen begonnen. Wasser und Energie nehmen darin eine Schlüsselrolle ein. Wie kann dieser Limitierung begegnet werden? Singapur bietet hierzu zukunftsweisende Lösungen an.

Beispiel: Vorbild Singapur

Singapur ist beim Recycling von Abwasser weltweit führend. Der Stadtstaat ist noch gezwungen, rund 40 % seines Wasserbedarfes zu importieren. Gewaltige Anstrengungen und der Einsatz modernster Technologie helfen diesem Staat, sich von Wasserimporten immer mehr zu befreien. Ein Drittel seines Wasserbedarfs gewinnt Singapur aus der Aufbereitung von Abwässern. Diese recycelten Abwässer werden unter dem Namen NEWWater hauptsächlich in der Industrie genutzt [212]. Was bei den weltweiten Bemühungen der einzelnen Länder, sich mit ausreichend Wasser zu versorgen, deutlich wird, ist die Tatsache, dass die Wassergewinnung zum Teil unmittelbar von preisgünstiger Energie abhängig ist.

Singapur als Stadtstaat kann innerhalb der Weltwirtschaft als Industriepark mit einem sehr hohen technischen Standard angesprochen werden. Das Beispiel Singapur macht deutlich, dass der Einsatz modernster Technologie einschließlich einer ausgefeilten Logistik ein gangbarer Weg ist, sich eine sichere Wasserversorgung im Einklang mit dem Schutz der Natur aufzubauen.

10.5 Innerbetriebliche Maßnahmen senken den Abwasseranfall

Für viele mittelständische Betriebe stellt sich die Zukunftsfrage. Wie können in Eigenregie die Versorgung mit Frischwasser, Energie und Rohstoffen ebenso wie die nachhaltige Abwasser- und Abfallentsorgung bewältig werden? Lösungen technischer oder logistischer Art zur

Verbesserung der Situation sind fast immer mit Kosten verbunden. Zeit ist Geld, so lautet ein geflügelter Spruch im Wirtschaftsleben. Je früher die Planung der Zukunftssicherung in Angriff genommen wird, desto größer sind die zeitlichen Spielräume für optimierte Lösungen.

In Abb. 10.4b sind in grober Übersicht Pfade aufzeigt, wie diese Zukunftsanforderungen gemeistert werden könnten. Die Anforderungen innerhalb der einzelnen Industriebranchen sind zu vielfältig, um einfache und allgemeine Lösungen anbieten zu können. Ein Blick in die Vergangenheit der industriellen Abwassertechnik weist hier den Blick auf die Entwicklung von Branchenlösungen. Eine komplette Umstrukturierung der Produktionsabläufe ist vielfach sehr komplex und kostenintensiv bei laufendem Betrieb. Sanierungsmaßnahmen können auf dem Weg zur Prozesswasserautarkie in Form einer Steigerung der Wassernutzungseffizienz wertvolle Dienste leisten. Ein Blick auf die Entwicklung der betrieblichen Wassernutzung zeigt eine stetige Steigerung der Effektivität bei der Wassernutzung.

Die Art und Weise der Abwasseraufbereitung bzw. -entsorgung ist abhängig von Kriterien, wie z. B.:

- gesetzlichen Anforderungen,
- Stand der Abwassertechnik,
- Wirtschaftlichkeit,
- Sicherheit der Abwasserentsorgung,
- Sicherheit der Frischwasserversorgung,
- Möglichkeiten der Rohstoffrückgewinnung,
- Möglichkeit der Energierückgewinnung.

Die End-of-pipe-Technik ist die klassische Form der betrieblichen Abwasserentsorgung. Mit den Phasen Frischwasserzufuhr – Frischwasserbenutzung – Abwasseraufbereitung und Entsorgung über kommunale Kläranlagen oder Oberflächengewässer stellt sie eine Einbahnstraße dar (s. Abb. 10.2). Steigende Anforderungen an die Grenzwerte der einzelnen Parameter bedingen Nachrüstungen bezüglich der Abwasseraufbereitung. Wertstoffrückgewinnung und Energierückgewinnung sind auch bei dieser Art der Abwasserbehandlung möglich und werden z. T. praktiziert. Ein Einschnitt in die Fließrichtung des Prozesswassers zeigt sich bei der Kreislauftechnik bzw. Recyclingtechnik. Das Medium Wasser wird im Kreislauf über verschiedene Phasen geführt. Das belastete Abwasser wird innerbetrieblich aufbereitet und wieder in die Produktion als Frischwasser zurückgeführt. Nur die Wasserverluste werden durch Stadtwasser etc. (s. Abb. 10.3b) durch externe Quellen ersetzt. Es fällt kein Abwasser an, das extern entsorgt wird. Bei den Recyclingverfahren bieten sich unterschiedliche Verfahrensstandards hinsichtlich der Ergänzung der Wasserverluste bzw. der Rückgewinnung von Wertstoffen oder Energie aus dem Abwasser an. Diese Steigerung der Effektivität der Abwassernutzung demonstrieren die Abb. 10.3a,b und 10.4a,b. Es handelt sich nicht mehr um eine reine Abwasserentsorgung, sondern um eine Abwassernutzung. Im Vergleich zur traditionellen Abwasserwirtschaft ist es eine Vereinigung von Frischwasserversorgung und Abwasserentsorgung mit der Möglichkeit der Rückgewinnung von Wertstoffen bzw. Energie. Der Kreis des Mediums Prozesswasser ist innerbetrieblich geschlossen.

Abb. 10.2 End-of-pipe-Technik

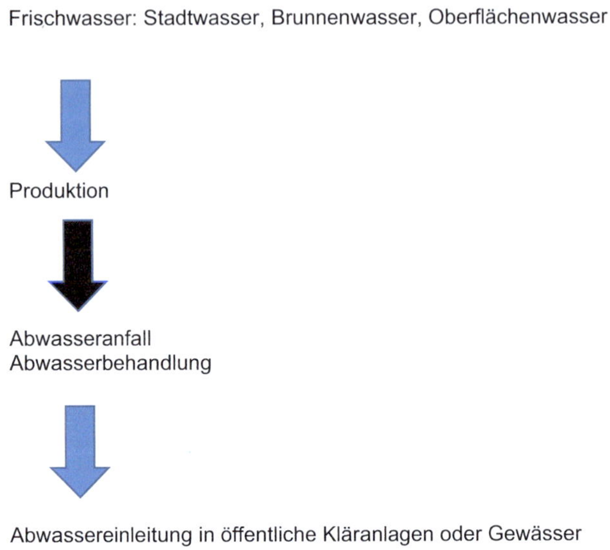

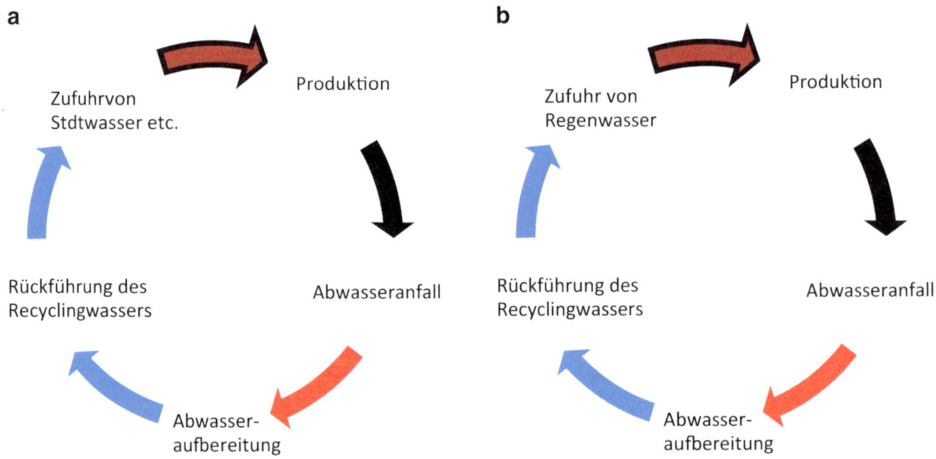

Abb. 10.3 **a** Abwasserrecycling mit Stadtwasser, **b** Abwasserrecycling mit Regenwassernutzung

Wenn das Konzept Prozesswasserautarkie kurz in eine Formel gefasst werden soll, liegen zunächst folgende Faktoren vor:

- PWA = Prozesswassermenge eines Betriebes vor einer Sanierung der betrieblichen Wasserwirtschaft (z. B. cbm pro h),
- PWE = Prozesswassereinsparung in der Produktion durch technische etc. Maßnahmen (z. B. 25 %),
- PWEF = Prozesswassereinsparungsfaktor ((100 − PWE)/100),

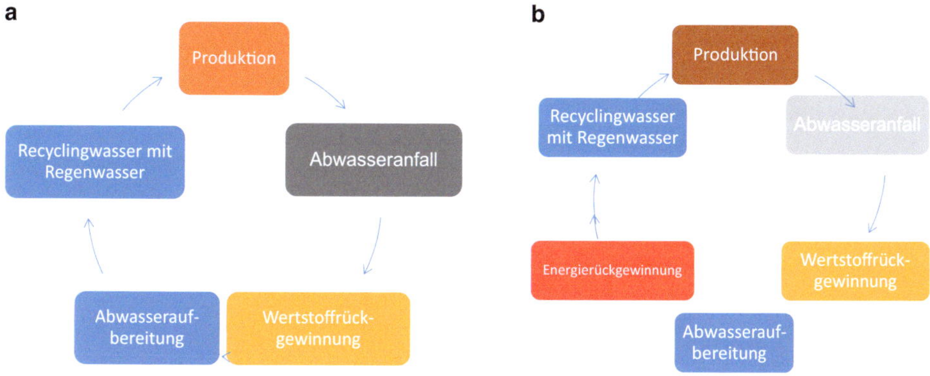

Abb. 10.4 **a** Prozesswasserautarkie mit Wertstoffrückgewinnung und Regenwassernutzung, **b** Prozesswasserautarkie mit Rückgewinnung von Wertstoffen und Energie

- N = Nutzungsfaktor des Prozesswassers (Mehrfachnutzung des Prozesswassers, z. B. N = 10),
- R = Recycling des anfallenden Abwassers,
- RWA = Regenwassernutzung zur Ergänzung der Wasserverluste.

Woraus sich folgender Ablauf ergibt:

Beispiel für Frischwassereinsparung

Vor der Sanierung steht der Bedarf einer bestimmten Prozesswassermenge (PWA), die nach einmaligem Gebrauch als Abwasser anfällt. Nach den Sanierungsmaßnahmen hat sich die Abwassermenge reduziert, sodass nur noch folgende Abwassermenge anfällt, die der Abwasseraufbereitung zum Recycling zugeführt wird. Wir nennen sie Recyclingmenge (RM), sie ist die Restmenge, die als Abwasser nach der innerbetrieblichen Sanierungsmaßnahme übrig bleibt.

Prozesswassereinsparung

$RM = (PWA \times PWEF) / N$

Beispiel Prozesswassereinsparung

PWA = Abwassermenge

PWA = 100 cbm/h

PWE = 25 %

$PWEF = (100 - 25) / 100 = 0{,}75$

$RM = (100 \times 0{,}75) / 10 = 7{,}5$ cbm/h

Tab. 10.1 Abwassermengenanfall bei verschiedenen Sparmaßnahmen in cbm/Tag

	Primäreinsparungen beim Frischwasserverbrauch in %						
Nutzungsfaktor N	0	20	30	40	50	60	67
	Abwasseranfall in cbm pro Tag						
N=1	100	80	70	60	50	40	33
N=5	20	16	14	12	10	8	6,6
N=10	10	8	7	6	5	4	3,3
N=20	5	4	3,5	3	2,5	2	1,6

Diese Abwassermenge (RM) wird der Abwasseraufbereitung (R) zugeführt und die Wasserverluste werden primär mit Regenwasser ausgeglichen. Der Prozesswasserkreis ist geschlossen. Die Reduzierung der Abwassermenge hängt von zwei wesentlichen Faktoren ab: der Primäreinsparung von Prozesswasser (PWA) innerhalb der Produktion und einem hohen Nutzungsfaktor bei der Mehrfachnutzung des Prozesswassers. Das heißt, je höher die Primäreinsparung (in %) und je größer der Nutzungsfaktor der Mehrfachnutzung sind, desto geringer wird die Abwassermenge, die beim Recycling aufbereitet werden muss.

Zusätzlich können Abwässer bei der Behandlung des Prozesswassers zur Mehrfachnutzung anfallen. Innerbetriebliche Maßnahmen (z. B. Sparspültechnik und Mehrfachnutzung) sind der Schlüssel zur Reduzierung der Abwassermengen. Erst diese Maßnahmen ermöglichen vielfach eine wirtschaftliche Kreislaufführung der Prozesswässer.

Wie sich solche Maßnahmen auf die Reduzierung der Abwassermenge auswirken, sollen einige Beispiele verdeutlichen. In Tab. 10.1 sind in der oberen Reihe Wassermengen in cbm/h angegeben. Diese Mengen zeigen den Verlauf der Abwassermengen bei unterschiedlichen Einsparungen des Prozesswasserverbrauches in der Produktion. Die obere Reihe beginnt mit dem Istzustand (0 % Einsparung) vor der Sanierung mit kontinuierlichen Einsparmöglichkeiten von 20 %, 30 %, 40 %, 50 % und mehr Prozent. Das Einsparungspotenzial der Prozesswässer wächst in der Kombination der Primäreinsparung in der Produktion und der Steigerung des Nutzungsfaktors N.

Man sieht auch, weitergehende Optimierungen erweisen sich beim sparsamen Wasserverbrauch als sehr effizient. Schließen sich diesen Primärsparmaßnahmen weitere in Form einer Mehrfachnutzung des Prozesswassers mit Nutzungsfaktoren von N = 5, 10 oder 20 an, so wird die ursprüngliche Abwassermenge von 100 cbm/h drastisch gesenkt, was sich für die Wirtschaftlichkeit der nachfolgenden Aufbereitungsverfahren (Recycling) sehr positiv auswirkt, wie Abb. 10.6 sehr eindrucksvoll beweist. Es gilt daher für die Optimierung der betrieblichen Wasserwirtschaft folgende Reihenfolge zu beachten:

▸ **Primäres Wassersparen >> Mehrfachnutzung >> Recycling**

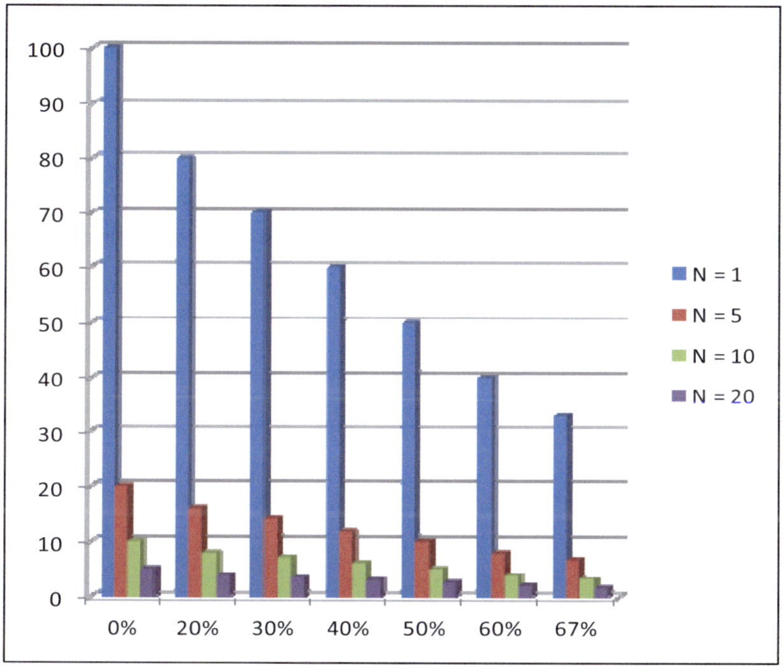

Abb. 10.5 Abwasserreduzierung durch innerbetriebliche Maßnahmen

In der Tab. 10.1 und in Abb. 10.5 sind anfallende Abwassermengen für unterschiedliche Einsparmaßnahmen beim Frischwasserverbrauch und bei der internen Mehrfachnutzung von Prozesswässern zusammengefasst, wobei die berechneten Abwassermengen sich bei einer Mehrfachnutzung durch Wasserverluste (z. B. Verdunstungsverluste) verringern können.

Es empfiehlt sich, die Einführung der Sanierungsmaßnahmen zur Abwasserverringerung durch Pilotversuche zu begleiten, um unter Praxisbedingungen Probleme hinsichtlich der möglichen Ausfällung von Störstoffen bzw. der biologischen Aktivität der Prozesswässer zu erkennen und mit geeigneten Maßnahmen (pH-Wertregulierung, Hemmung von Mikroorganismen etc.) darauf zu reagieren.

10.6 Ressourcenschonende Techniken als Zukunftsinvestitionen

Es bieten sich zwei Möglichkeiten an, Betriebsabläufe ressourceneffektiver zu gestalten. Eine ist der völlige Neubau eines Betriebes oder Betriebsteils, die andere ist im laufenden Betrieb einzelne Produktionseinheiten in einem Stufenplan nachzurüsten. Beide Wege können zum gleichen Ergebnis führen. Ein wichtiger Einflussfaktor ist die Zeit.

Die Geschichte der industriellen Abwassertechnik bezüglich geschlossener Prozesskreisläufe mit Wertstoffrückgewinnung und Energiegewinnung begann nicht abrupt, son-

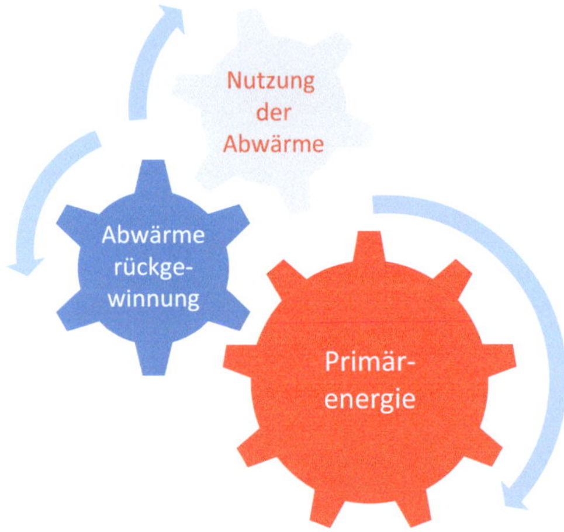

Abb. 10.6 Energieverzahnung zwischen Primärenergie und Abwärmerückgewinnung

dern war ein schleichender Prozess, meistens in Zyklen, die vom Fortschritt der jeweiligen Technik bzw. der Preisgestaltung der angebotenen Technik abhingen. Sie ist im vollen Gange. Als Beispiel für eine solche Entwicklung mögen die Entwicklungszahlen für Biogasanlagen in Deutschland dienen. Aus anfänglich einer kleinen Zahl von Anlagen (von 129 im Jahre 1992) erwuchs über zwei Jahrzehnte ein beachtliches Potenzial (fast über 75.000 im Jahre 2012) [149], dessen Wachstumsende noch lange nicht absehbar ist. Es muss aber erwähnt werden, dass staatliche Fördermaßnahmen in Deutschland die Entwicklung unterstützt haben.

Dies ist der Übergang zum Thema Energie, das sehr eng mit dem Komplex Abwasser verbunden ist. Ohne Energie keine Abwasseraufbereitung und folglich auch kein Prozesswasserrecycling. Energie ist ein wichtiger Kostenfaktor bei vielen Abwasserbehandlungsverfahren, was eine hohe Energieeffizienz bezüglich der Abwasserbehandlung einfordert. Es bietet sich die Nutzung von Abwärme an.

Der Energierückgewinnung sowohl aus den Abwässern selbst als auch aus anderen Bereichen der Produktion erweist sich als wichtiger Helfer bei der Einsparung von Primärenergie in der Abwasserbehandlung. In Abb. 10.6 ist die Verzahnung der Energietransformationen innerhalb eines Betriebes dargestellt.

Wie in Abb. 10.6 dargestellt ist, kann in der Praxis nur ein kleiner Teil der Primärenergie als Abwärme aus vielen Betriebsbereichen zurückgewonnen werden. Vielfach stellt sich die Frage nach einer sinnvollen Verwertung, besonders in den Sommermonaten, wenn keine Heizenergie benötigt wird. Verfahren wie die Abwasserverdunstung oder auch Abwasserverdampfung bieten sich als Abnehmer an, dabei wird gleichzeitig teure Primärenergie eingespart.

Produktionsintegrierter Umweltschutz

Der integrierte Umweltschutz, der Alternativen zur End-of-pipe-Technik in der betrieblichen Wasserwirtschaft anbietet, ist insgesamt in den Industrieländern auf Wachstumskurs. Immer mehr Betriebe betrachten den Umweltschutz als eine Kernaufgabe ihrer Tätigkeit. Nachhaltigkeit heißt das Zauberwort.

In einer Studie des Zentrums für Europäische Wirtschaftsforschung GmbH aus dem Jahre 2005 wurde bewiesen, dass integrierter Umweltschutz im industriellen Sektor international immer mehr praktiziert wird.

Im Auftrag der OECD wurde eine repräsentative Erhebung in den Ländern Deutschland, Frankreich, Japan, Kanada, Norwegen, Ungarn und den USA durchgeführt. Das Ergebnis: „Überraschend zeigt sich eine klare Dominanz des integrierten Umweltschutzes in allen sieben Ländern" [198]. Die Tendenz ist deutlich, der Wandel vom additiven zum integrierten Umweltschutz ist länderübergreifend. Vermeidung und Verringerung von Emissionen sowie das Recycling von Ressourcen gewinnen weltweit an Bedeutung.

„Auffallend ist, dass Deutschland von den sieben OECD Ländern den geringsten Anteil im integrierten Umweltschutz aufweist (57,5 %), während Japan an der Spitze liegt (86,5 %). Der Grund für diese Unterschiede ist im deutschen Ordnungsrecht zu suchen, das in der Vergangenheit End-of-Pipe Technologien begünstigt hat" [198].

Weitere Anreize könnten in Deutschland durch fiskalische Maßnahmen gesetzt werden, wodurch die Förderung und Verbreitung des integrierten Umweltschutzes verstärkt würde.

10.7 Das Konzept Prozesswasserautarkie als Standortsicherung

Gründliche Bestandsaufnahmen, Machbarkeitsstudien, Planungen und externe Beratungen, mögen sie noch so fundiert sein, können einem Unternehmen nur als Entscheidungshilfen dienen. Die Entscheidung, ob etwa die Kreislaufführung der Prozesswässer und andere Maßnahmen (Regenwassernutzung, Wertstoff- und Energierückgewinnung) in einem Unternehmen eingeführt werden, muss von der Unternehmensleitung getroffen werden. Die Entscheidung wird außer von den technischen Belangen natürlich sehr stark von wirtschaftlichen Gesichtspunkten und den gesetzlichen Anforderungen geprägt. Die Entscheidungsfindung sollte eine langfristige Planung bzw. Zukunftssicherung der elementaren Ressourcen Wasser und Energie berücksichtigen. Innovation statt reiner Administration ist hier gefordert. Im Bereich betrieblicher Wasserwirtschaft schließt dies eine Sicherung der Frischwasserverfügbarkeit, der sicheren Abwasserentsorgung sowie der Minimierung der Wertstoff- und Energieverluste über das Prozesswasser mit ein. Die vier Schlüsselkriterien, die die Nutzung der Wertstoffvielfalt von Industrieabwässern fördern, sind:

- steigende Frischwasserpreise,
- verschärfte Anforderungen an die Abwasserbehandlung bzw. Kostensteigerungen,
- steigende Rohstoffpreise,
- steigende Energiepreise.

Sie erhöhen die Kosten bei der klassischen End-of-pipe-Abwasserbehandlung. Das alternative Prozesswasserrecycling mit Wertstoffrückgewinnung wird wie eine Welle von diesen steigenden Kosten nach oben getragen. Es bietet eine Chance zur Kostenminimierung.

Die Prozesswasserautarkie (Selbstversorgung ohne Abwasseremission) ist eine strategische Langzeitentscheidung, denn sie soll dem Unternehmen für sehr lange Zeit die

Sicherheit auf dem Wasserpfad gewähren. Möge zum Schluss ein Zitat zum Nachdenken anregen, das von einem erfahrenen Politiker postuliert wurde.

„Wasser wird mehr und mehr zu einem strategischen Gut. Wer im 21. Jahrhundert Zugang dazu hat, ist im Vorteil: politisch, wirtschaftlich und sozial. Wasser ist wichtiger als Öl. Wasser ist durch nichts zu ersetzen“ [178].

Auszüge aus einer Rede des damaligen Bundesaußenministers Klaus Kinkel anlässlich der Internationalen Konferenz zum Thema: „Globale Wasserpolitik-Kooperation für grenzüberschreitendes Gewässermanagement“ [178]. Vielleicht kann uns die Natur einen Lösungsweg aufzeigen.

Der natürliche Wasserkreislauf wird zum Vorbild für einen technischen Prozess, dem Kreislauf der Prozesswässer. Beide Wasserläufe funktionieren nach dem gleichen Prinzip, dem Kreislaufprinzip, das uns die Natur anbietet. Technik ist die Umsetzung von Naturgesetzen. Von der Natur zu lernen, bedeutet, physisch und ökonomisch in sehr langen Zeiträumen zu überleben. Nachhaltigkeit wird zum Fundament der Zukunftssicherung der betrieblichen Wasserwirtschaft.

Literatur

1. DECHEMA e. V. (März 2014); Trends und Perspektiven in der industriellen Wassertechnik; Positionspapier der ProcessNet-Fachgruppe Produktionsintegrierte Wasser- und Abwassertechnik; 60486 Frankfurt am Main, ISBN: 978-3-897416-153-6
2. Agenda 21 (2011); Konferenz der Vereinten Nationen für Umwelt und Entwicklung im Juni 1992 in Rio de Janeiro. Original Dokumente in deutscher Übersetzung; Bundesministerium für Umwelt, Naturschutz und Reaktorsicherheit in Berlin, www.bmu.de
3. BDEW Vermerk (1/2008): Wasserpreise – Fragen und Antworten; Bundesverband der Energie- und Wasserversorgung, (BDEW); info@bdew.de
4. Böhm, E., Hillenbrand, T., Marscheider-Weidemann, F., Schemp, C., Fuch S., Scherer U. (2001): Bilanzierung des Eintrages prioritärer Schwermetalle in Gewässer; UBA-Texte 29/1; Umweltbundesamt (UBA) Berlin, 2001; Cit. In Hillebrand, Thomas et al., Technische Trends der industriellen Wassernutzung. Arbeitspapier (2008); Fraunhofer-Institut für System- und Innovationsforschung (ISI, Breslauer Str. 48 in 76139 Karlsruhe; E-Mail: thomas.hillenbrand@isi.fraunhofer.de
5. Der PIUS-Check (2011): Ihr Einstieg in den Produktionsintegrierten Umweltschutz, EFA Effizienz-Agentur NRW: Mühlheimer Straße 100 in 47057 Duisburg, www.efanrw.de
6. DVGW e. V. (2011): Der Kreislauf des Wassers – ein faszinierendes Perpetuum mobile, www.dvgw.de/wasser/informationen-fuer-verbraucher/wasserkreislauf/
7. Betriebs- und Regenwassernutzung für kleine und mittelständische Betriebe. wirtschaftlich und ökologisch sinnvoll!, (2011): fbr-top8, Fachvereinigung Betriebs- und Regenwassernutzung e. V., Havelstraße 7a in 64295 Darmstadt, www.fbr.de
8. Freund, Jochen, (2010): Abwasserfreie Kreislaufführung von Prozesswasser ist wirtschaftlich, MM Maschinenmarkt 43/2010, Seiten 42–43, Vogel Business Media GmbH & Co. KG, Max-Planck-Straße 7/9 in 97082 Würzburg
9. Frerot, A., (2009): Die Europäische Union vor der Herausforderung Wasserknappheit, Fondation Robert Schuman; Europäische Fragen n· 126; www.Robert-schumann.eu/doc/questions
10. Paeger, J. (2011): Ökosystem Erde; Wassernutzung durch den Menschen; www.ökosystem-erde.de. htlm/wassernutzung.htlm
11. Stiefel, R. (2014); Abwasserrecycling und Regenwassernutzung (2014); Springer Vieweg Verlag, Wiesbaden; ISBN 978-3-658-01039-3

R. Stiefel, *Abwasserrecycling: Technologien und Prozesswassermanagement*,
DOI 10.1007/978-3-658-13992-6

12. Köppke, K. E. 8 (April 2009): Anpassung des Standes der Technik in der Abwasserverordnung, Abschlussbericht im Auftrag des Umweltbundesamtes, FKZ 3707 26 300, Ingenieurbüro
13. EU-Wasserrahmenrichtlinie, (2000): EU-WRRL; Richtlinie 2000/60/EG des Europäischen Parlaments und des Rates vom 23. Oktober 2000,
14. Wikipedia 2014: Wasserkreislauf
15. Bischof, F. und Glas, K. (2009): Effiziente Wasserkreisläufe entwickeln, wwt Wasserwirtschaft Wassertechnik, Nr 11/12, ISSN: 1438-516; Seiten 28–32
16. Hartinger, L. (1991): Handbuch der Abwasser und Recyclingtechnik für die metallverbarbeitende Industrie, 2. Auflage, Carl Hanser Verlag München Wien
17. Leiblein GmbH (2015) Adolf-Seeber-Str. 2; D-7436 Hardheim; www.Leiblein.de, (Schrägklärer/Lamellenklärer)
18. DWA-Themen (2007): Aufbereitung von Industrieabwasser und Prozesswasser mit Membranverfahren und Membranbelebungsverfahren, Teil 1: Membranverfahren, Deutsche Vereinigung für Wasserwirtschaft, Abwasser und Abfall e. V. DWA: Theodor-Heuss-Alle 17 in 53773 Hennef; www.dwa.de
19. Lenntech B. V. (2015); info@lenntech.com.; Aktivkohle als Filtermaterial
20. VDMA (2015); VDMA-Einheitsblatt Entwurf (August 2012); Beuth Verlag GmbH, 10772 Berlin. Anlagen zur Behandlung von belastetem Grundwasser – Teil 2: Behandlung organische Inhaltsstoffe.
21. Lanxess Energizing Chemistry (2012); Produktinformation Lewatit VP OC 1064 MD PH; Lanxess Deutschland GmbH in D-51369 Leverkusen; www.lewatit.com
22. Nahrstedt, A. (2015); CSB- und Spurenstoffadsorption an Aktivkohlefestbett – Abschlussbericht (Dezember 2011); IWW Rheinisch-Westfälisches Institut für Wasser Beratungs- und Entwicklungsgesellschaft mbH; www.iww-online.de
23. Wikipedia (2015); Wissensmanagement
24. Mindestanforderungen an das Einleiten von Abwasser in Gewässer, Hinweise und Erläuterungen zu Anhang 40 der RahmenVWV. Bundesministerium Umwelt, Naturschutz und Reaktorsicherheit und der Länderarbeitsgemeinschaft Wasser; Bundesanzeiger Verlagsgesellschaft mbH in Köln, (1993), ISBN 3-88784-395-0
25. Wasser-Wissen (2015); Das Internetportal für Wasser und Abwasser; www.wasser-wissen.de/abwassserlexikon/adsorbens
26. Produktionsintegrierter Umweltschutz (PIUS) (2012): Förderprojekte aus der „Initiative ökologische und nachhaltige Wasserwirtschaft NRW“; Ministerium für Umwelt und Naturschutz, Landwirtschaft und Verbraucherschutz NRW (MUNLV); (Februar 200), bearbeitet von: Effizienzagentur NRW, Mühlheimer Str. 100, 47057 Duisburg, www.efanrw.de
27. Donau Carbon GmbH & Co KG (2015); Aktivkohle zur Abwasserreinigung; 60388 Frankfurt/Germany; www.donau-carbon.com
28. Wikipedia (2015): Aktivkohlefilter; www.wikipedia.org/wiki/Aktivkohlefilter
29. Wikipedia (2015): Absetzbecken; www.wikipedia.org
30. www.cleaner-production.de (2015): anlage-zur-adsorptiven-abwasserreinigung
31. Wikipedia (2015): Belebtschlammverfahren; www.wikipedia.org/wiki/Belelebtschlamm
32. Wikipedia (2015): Anaerobe Abwasserreinigung; www.wikipedia/wiki/Anaerobe-Abwaserreinigung

33. EnviroChemie GmbH (2011): Whitepaper; Abwasserbehandlung in der Milchverarbeitung – Energierückgewinnung über Anaerobtechnik; www.envirochemie.com

34. Wissen.de (2015): Biosorption

35. De Dietrich Process Systems (2015): Rückgewinnung von Hochsiedern aus Abwasser; 55122 Mainz; www.qvf.com

36. Wasser Wissen (2015): Elektrolyse; www.wasser-wissen.de/abwasserlexikon/elektrolyse

37. Wikipedia (2015): Flüssig-Flüssig-Extraktion; www.wikipedia.org/wiki/Flüssig-Flüssig-Extraktion

38. Wikipedia (2015): Flotation; www.wikipedia.org/wiki/Flotation

39. Wasser Wissen (2015); Flotation; www.wasser-wissen.de/abwasserlexikon/flotation

40. Ministerium für Umwelt, Klima und Energiewirtschaft Baden-Württemberg (2014): Haupt- und Nachbehandlung: Fällung und Entfernung von Metallionen; www.bubw.de

41. Baur GmbH (2015): Neutralisation; 72766 Reutlingen, Heubergstraße 3; www.baur-watertech.de

42. tu-dresden.de; (2015): Schwermetallfaellung.pdf; www.tu-dresden

43. Wikipedia (2015): Flockung; www.wikipedia.org/wiki/Fllockung

44. Wasser-Wissen (2015) Flockungshilfsmittel; www.wasser-wissen.de/abwasserlexikon/flockungshilfsmittel

45. Kronos echochem (2002): Entfärbung von Abwasser aus der Textilindustrie durch reduktive Fällung und Flockung mit Eisen-II-Salzen; Kronos International, Inc. Kronos echochem; 51373 Leverkusen; www.kronosecochem.com

46. Wikipedia (2015): Ionenaustauscher; wikipedia.dewiki/ionenaustauscher

47. Walter Süßmuth GmbH (2015): Ionenaustauscher; www.suessmuth.de/produkte-und-service/ionenaustauscher

48. Pinnekamp, J. (2003): Membrantechnik für die Abwasserreinigung, Band 1; FiW Verlag, 52074 Aachen; ISBN 978-3-939377-00-9

49. Wikipedia (2015): Membrantechnik; www.wikipedia.org/wiki/Membrantechnik

50. Wasser Wissen (2015): Neutralisation, www.wasser-wissen.de/abwasserlexikon/neutralisation

51. Ministerium für Umwelt, Klima und Energiewirtschaft von Baden-Württemberg (2015): Vorbehandlung: Entgiftung von Galvanikabwässern; www. bubw.de

52. Bimelin, M. (2012/2013): Effektive Wasseraufbereitung und -desinfektion; wwwt Modernisierungs-Report; Huss-Medien GmbH; 10400 Berlin

53. ProMinent GmbH (2015): Die hohe Kunst des Bierbrauens; www.prominent.de/Branchenloesungen/Praxisbeispiele/Die-hoehe-Kunst-des Bierbrauens.aspx

54. WILO SE; Abwassertechnik für die Wasserwirtschaft (2010): Wilo-Abwassertechnik für die Wasserwirtschaft 04/2010; Wilo Se Dortmund

55. Wikipedia (2015): Verdampfer; www.wikipedia.org/wiki/verdampfer-(verfahrenstechnik)

56. Huber Report (April 2015): Einfache und günstige Methode zur Entnahme von Phosphor aus dem Abwasser; Huber SE, 92334 Berching; www.huber.de

57. H2O GmbH (2015): Energierecycling im Vakuumverdampfer sorgt für Kosteneffizienz; H2O GmbH; www.h2o-de.com

58. H2O GmbH (2015): Komplexe und Schwermetalle sicher destillieren: Die VACUDES in Galvanikanwendungen; H2O GmbH; www.h2O-de

59. Ministerium für Umwelt, Klima und Energiewirtschaft Baden-Württemberg (2015): Abfallvermeidung und interne Wiederaufbereitung; www.bubw.de

60. Wasser-Wissen (2015); Abwasserverbrennung; www.wasser-wissen.de/abwasserlexikon/abwasserverbrennung

61. Evatherm AG (2015): Eindampfung und Kristallisation; www.evatherm.com

62. Wikipedia (2015): Verdunstung; wikipedia.org/wiki/Verdunstung

63. Walter Süßmuth GmbH (2015): Verdunster; 72770 Reutlingen; www.info@suessmuth.de

64. RVT Process Equipment GmbH, (2015): Entfernung und Verwertung von Ammoniak; 96349 Steinwiese; www.info@rvtpe.de

65. Reller, A. (2015): ForCycle, Entwicklung einer Gesamtlösung zur effektiven Rückgewinnung von Buntmetallen aus Industrieabwässern; www.forcycle.de

66. Roskosch, A. et al (2013/2014): Klärschlamm – Potenziale alternativer Verwertungswege; wwt modernisierungs report; Huss-Medien GmbH; 10407 Berlin; www.redaktion@hussberlin.de

67. KMU LOFT Cleanwater GmbH (2015): Rössler, H.; Waschwässer in der metallverarbeitenden Industrie; info@kmu-loft.de

68. Amt der Oö. Landesregierung, Direktion Präsidium, Oö. Zukunftsakademie; (2013): Endlichkeit der Rohstoffe; 2. Auflage; DVR: 0069264; ww.zak.post@ooe.gv.at

69. Wikipedia (2015): Urban Mining; www.wikipedia.org/qiki/Urban-Mining

70. Kempf, J.; Wertstoffe aus Abwasser; (2015): Process; Vogel-Verlag; Würzburg; www.process.vogel.de/anlagenapparatebau/aufbereitung/articles/408232

71. Mühlenkamp, S. Wann lohnt sich Edelmetall-Recycling; (2015): Process; Vogel-Verlag; Würzburg; www.process.vogel.de/anlagenapparatebau/aufbereitung/articles/455810

72. Pinnekamp, J. (2013): Stand und Perspektive der Phosphorrückgewinnung aus Abwasser und Klärschlamm; Korrespondenz Abwasser, Abfall 2013, 10 und 11

73. Bayrisches Landesamt für Umwelt – LFU Bayern; Toxizitätstests – akute Schadwirkung; (2015): www.lfu.bayern.de/analytik-stoffe-toxizitätstests

74. Wikipedia (2015): Keimgehalt; www.wikipedia.de.org/wiki/keimgehalt

75. Dr. Lange; Der Leuchtbakterientest in der Industrie; (1999): Dr. Bruno Lange GmbH & Co. KG; D-40549 Düsseldorf

76. Wikipedia (2015): Gx-Wert; www.wikipedia.de.org/wiki/Gx-Wert

77. Bayerisches Landesamt für Gesundheit und Lebensmittelsicherheit (2007): Informationsblatt für Betreiber von Verdunstungsrückkühlwerken (VRKM); LGL (G!)Bayern – Sachgebiet Hygiene

78. Itasse, St. et al. (2015): So machen Sie die Energie aus heißer Luft nutzbar; Process; www.process.vogel.de

79. Hach Lange GmbH (2015): 14163 Berlin, Königsweg 10; www.de.hach.com

80. Stefan, B. und Hardy, L. (2013/2014); Neuer Leitfaden „Energie aus Abwasser"; wwt Modernisierungsreport; Huss-Medien 2013/2014; 10400 Berlin

81. Back, Mat.; Weg frei zur abwasserfreien Produktion (2015): Process; www.process.vogel.de

82. Huber Technology (2015): Wirtschaftliche Wärmerückgewinnung aus Abwasser; www.huber.de/huber-report.html

83. KMU LOFT CLEANWATER GmbH (2015): Abwasserfrei reinigen in der Fertigung; d-79688 Hausen; www.kmu-loft.de

84. Fraunhofer IGB (2015): Elektrochemisches Verfahren zur Rückgewinnung von Phosphor; www.igb.fraunhofer.de

85. ANTECH-GÜTLING Wassertechnologie (2015): RETC Elektrolysezellen; www.enviolet.com

86. Wikipedia (2015); Lernende Organisation; www.wikipedia.org/wiki/Lernende_Organisation

87. Koppe, J.; Wasserbehandlung in Kühlkreisläufen (2015): MOL Katalysatorentechnik GmbH; www.juergen.koppe@molkat.de

88. Wühr, M. (2015): TU Wien zeigt wie Abwasser zum Rohstoff wird; Process; www.process.vogel.de

89. Bode Chemie GmbH, ein Unternehmen der Hartmann AG; Bode Dip Slides Combi und Zubehör (2015): www.bode-science-center.de; 22525 Hamburg

90. Schwarz, A. (2013): Thermische Kühlung Kühlen mit Wärme; VDI-Vortrag in Karlsruhe; CT Energy GmbH; www.ct-energy.de

91. Baumann, P. (2006): Online-Messtechnik in der Abwasserbehandlung – Status quo und Perspektiven; Weber Ingenieure; www.weber-ingenieure.com

92. Mall GmbH (2015): Regenwassernutzung im großen Stil für Gewerbe, Industrie und Kommunen; www.mall.info/produkte/regenwasserbewirtschaftung/regenwassernutzung-grossanlagen.html

93. Jaske & Wolf Verfahrenstechnik GmbH (2015): Energierückgewinnung aus Abwärme von Abwasser und Schlämme; 4981 Lingen; www.jaske-wolf.de

94. Monzel, M. et al. (2003): Aufbereitung von Spülbädern in der Metallindustrie; BioTec; Fachmagazin für Biotechnologie; Ausgabe März/April 2003; Vereinigte Fachverlage GmbH in 55129 Mainz

95. BIOPRO Baden-Württemberg GmbH (2014, Ausgabe 1): Bakterien & Enzyme als Rohstoffsammler; www.bio-pro.de

96. Hüser, T. (2015): Envirochemie erhält Patent für Verfahren zur Entfernung von Aluminium; www. process.vogel.de

97. ARBURG GmbH + Co. (1966, März): Plasmanitrierung: Materialveredelung und Umweltschutz; ARBURG today; ARBURG GmbH + Co. In D-72290 Lossbeurg

98. PIUS-Info; Pulverlackierung; (2015); www. pius-info.de/dokumente/docdir/biva/praxis_info/3999t100.html

99. DeDietrich Process Systems GmbH (2015): Rückgewinnung von Hochsiedern aus Abwasser am Beispiel Phenol; D- Mainz; www.qvf.de

100. DeDietrich Process Systems GmbH (2015): Rückgewinnung von Essigsäure durch Flüssig-Flüssig-Extraktion; D- Mainz; www.qvf.de

101. Stodtmeister, W. (2010/9): Wärmequelle Abwasser – Technik und Perspektiven; Sonderdruck aus Umwelt Magazin; www.stodtmeister@eco-s.net

102. Process (2015): Frischwasser sparen; www.process.vogel.de/anlagen_apparatebau/aufbereitung/articles/53974

103. Dach.de; Regenwasser-Rechner; (2015); Dach.de

104. Brücken, V. (2015): Nanofiltration trennt Lösungen; AGUATEC GmbH; 53773 Hennef; www.aguatec.de

105. Schrodt, T. (2012): Industrieabwasser vermeiden, überwachen und behandeln; etz; Heft 3/2012

106. Hofmann, J. et al (2013/2014); Kläranlagen als Energiespeicher; wwt Modernisierungsreport; Huss-Medien; (2013/20214); 10400 Berlin

107. Christ, O. et al. (2010, Februar): Energiequelle Abwasser; gwf-Wasserr/Abwasser; Seite 132–133

108. Groß, G. et al. (2015): Abwasserverbrennung – Reiner Sauerstoff für mehr Produktivität; Konradin Verlag; www.processtechnik-online.de

109. Bischof, F. (2015): Neue Verfahrenskombinationen mit dem Potential einer energieeffizienteren Abwasserbehandlung; Hochschule Amberg-Weiden in 92224 Amberg; f.bischof@haw-aw.de

110. Dürr thermea GmbH (2015): Nutzung industrieller Abwärmequellen und Abwasser; in 01458 Ottendorf-Okrilla; www.thermeco2.com

111. Kempf, J. (2015): Drum ist Wassermanagement für die Industrie von entscheidender Bedeutung; www.process.vogel.de

112. Marzinkowski, J. et al. (2012/213): Biogasgewinnung aus Abwässern der Textilindustrie; wwt Modernisierungsreport 2012/2013; Huss-Medien GmbH in 10400 Berlin; www.wwt-online.de

113. ENVIROChemie GmbH (20215): Abwasser aufbereiten und recyceln rechnet sich; www.envirochemie.com

114. Heuss-Aßbichler, S. et al. (2015): Entwicklung einer GESAMTLÖSUNG ZUR EFFEKTIVEN RÜCKGEWINNUNG VON BUNTMETALLEN AUS INDUSTRIEABWÄSSERN; Universität Augsburg, Lehrstuhl für Ressourcenstrategie; www.forcycle.de

115. WEKA GmbH (2012): Haftungsrisiken im Umweltschutz; WEKA MEDIA GmbH & Co. Kg; ISBN 978-3-8111-8408-4; www.weka.de

116. Keutmann, R. (1/2015) Regenwassernutzung mit Energie (2014); fbr-wasserspiegel; Fachvereinigung Betriebs- und Regenwassernutzung e. V. (fbr); www.fbr.de

117. Hader, B.; Regenwasser für Löschzwecke; (2015); fbr-wasserspiegel; (2/11); Fachvereinigung Betriebs- und Regenwassernutzung e. V. (fbr; www.fbr.de

118. König, K. W. (2015): Regenabflüsse vom Metalldach; fbr-wasserspiegel; (3/15); Fachvereinigung Betriebs- und Regenwassernutzung e. V. (fbr; www.fbr.de

119. Wikipedia (2015): Wissensaudit; www.wikipedia.org/wiki/Wissensaudit

120. Wikipedia (2015): Wissensmanagement; www.wikipedia.org/wiki/Wissensmanagement

121. KFW (2015): KFW-Energieeffizienzprogramm – Produktionsanlage/-prozesse; www.kfw.de/inlandsfoederung/Unternehmen//Energie-Umwelt

122. Morselt Wassertechnik GmbH (2015): Schwermetall Online-Messung; in 46399 Bocholt; www.morselt.de/produkte/schwermetallonlinemessung-bocholt.htlm

123. LAR PROCESS ANALYSER AG (2015): BSB Analysatoren BioMonitor; in 12057 Berlin; www.lar.com

124. Abwassermonitor (2011): NSM-Initiative Neue Soziale Marktwirtschaft GmbH; Georgenstraße 22 in 1017 Berlin, www.info@insm.de

125. Ahrens, A. et al. (2011): Leitfaden zur Anwendung umweltverträglicher Stoffe. Teil Eins; Fünf Schritte zur Bewertung von Umweltrisiken; Umweltbundesamt; Bismarckplatz 1 in 14191 Berlin, www.umweltbundesamt.de

126. ATV-DVWK-M153 (2000): Handlungsempfehlung zum Umgang mit Regenwasser (2000), Theodor-Heuss-Alle 17 in 53773 Hennef

127. Bannick, C. et al., (August 2008): Grundwasser in Deutschland; Bundesministerium für Umwelt, Naturschutz und Reaktorsicherheit (BMU), www.bmu

128. Beste verfügbare Techniken (BVT) (2011): Download der BVT-Merkblätter, in www.bvt.umweltbundesamt.de/sevillia/kurzue.htm

129. Bezirksregierung Detmold (2011): EG-Wasserrahmenrichtlinie, Liste der prioritären Stoffe, Mai 2009; www.bezreg-detmold.nrw.de

130. Bild Wasserkreislauf (2011): Stadtwerke Bielefeld GmbH; Schildescher Straße 16 in 33611 Bielefeld; aus www.kinderrathaus.de/impressum

131. Hosang, W. und Bischof, W. (1998) Abwassertechnik, Springer Vieweg ISBN 978-3-519-15247-7

132. Bischofsberger, W. und Gegemann, W. (April, 2005): Lexikon Abwassertechnik; 7. Auflage; Vulkan Verlag, ISBN-10: 3802728440

133. Bischofsberger, W., Dichtl, N., Rosenwinkel, K.-H., Seyfried, C. F. und Böhnke, B. (2004): Anaerobtechnik – Handbuch der anaeroben Behandlung von Abwasser und Schlamm, 2. Auflage Springer Verlag Berlin

134. Bourdiga, S. (September, 2010): Regenwasser optimiert das Kühlwasser-Regime bei BK Guilini, Fbr-Wasserspiegel; Zeitschrift der Fachvereinigung Betriebs- und Regenwassernutzung e. V., 4/10

135. Brockmann, M. (2011): Roche nutzt Energie aus Abwasser, Aquantis GmbH; Lise-Meitner-Str. 4a in 40878 Ratingen, Tel 02102-99754-0, www.vws-Aquantis.com

136. Bundesministerium für Bildung und Forschung (BMBF) (2004): Nachhaltiges Wirtschaften, BMF; Referat Publikationen, Internetredaktion in 11055 Berlin; www.bmbf.de

137. Bundesministerium für Umwelt, Naturschutz und Reaktorsicherheit (2010): Referat WA II 2; Arbeitsentwurf eines Gesetzes zur Neuordnung des Kreislaufwirtschafts- und Abfallrechts; Stand: 23. Februar 2010

138. Eisenmann Anlagenbau GmbH & Co. Kg. (2011): Das richtige Verfahren für jeden Einzelfall Tübinger Straße 81 in 71032 Böblingen, aus info@eisenmann.com (2011)

139. Demarez, P. (2007): Vakuumdestillation steigert Effizienz der Emulsionsaufbereitung; MM Maschinenmarkt; Vogelverlag; www.maschinenmarkt.vogel.de

140. Der Reiz der Regenwasserbewirtschaftung (2011): Betrieblicher Umweltschutz in Baden-Württemberg: Wirtschaftsministerium Baden-Württemberg: Theodor-Heuss-Straße 4 in 70174 Stuttgart, www.umweltschutz-bw.de

141. Deutsche Bundesstiftung Umwelt (DBU): DBU aktuell Nr. 6 (Juni 2010), Informationen aus der Fördertätigkeit der deutsche Bundesstiftung Umwelt

142. DWA-Regelwerk; Merkblatt DWA-M 363; (Januar, 2011): Herkunft, Aufbereitung und Verwertung von Biogasen, (Januar 2011), DWA Deutsche Vereinigung für Wasserwirtschaft, Abwasser und Abfall e. V.: ISBN 978-3-941897-52-6; www.dwa.de

143. Effiziente Energienutzung in kleinen und mittelständischen Unternehmen in Rheinland-Pfalz, (September, 2006): Ministerium für Umwelt, Forsten und Verbraucherschutz Rheinland-Pfalz: Kaiser-Friedrich-Str. 1 in 55116 Mainz

144. Energie Agentur NRW; Zentrale Kasinostraße 19–21 in 42103 Wuppertal; Tel 0202-24552-0; www.energieagentur.nrw.de

145. EnviroChemie GmbH (2007); Energie aus Kaffeeabwasser; In den Leppsteinswiesen 9, 64380 Rossdorf; Tel. 06154-699873; www.envirochemie.com

146. Forum „Abwasserenergie“ (2016); www.abwasserenergie.at

147. Energie aus Abwasser mit HUBER Abwasserwärmetauscher RoWin, Huber Report, (Oktober 2012): www.huber.de

148. Energierückgewinnung aus Industrieabwasser; Quelle: Deutsche Energie-Agentur GmbH; www.stromeffizienz.de (2011)

149. EnviroChemie GmbH; In den Leppsteinswiesen 9. 64380 Rossdorf; Tel. 06154-699873; www.envirochemie.com

150. Fachverband Biogas e. V.: Entwicklung der Biogasanlagen in Deutschland, (2010), Angerbrunnenstraße 12 in 85356 Freising, www.biogas.org

151. Fachzentrum Wärme aus Abwasser, Abwasser-Dresden GmbH: Broschüre: Abwasser zum Wegwerfen zu Schade? (2012), Wehlener Straße 46 in 01279 Dresden, www.waerme-aus-abwasser.de

152. Fischer, J. (8. Juli 2010): Wassermangel: England verbietet Blumengießen; in WZ Newsline Westdeutsche Zeitung, www.wznewsline.de/home/panorama/wassermangel

153. Fischer, P. (6/2008): Regenerierung von Prozesslösungen durch Kristallisation und Elektrolyse, Metall, 60. Jahrgang

154. Fischer, P. (19/2010): Verdampferanlagen senken Entsorgungskosten, MM Maschinenmarkt, Vogelverlag, www.maschinenmarkt.vogel.de

155. Gartiser, St. und Killer A. (Januar, 2010): 2: Bestimmung der anaeroben Abbaubarkeit von Hochlastabwasser im Semibatch-Verfahren zur Bilanzierung von Stoffströmen bei der Co-Vergärung, GWF-Wasser/Abwasser

156. GEA Westfalia Separator Group GmbH (2011): Werner-Habig-Straße 1; 59302 Oelde; Tel 492522 77-0; www.westfalia-separator.com

157. Gebrüder Decker Verfahrenstechnik GmbH: Abwasserfreie Galvaniken. Am Röthenbühl 7 in 92348 Berg/Opf. in www.decker-vt.de; Telefon 09189/4410-0

158. Geißen, S.-U. et al.(Januar, 2008): Industrielle Abwässer – Entwicklungen und Perspektiven; TU International 62; www.sven.geissen@tu-berlin.de

159. Gesetz zur Ordnung des Wasserhaushalts (Wasserhaushaltsgesetz – WHG) vom 31. Juli 2009 (BGBl. I S. 2585), das durch den Artikel 12 des Gesetzes vom 11. August 2010 (BGBl I 1163) geändert wurde

160. Gutzwiller, St. et al. (Juli, 2008): Abwasserwärmenutzung; Projekt-Nr. 101722; Bezugsort der Publikation: www.ewg-bfe.ch und www.Energieforschung.ch

161. H_2O GmbH process water engineering (2012): Ni-Spülwässer Spülwasseraufbereitung nach dem Vacudest-Verfahren; Wiesenstraße 32 in 79585 Steinen; www.vaccudest.com

162. H_2O GmbH process water engineering (2012): Härterei – Spülwasseraufbereitung nach dem Vacudest-Verfahren; Wiesenstraße 32 in 79585 Steinen; www.vacudest.com

163. Hartinger, L. (1981): Recycling in der Metallindustrie fördert Umweltschutz; Future; Seite 335–336; Ingenieur Digest; Verlagsgesellschaft mbH; Mainz 1981, cit in Hartinger, L.; Handbuch der Abwasser und Recyclingtechnik für die metall-verarbeitende Industrie; 2. Auflage; Carl Hanser Verlag München Wien (1991), Seite 437

164. Heizen und Kühlen mit Abwasser, Ratgeber für Bauträger und Kommunen (01/2009): Deutsche Bundesstiftung Umwelt et al.: Bezug Marketing + Wirtschaft Verlagsges. Flade + Partner mbH; Elisabethstr. 34 in 80796 München; www.umweltwaerme.info

165. Henig, M. (2010): Membranbioreaktor zur Wasseraufbereitung, PROCESS; Vogel Business Media; www. Process.vogel.de

166. Herold, D. et al. (2003): Kreisverkehr bei Ford; Umweltmagazin 7/8

167. Hillenbrand, T. et al. (2008): Technische Trends der industriellen Wassernutzung; Arbeitspapier; Fraunhofer-Institut für System- und Innovationsforschung (ISI, Breslauer Str. 48 in 76139 Karlsruhe; E-Mail: thomas.hillenbrand@isi.fraunhofer.de)

168. Hoppenheidt, K. et al. (2012): Co-Vergärung von Bioabfällen und organischen Gewerbeabfällen, Ergebnisse eines großtechnischen Pilotvorhabens, VDI-Seminar Biogene Abfälle/Holz/Klärschlamm – Verwertung/Behandlung/Beseitigung vom 14.4. bis 15.4.2009; Bamberg

169. Huber Report (April, 2012): Mit der WAp-Sl Faulgasausbeute erhöhen, Huber Se; Industriepark Erasbach A1; 92334 Berching; www.huber.de

170. Imhoff, K. und Klaus R. (1999): Taschenbuch der Stadtentwässerung; 29. Auflage; R. Oldenbourg Verlag München Wien, ISBN 3-486-26333-1; Seite 380

171. IVU-Richtlinie; Richtlinie 2008/1/EG des Europäischen Parlaments und des Rates vom 15. Januar 2008 über die integrierte Vermeidung und Verminderung der Umweltverschmutzung; 2008/1/EG: 29. Januar 2008 ABL. EG Nr. L 24, S. 008–0029

172. IW Institut der deutschen Wirtschaft Köln Consult GmbH (2008): Abwassergebühren im Vergleich, INSM Abwassermonitor, www.iwconsult.de

173. Kiechle, Ch. (9/2011): Langjährige Betriebserfahrung mit Biothane Verfahren in der Papierindustrie; Wochenblatt für Papierfabrikation (9/2011)

174. Kolb, Frank R. und Gilber C. (10/2009): Co-Vergärung als Energiequelle, wwt, wwt-online.de

175. KomPass (2011): Kompetenzzentrum Klimafolgen und Anpassung, www.anpassung.net/DE/fachinformationen/KlimaFolgenAnpassung

176. König, E. (2011): Checkliste Abwasser-Management; Am Wiesengrund 20 in 91732 Merkendorf; Tel. 09826/991460

177. König, K. (Juni, 2010): Aluminium und Regenwasser: Industrie nutzt natürliche Rohstoffpotenziale; GWF-Wasser/Abwasser

178. König, K. (Mai, 2011): Kühlen mit Wasser und Bauwerksbegrünung; Technik Haustech., Nr. 5

179. Krieg um Wasser (2011): Die neue Gefahr für den Weltfrieden; Scinexx Das Wissensmagazin; Springer Verlag, Heidelberg-MMCD interactive in science; Düsseldorf; www.g-o.de

180. KSR; Wasserkreislauf; (2010): www.Iksr.org

181. Kühni M. et al. (2010): Energieautarke ARA ist technisch möglich; Umwelt Perspektiven; 3-2010; Postfach in 8308 Illnau CH; www.zhaw.ch

182. Lehr- und Handbuch der Abwassertechnik; (1985): Band V: Organisch verschmutzte Abwässer der Lebensmittelindustrie; ATV e. V.; ISBN 3-433-00906-6; Ernst, Verlag für Architektur u. techn. Wiss., Berlin; Seite 122

183. Lieber, H.-W. (1995): Abwasserfreie Metalloberflächenbehandlung, Abwasservermeidung – Abwasserbehandlung, Symposium Berlin, (13. und 14. Februar 1995) IWS-Schriftenreihe Band 24; Erich Schmidt Verlag GmbH & Co, Berlin (1995); ISBN 3 503 03883 3

184. Mall GmbH (2011): Projektbericht: Regenwassernutzung; Betriebshof Marl; Oststraße 7; 48301 Nottuln; www.mall.info

185. Melberg, C. (2011): Rohstoff Wasser wird zum Standortfaktor in den Niederlanden – Wiederaufbereitung und Kreislaufführung stärken Wettbewerbsfähigkeit; Siemens.com Global Website; www.siemens.com

186. Müller M. (Juli/August 2007): Biogas aus Industrieabwasser – moderne Energiegewinnung im Industriepark Höchst; Deutscher Fachverlag, www.ask-eu.de/artikel/1201

187. Nachhaltige Ressourcennutzung durch Phosphorrückgewinnung aus Abwasser und Klärschlamm; BMU-Studie, (September, 2007), www.bmu.de

188. Nanofiltration trennt Lösungen; (2011): Nachhaltiges Wirtschaften; Bundesministerium für Bildung und Forschung (BMBF); Referat Publikationen, Internetredaktion; www.bmbf.de

189. Niederdruckverdampfung von Industrieabwässern, (14.09.210), GIT Verlag GmbH & Co. Kg; Rösslerstraße 90 in 64293 Darmstadt; Tel 06151/8090-0; www.Git-labor.de

190. Niedersächsisches Ministerium für Umwelt und Klimaschutz (2011): Die EG-Wasserrahmenrichtlinie (EG-WRRL); www.umwelt.niedersachsen.de/live

191. Ökosystem Erde (2011): Wassernutzung durch den Menschen; www.ökosystem-erde.de htlm/wassernutzung.htlm

192. Peters-Erjawetz, Sandra et al. (9/2009): Rückgewinnung von Kupfer; Abwässer aus der Metallindustrie; WWT Wasserwirtschaft, Wassertechnik, (9/2009) www.wwt-online.de

193. Planung einer Regenwassernutzungsanlage; Ökologisch Bauen Markus Boos & Gerd Hansen GbR; Flößstraße 56 in 74321 Bietigheim-Bissingen

194. Produktionsintegrierter Umweltschutz (PIUS): Grundlagen und Anwendungsbereich; VDI-Richtlinie 4075; (März 2005), Verein Deutscher Ingenieure, www.vdi.de, Beuth Verlag GmbH, 10772 Berlin

195. Projektbeispiele zur Betriebs- und Regenwassernutzung: Schriftenreihe fbr 6; Darmstadt (2007), Fachvereinigung Betriebs- und Regenwassernutzung e. V., Havelstraße 7a in 64295 Darmstadt; www.fbr.de

196. Prozesswasser aus der Teppichindustrie; (2011): MDS Prozesstechnik GmbH, Bahnhofstraße 315 in 47447 Moers, boetettger@mds-pro.de

197. Regenwassernutzung im häuslichen Bereich – kein Gesundheitsrisiko: fbr-top[2] (2004); Fachvereinigung Betriebs- und Regenwassernutzung e. V., Havelstraße 7a in 64295 Darmstadt, www.fbr.de

198. Reiss, M. (2011): Eine geographische Gewässerkunde des Binnenlandes, www.hydrogeographie.de/wasserkreislauf

199. Rennings, K. (März 2005): Integrierter Umweltschutz setzt sich international durch, ZEWnews, Zentrum für Europäische Wirtschaftsforschung GmbH; www.zws.de

200. Reuter, B. (2012); Wirtschaft: Unternehmen treiben ihre eigene Energiewende voran; aus: www.wiwo.de/wirtschaft–ihre-eigene-Energiewende-voran

201. Rienhoff, H., Schiffer, A., und Schwarz, R. (2011): Kostensenkung durch Umweltschutz; Blasberg Werra Chemie GmbH, Meininger-Str. 51 in 98544 Zella-Mehlis, Tel 03682/46055-0 und Galvano-Abwassertechnik Rienhoff GmbH in Unna

202. Rosenwinkel, Karl-Heinz et al. (2008): Produktionsintegrierter Umweltschutz in der Industriewasserwirtschaft; Fachtagung der VSA-Kommission „Industrie und Gewerbe“ vom 20. Juni 2008 in Emmenbrücke (Schweiz)

203. Fachzentrum Wärme aus Abwasser, Abwasser-Dresden GmbH (2012); Borschüre: Abwasser zum Wegwerfen zu Schade? Wehlemer Straße 46 in 01279 Dresden; www.waerme-aus abwasser.de

204. Rzepka, G. (2004): Intelligentes Reststoffmanagement in einem Pharmabetrieb, Process; www.process.vogel.de; Vogel Business Media GmbH & Co. KG; Max-Plank-Straße 7/9 in 97082 Würzburg

205. Schönbäck, W. et al. (2011): Informationen zur Umweltpolitik, Internationaler Vergleich der Siedlungswasserwirtschaft, Band 2, Länderstudie England und Wales; 153/; AK Österreich, Österreichischer Städtebund; aus www.ecologic.eu/de/1328

206. Schubert, Hiltmar: Kreislaufwirtschaft wird Standortfaktor (20. August 1993), Chemische Rundschau Nr. 33; Seite 2; VCH Verlagsgesellschaft mbH; Postfach 101161 in 69451 Weinheim

207. Spülwasseraufbereitung nach dem VACUDEST®-Verfahren; (2011), H_2O GmbH process water engineering; www.h2o-gmbh.com

208. Staud, E. und Kolar, U. (26/2002): Im Kreislauf; MM Das Industriemagazin, Seite 36; Vogelverlag 97082 Würzburg

209. Stiefel, R. (2011): Regenwassernutzung im Betrieb; Das neue Wasserrecht für die betriebliche Praxis; WEKA-Media GmbH & Co. KG; Römerstraße in 86438 Kissingen

210. Störmer, E. (Juni 2010): Die nächste Generation dezentraler Abwassertechnologien für den Weltmarkt; fbr-wasserspiegel, Seiten 26–27; Zeitschrift der Fachvereinigung Betriebs- und Regenwassernutzung e. V.; ISSN 1436-0632. www.fbr.de

211. Umweltbundesamt (UBA) (2011): Ausstellung „Nachhaltige und rationelle Nutzung von Wasser und Energie – Beispiele aus Deutschland“; Trinkwasser eine knappe Ressource; www.umweltbundesamt/de/uba-info/wah20/1-2.htm

212. Umweltbundesamt (UBA); Wasserressourcen und ihre Nutzung – Daten zur Umwelt; 2011; www.umweltbundesamt-umwelt.de/umweltdaten

213. Union Investment Privatfonds GmbH (2011): Rohstoffe sind die Säulen der Weltwirtschaft; Quartal 4/2011; www.union-investment.de

214. VDI-Richtlinie 3800 (2000): Ermittlung der Aufwendungen für Maßnahmen zum betrieblichen Umweltschutz; Dezember (2000); Verein Deutscher Ingenieure (VDI); Beuth Verlag GmbH, 10882 Berlin

215. Verordnung über Anforderungen an das Einleiten von Abwasser; AbwV Anhang 29 Eisen- und Stahlerzeugung; BGBl. I 2002, 2504–2506. Zitiert in www.wasser-wissen.de/gesetze/abwV/anhang-29.htlm (2011)

216. Verordnung über die Qualität von Wasser für den menschlichen Gebrauch (Trinkwasserverordnung – TrinkwV 2001); BGBl. I S 959, zuletzt durch Artikel 1 der Verordnung vom 3. Mai 2011 (BGBl I S 748) geändert

217. Versickerung und Nutzung von Regenwasser (2005): Information; Umweltbundesamt (UBA); Postfach 1406 in 06844 Dessau; www.umweltbundesamt.de

218. Wallstreet:online (14.04.2001): Die Buntmetallpreise verändern sich mit dem Angebot, www.wallstree-online/de

219. Wärmerückgewinnung aus Abwasser; Eawag (2009), Schriftreihe der Eawag Nr. 19; Bezug: Eawag/Emoa Bibliothek, Dübendorf (CH); ISBN-Nr. 978-3-905484-13-7; www.eawag-empa.ch

220. Wasser intelligent nutzen – nachhaltig schützen (2009); Deutsche Bundesstiftung Umwelt (DBU) DBU Postfach 1705 in 49007 Osnabrück, Telefon 0541/9633-0, www.dbu.de.; DWA Deutsche Vereinigung für Wasserwirtschaft, Abwasser und Abfall e. V.; www.dwa.de

221. Bundesverband der Energie- und Wasserversorgung (2008); BDEW Vermerk: Wasserpreise – Fragen und Antworten (1/2008); (BDEW) indo@bdew.de

222. Weichgrebe, D. (2002): Innerbetriebliche Maßnahmen zur Reduzierung des Wasserverbrauches in der Industrie in Deutschland; (15.08.2002), Workshop, Wasser- und Abwasserprobleme in der Leichtindustrie, Weichgrebe@isah.uni-hannover.de. Workshop: Wasser und Abwasserprobleme in der Leichtindustrie

223. Wenn die Quellen versiegen – Anpassung an den Klimawandel und das Problem mit dem Wasser; Europäische Umweltagentur (2012), www.eeaa.europa.eu

224. Wirtschafts Woche (2001): Kampf um jeden Tropfen; Seite 90–94; Verlag Handelsblatt; Ausgabe 36/ 2011

225. WAP Heythekker GmbH; Erste vollautomatische Containeranlage zur elektroylischen Abwasserbehandlung geht an Netz; (2015); D 53489 Sinzig; www.wap-wasser.de

226. Wikipedia; Flotation; (2013); Wasserentnahmegelt, wikipedia.org/wiki/wasserentnahmegelt

227. DWA – Deutsche Vereinigung für Wasserwirtschaft, Abwasser und Abfall e. V. Landesverband Bayern (2009); Wasserinfrastruktur – Eine Energiequelle von morgen?; Friedensstraße 40 in 81671 München, Mitglieder-Rundbrief 1/2009; Seite 32

228. Jungfer, Chr. und Track, Th.; Nachhaltiges Abwassermanagement in der chemischen Prozessindustrie; (2013/214); wwt Modernisierungsreport; Huss-Medien GmbH in 10400 Berlin

229. ENVIROCHEMIE (2015): Unentdeckte Ressourcen anzapfen, Energie aus Abwasser, (2015); www.envirochemie.com

230. Hupach, Sa.; Kempf, J. (2015): Was ist bei der TOC-Analyse zu beachten?; www.process.vogel.de

231. Bueb, M. et al. (1990): Verminderung der Abwasseremission in der chemischen Industrie durch Verfahrensumstellung und Teilstrombehandlungen; Korrespondenz-Abwasser 37, Seite 542–558

232. Bundesanstalt für Gewässerkunde Koblenz (2003); Hydrologischer Atlas von Deutschland: Klimatische Wasserbilanzkarte von Deutschland 1961–1999.

233. Niederdruckverdampfung von Industrieabwässern, (2010), GIT-Verlag GmbH & Co Kg., Darmstadt, www.Git-labore.de

234. Hach-Lange GmbH; (2016); Wasseranalytik für das Labor – Hach-Lange; www.hach.com

235. De Dietrich Process Systems GmbH (2016); Rückgewinnung von Essigsäure durch Flüssig-Flüssig-Extraktion; D-55122 Mainz; www.qvf.com

Stichwortverzeichnis

Z

MIX
Papier aus verantwortungsvollen Quellen
Paper from responsible sources
FSC® C105338

If you have any concerns about our products,
you can contact us on
ProductSafety@springernature.com

In case Publisher is established outside the EU,
the EU authorized representative is:
Springer Nature Customer Service Center GmbH
Europaplatz 3, 69115 Heidelberg, Germany

Printed by Libri Plureos GmbH
in Hamburg, Germany